U0228695

材料成型及控制工程专业职教师资培养资源开发（VTNE009）

项目牵头单位：陕西科技大学

项目负责人：葛正浩

教育部、财政部职业院校教师素质提高计划成果系列丛书

塑料成型工艺及设备

孙立新　张昌松　编著

化学工业出版社

·北京·

本书内容包括塑料的认识和塑料制品的挤出成型、注射成型、模压成型以及其他成型技术。本书通过相关工作任务的实施，将塑料加工成型工艺、设备、模具、材料的相关知识联系起来，知识学习与技能培养相结合，达到教学目标。

本书为教育部、财政部职业院校教师素质提高计划职教师资培养资源开发项目成果，可供材料成型与控制工程专业本科和模具专业高职高专项目化教学使用，也可供模具专业技术人员参考。

图书在版编目（CIP）数据

塑料成型工艺及设备/孙立新，张昌松编著. —北京：化学工业出版社，2017.5
（教育部、财政部职业院校教师素质提高计划成果系列丛书）
ISBN 978-7-122-29339-8

Ⅰ.①塑… Ⅱ.①孙… ②张… Ⅲ.①塑料成型-工艺-高等职业教育-教材 Ⅳ.①TQ320.66

中国版本图书馆CIP数据核字（2017）第060975号

责任编辑：王 婧 李玉晖 杨 菁　　装帧设计：韩 飞
责任校对：王素芹

出版发行：化学工业出版社（北京市东城区青年湖南街13号 邮政编码100011）
印 装：高教社（天津）印务有限公司
787mm×1092mm 1/16 印张12¼ 字数292千字 2017年7月北京第1版第1次印刷

购书咨询：010-64518888（传真：010-64519686） 售后服务：010-64518899
网 址：http://www.cip.com.cn
凡购买本书，如有缺损质量问题，本社销售中心负责调换。

定 价：39.00元

出版说明

《国家中长期教育改革和发展规划纲要（2010—2020年）》颁布实施以来，我国职业教育进入到加快构建现代职业教育体系、全面提高技能型人才培养质量的新阶段。加快发展现代职业教育，实现职业教育改革发展新跨越，对职业学校“双师型”教师队伍建设提出了更高的要求。为此，教育部明确提出，要以推动教师专业化为引领，以加强“双师型”教师队伍建设为重点，以创新制度和机制为动力，以完善培养培训体系为保障，以实施素质提高计划为抓手，统筹规划，突出重点，改革创新，狠抓落实，切实提升职业院校教师队伍整体素质和建设水平，加快建成一支师德高尚、素质优良、技艺精湛、结构合理、专兼结合的高素质专业化的“双师型”教师队伍，为建设具有中国特色、世界水平的现代职业教育体系提供强有力的师资保障。

目前，我国共有60余所高校正在开展职教师资培养，但由于教师培养标准的缺失和培养课程资源的匮乏，制约了“双师型”教师培养质量的提高。为完善教师培养标准和课程体系，教育部、财政部在“职业院校教师素质提高计划”框架内专门设置了职教师资培养资源开发项目，中央财政划拨1.5亿元，系统开发用于本科专业职教师资培养标准、培养方案、核心课程和特色教材等系列资源。其中，包括88个专业项目、12个资格考试制度开发等公共项目。该项目由42家开设职业技术师范专业的高等学校承担，组织近千家科研院所、职业学校、行业企业共同研发，一大批专家学者、校长、一线教师、企业工程技术人员参与其中。

经过三年的努力，培养资源开发项目取得了丰硕成果。一是开发了中等职业学校88个专业（类）职教师资本科培养资源项目，内容包括专业教师标准、专业教师培养标准、评价方案，以及一系列专业课程大纲、主干课程教材及数字化资源；二是取得了6项公共基础研究成果，内容包括职教师资培养模式、国际职教师资培养、教育理论课程、质量保障体系、教学资源中心建设和学习平台开发等；三是完成了18个专业大类职教师资资格标准及认证考试标准开发。上述成果，共计800多种正式出版物。总体来说，培养资源开发项目实现了高效益：形成了一大批资源，填补了相关标准和资源的空白；凝聚了一支研发队伍，强化了教师培养的“校-企-校”协同；引领了一批高校的教学改革，带动了“双师型”教师的专业化培养。职教师资培养资源开发项目是支撑专业化培养的一项系统化、基础性工程，是加强职教教师培养培训一体化建设的关键环节，也是对职教师资培养培训基地教师专业化培养实践、教师教育研究能力的系统检阅。

自2013年项目立项开题以来，各项目承担单位、项目负责人及全体开发人员做了大量深入细致的工作，结合职教教师培养实践，研发出很多填补空白、体现科学性和前瞻性的成果，有力推进了“双师型”教师专门化培养向更深层次发展。同时，专家指导委员会的各位专家以及项目管理办公室的各位同志，克服了许多困难，按照两部对项目开发工作的总体要求，为实施项目管理、研发、检查等投入了大量时间和心血，也为各个项目提供了专业的咨询和指导，有力地保障了项目实施和成果质量。在此，我们一并表示衷心的感谢。

编写委员会

2016年3月

前言

《塑料成型工艺及设备》是依据财政部、教育部2012年设立的《职教师资本科专业培养标准、培养方案、核心课程和特色教材开发》项目中《材料成型及控制工程专业职教师资培养标准、培养方案、核心课程和特色教材开发》而编写的系列特色教材之一。本书在编写时结合了职业学校模具设计与制造专业师资的实际情况和材料成型及控制工程专业职教师资培养的现状，以职业能力培养为核心，根据材料成型及控制工程专业职教师资培养标准、培养方案，打破传统基于知识系统性的学科型课程体系，形成以完成职业岗位典型工作任务为行动导向，包含工作过程所需知识的教材。

教材以行动导向教学过程为原则，根据专业知识体系，在教材内容上有机融合了塑料成型工艺与设备等相关知识，以任务驱动教学过程的展开，将知识点融入要完成的任务中，努力实现做中学、学中做的目的。

教材分为5个模块，模块1从塑料的认知入手，通过感知实验让学生对塑料建立感性认识；通过性能测试实验和课堂分析讨论引出理论知识点，使学生对塑料建立理性认识。模块2～4主要介绍生产实际当中常用的挤出、注塑和压缩成型的生产过程，在教学安排上首先通过录像、动画或教师主做实验等方法，让学生观摩过程，了解实验所用设备及相关知识，认识各种成型方法的机理与涉及的工艺因素；其次通过教师指导、学生动手操作使其体会、理解实验中所涉及的理论知识，分析实验中出现的问题；最后通过学生总结经验，独立设置成型的工艺条件，并对实验中出现的问题提出解决方案，从而达到掌握各种成型方法的特点、制定成型工艺路线及相关参数、对生产中常见的简单问题提出解决方案的要求。模块5则是对成型方法的扩展，这部分所涉及的内容较为简单，在观摩教师的操作后，学生经教师指导即可完成。在本课程的学习过程中，既强调知识技能培养，又着眼提高学生的学习能力及分析解决问题的能力。通过扎实的理论教学与工程实践，以期实现学生技能、知识一体化，专业能力、方法能力、职业能力、社会能力一体化的培养目标。

本书在编写时注重系统性及实用性，在文字上深入浅出，采用录像、动画、图例等手段直观清晰地表述内容，并将理论与实践有机结合。除作为材料成型及控制工程职教师资本科专业的教材外，也可作为高校及职业技术学校相关专业的教材和教学参考书，并适合相关技术人员的自学和培训使用。

教材的模块1～4由陕西科技大学孙立新编写，模块5由陕西科技大学张昌松编写。教材编写思路、原则、样章、结构由《材料成型及控制工程专业职教师资本科专业培养标准、培养方案、核心课程和特色教材开发项目》负责人葛正浩教授指导完成。教材编写中参阅了同类教材与著作，在此特向各位著者致谢。

本书在编写过程中难免有疏漏之处，敬望各位读者和使用本教材的教师批评指正，不吝赐教。

编著者

2017年5月

目录

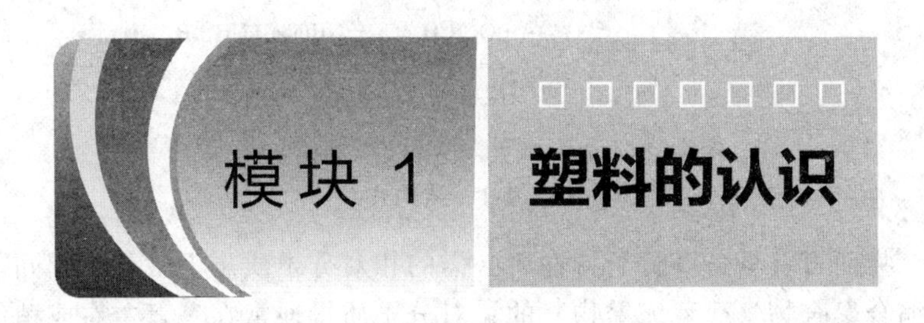

塑料是高分子化合物中的一种，是由树脂和助剂组成的。在塑料成型的过程中，不同的塑料所适合的成型方法、成型工艺不同。为此在本模块力图通过对塑料由表面到内在的逐步认识，掌握塑料结构与性能之间的关系，从而为成型时确定适合的工艺方法与工艺条件打下基础。

1.1 任务1 常见塑料的感官认识及鉴别

1.1.1 任务简介

通过对常见塑料的感官接触，初步感知塑料的色泽、硬度、韧性，逐步建立塑料的基本概念、掌握塑料的分类方法及简易的鉴别方法。

1.1.2 知识准备

1.1.2.1 高分子材料的概念及特点

(1) 高分子化合物的概念

塑料是高分子材料中的一种，要很好掌握和使用塑料，首先要明确高分子化合物的概念。

所谓高分子化合物是指由成千上万的原子，主要以共价键相连接起来的大分子组成的化合物，其相对分子质量在一万以上。

高分子化合物的分子量虽然很大，但其化学组成一般比较简单。合成高分子化合物都是由一种或几种简单的化合物聚合而成的，如聚氯乙烯是由氯乙烯单体均聚而成（如图1-1-1所示），聚己二酰己二胺（尼龙66）则是由己二酸与己二胺共聚而成。需要注意的是：高分子化合物不是原子任意排列而成的，而是某个（些）结构单元有规律地重复排列。在结构式中中括号内为重复结构单元，也称作链节；结构式中的 n 称作聚合度，高分子化合物的分子量可用重复结构单元分子量的 n 倍表示；A 与 B 为端基，是由高分子合成时的条件所决定。

绝大多数高分子化合物中构成分子主链的元素都是通过共价键实现互相连接的，只有极少数高分子化合物（如某些新型合成聚合物）的分子主链可能含有配位键，一些特殊高分子化合物（如功能高分子）的分子侧基或侧链上则可能含有离子键或配位键。

高分子化合物的“相对分子质量在一万以上”只是一个大概的数值。事实上对于不同种

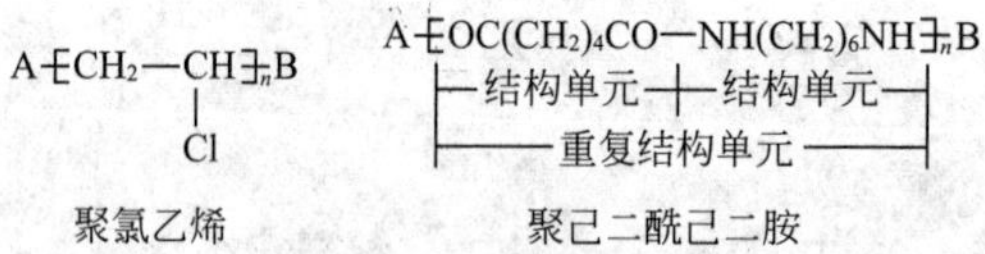

$A\text{-}[CH_2-CH(Cl)]_n\text{-}B$

聚氯乙烯

$A\text{-}[OC(CH_2)_4CO-NH(CH_2)_6NH]_n\text{-}B$

结构单元 结构单元

重复结构单元

聚己二酰己二胺

图 1-1-1 结构式

类的高分子化合物而言，具备高分子特性所必需的相对分子质量下限各不相同，甚至相差甚远。例如一般缩合聚合物（简称缩聚物）的相对分子质量通常在一万左右或稍低，而一般加成聚合物（简称加聚物）的相对分子质量通常超过一万，有些甚至高达百万以上。分子量从几百到几千以下的聚合物被称作低聚物；热固性树脂固化前的聚合物，一般分子量在100～3000左右的低聚物被称作预聚物。

（2）高分子化合物的特点

① 相对分子质量很大 高分子的相对分子质量一般大于10^4，常用高分子的相对分子质量为$10^{5\sim6}$。

在高分子合成的过程，随着聚合物分子量的增大，聚合物分子间的作用力也会随之增加，聚合物分子的运动能力降低，物理性质随着分子量的增加而递变。分子量很低的相邻同系物间的沸点、熔点等物理常数相差甚大，随着分子量增加而这些物理常数的差距逐渐变小，再高则靠近，当分子量高达一定程度后其物性接近于一定值，此时，分子量可在一定范围内变化而不影响沸点、熔点等物理性质，或对性质的影响很微小。同时分子量越高，挥发性越小，溶解度越低，结晶不易完全。因此，作为高分子使用的聚合物由于其分子量很大，不能用蒸馏法（沸点超过分解温度）或结晶法提纯，并且赋予高分子一系列独特的物理-力学性能，使它们能作为材料使用。

② 高分子的分子量具有多分散性 不管是天然的高分子（除少数几种蛋白质外）还是合成的高分子，它们总是具有相同的化学组成（链节结构相同）而分子链长度不等（分子的链节数不同）的同系聚合物的混合物。故高分子的分子量是具有多分散性的（即分子量的不均一性）。

高分子的分子量具有多分散性的原因有两个方面：一是由于高分子在形成过程中存在着反应概率与终止概率的问题，因此随着反应机理与条件的不同，这就必然导致形成的高分子中包含着大量的具有不同聚合度或分子量的分子；二是由于分离提纯同系聚合物存在实际困难。所以，高分子只能是同系聚合物的混合物，高分子的分子量是具有多分散性的，其分子量具有统计平均的意义。

近年来，随着高分子合成技术的发展，虽然已出现少数高聚物能合成近乎“单分散”产品，但极不普遍。

高聚物的分子量和分子量分布是高分子材料最基本、最重要的结构参数之一。高聚物的许多性能，如拉伸强度、冲击强度、高弹性等力学性能以及流变性能、溶液性质、加工性能等均与高聚物的分子量和分子量分布有密切关系。此外，在研究和论证聚合反应机理、老化和裂解过程的机理、研究高聚物的结构与性能关系等方面，分子量和分子量分布的数据常常是不可缺少的。

由于高聚物的分子量是多分散性的，因而分子量具有统计的意义。用实验方法测定的分子量只是某种统计的平均值，即某种平均分子量。对于同一高聚物，如果统计平均的方法不同，所得平均分子量的数值也不同。常用的有数均分子量、重均分子量等。

数均分子量是按分子数统计平均的分子量。

$$\overline{M}_n = W_i / \sum N_i = \sum N_i M_i / \sum N_i \tag{1-1-1}$$

式中，$\sum N_i$ 为高聚物的分子总数；W 为总质量；M_i、N_i、W_i 分别表示体系中 i 聚体的分子量、分子数与质量。

重均分子量是按质量统计平均的分子量。

$$\overline{M}_w = \sum_i W_i M_i / \sum_i W_i \tag{1-1-2}$$

平均分子量与分子量分布，两者在工艺上都是重要的参数，特别是对加工性与韧性的影响，高聚物中所含分子量低的部分可能使强度降低，但若含量适当又可以调节韧性；所含高分子量部分大多又可能造成加工的困难。因此，为使高聚物具有所要求的性能，应尽可能严格控制合成反应条件。作为商品出售的很多聚合物，常按不同的分子量和分子量分布而分为若干“等级”，以利加工工艺的选择。

1.1.2.2　塑料的定义与分类

(1) 塑料的定义

塑料是一种高分子材料。塑料的基本成分是树脂，树脂是由低分子单体化合物通过共价键结合起来的一种高分子化合物（又称高聚物），可以天然生成，也可以人工合成。现今用于制备塑料的树脂，几乎都是由人工合成的。以树脂为基材，按需要加入适当助剂，组成配料，借助成型工具，可以在一定温度和压力下塑制成一定形状和尺寸，经冷却变硬或在成型的温度下交联固化变硬，成为能保持这种形状和尺寸的制品，这样的材料称为塑料。

(2) 塑料的分类

塑料品种甚多，性能亦各有差别，为便于区分和合理应用不同塑料，人们按不同方法对塑料进行分类。其中较重要的有以下几种分类方法。

① 塑料按受热时的行为分类　塑料按受热行为分为热塑性塑料和热固性塑料两大类。

热塑性塑料加热时变软以至熔融流动，冷却时凝固变硬，这种过程是可逆的，可以反复进行，这是由于热塑性塑料中，树脂的分子链是线形或仅带有支链，不含有可以产生链间化学反应的基团，在加热过程中不会产生交联反应形成链间化学键。因此，在加热变软乃至流动和冷却变硬的过程中，发生了物理变化。正是利用这种特性，对热塑性塑料进行成型加工。聚烯烃类、聚乙烯基类、聚苯乙烯类、聚酰胺类、聚丙烯酸酯类、聚甲醛、聚碳酸酯、聚砜、聚苯醚等，都属于热塑性塑料。

热固性塑料配料在第一次加热时可以软化流动，加热到一定温度时产生分子链间化学反应，形成化学键，使不同分子链之间交联，成为网状或三维体型结构，从而也变硬，这一过程称为固化。固化过程是不可逆的化学变化，在以后再加热时，由于分子链间交联的化学键的束缚，宏观上就使材料不能再软化流动了。热固性塑料的加工就是利用了热固性塑料配料的第一次加热时的软化流动，使其充满模腔并加压，固化后形成要求形状和尺寸的制品。热固性塑料配料中树脂的分子链上在固化前都含有某种具有反应的基团，首次加热时，不同分子链间的基团彼此反应形成化学键，使分子链间发生交联反应。酚醛塑料、氨基塑料、环氧塑料、不饱和聚酯、有机硅、烯丙基酯、呋喃塑料等都属于热固性塑料。

② 按塑料中树脂大分子的有序状态分类　按树脂大分子的有序状态，可将塑料分为无

定形塑料和结晶型塑料。

无定形塑料：中树脂大分子的分子链的排列是无序的，不仅各个分子链之间排列无序，同一分子链也像长线团那样无序地混乱堆砌。无定形塑料无明显熔点，其软化以至熔融流动的温度范围很宽。聚苯乙烯类、聚砜类、丙烯酸酯类、聚苯醚等都是典型的无定形塑料。

结晶型塑料：中树脂大分子链的排列是远程有序的，分子链相互有规律地折叠，整齐地紧密堆砌。结晶型塑料有比较明确的熔点，或具有温度范围较窄的熔程。同一种塑料如果处于结晶态，其密度总是大于处于无定形态时的密度。结晶型塑料与低分子晶体不同，很少有完善的百分之百的结晶状态，一般总是结晶相与无定形相共存。因此，通常所谓的结晶型塑料，实际上都是半结晶型塑料。结晶型塑料的结晶度与结晶条件有关，可以在较大范围内变化。只有热塑性塑料才能有结晶状态，所有的热固性塑料，由于树脂分子链间相互交联，各分子链间不可能互相折叠、整齐紧密地堆砌成很有序的状态，因此不可能处于结晶状态。聚乙烯、聚丙烯、聚甲醛、聚四氟乙烯等都是典型的结晶型塑料。

③ 按性能特点和应用范围分类　按性能特点和应用范围，可大致将现有塑料分为通用塑料和工程塑料两大类。

凡生产批量大、应用范围广、加工性能良好、价格又相对低廉的塑料可称为通用塑料。通用塑料容易采用多种工艺方法成型加工为多种类型和用途的制品，例如可用注塑、挤出、吹塑、压延等成型工艺或采用压制、传递模塑工艺（后两种工艺用于热固性塑料）。但通用塑料一般而言，某些重要的工程性能，特别是力学性能、耐热性能较低，不适宜用于制备作为承受较大载荷的塑料结构件和在较高温度下工作的工程用制品。聚烯烃类、聚乙烯基类、聚苯乙烯类（ABS 除外）、丙烯酸酯类、氨基、酚醛等塑料，都属于通用塑料范畴。聚乙烯、聚丙烯、聚氯乙烯、聚苯乙烯、酚醛塑料是当今应用范围最广、产量最大的通用塑料品种，合称五大通用塑料。

工程塑料除具有通用塑料所具有的一般性能外，还具有某种或某些特殊性能，特别是具有优异的力学性能或优异的耐热性，或者具有优异的耐化学性能，在苛刻的化学环境中可以长时间工作，并保持固有的优异性能。优异的力学性能可以是抗拉伸、抗压缩、抗弯曲、抗冲击、抗摩擦磨损、抗疲劳、抗蠕变等。某些工程塑料兼有多种优异性能。

工程塑料生产批量较小，制备时的原材料较昂贵、工艺过程较复杂，因而造价较昂贵，用途范围就受到限制。某些工程塑料成型工艺性能不如通用塑料，也是限制其应用范围较小的原因之一。现今，较常应用的工程塑料大品种有聚酰胺类塑料、聚碳酸酯、聚甲醛、热塑性聚酯、聚苯醚、聚砜、聚酰亚胺、聚苯硫醚、氟塑料等。ABS 是应用量最大的工程塑料。

应该指出，以上对通用塑料和工程塑料的分类并不是绝对的。随着塑料工业的发展、合成技术的进步、塑料材料应用领域的拓宽、产量的增大、价格的降低以及塑料成型加工技术的进步，将来还会有某些工程塑料当作通用塑料应用，而某些通用塑料由于改性使性能改善，亦可作为工程塑料应用。

1.1.2.3　塑料的鉴别方法

塑料的鉴别方法很多，在有条件的情况下，可借助贵重的精密仪器来进行测试。如红外分光光度仪、核磁共振仪、色谱-质谱联用仪、差动量热仪等。但在一般的场合下，利用这些仪器是不容易办到的，有时使用这些仪器也不大方便。下面我们着重介绍两种简便易行的方法。

① 简易鉴别法　最简单的鉴别方法是眼看、手摸、耳听，这是一种即简单又方便的方法，但必须有一定的塑料知识和实践经验，才能做出正确的判断。一般是先看塑料制品的形状、用途及透明度，用手触控制品，再根据手感，敲击制品，综合其外观、性能、声音来判断制品的种类。如聚丙烯光滑、较硬，聚乙烯有蜡状感，而聚苯乙烯发出叮当的金属响声等。

② 燃烧鉴别法　塑料燃烧鉴别是一种即简便而又比较容易鉴别塑料种类的方法。热固性塑料在受热时变脆、发焦、但不软化。而热塑性塑料当达到一定的温度时则变软，甚至熔融，这是系统鉴别这两类塑料的基本分界线。含有氯、氟及硅元素的塑料，不易着火或具有自熄性，含有硫和硝基的塑料极易着火与燃烧，含有苯环和不饱和双键的塑料燃烧时会冒浓黑烟，塑料在受热时会分解产生特殊气味。

试验方法是：取一小块塑料，放在点燃的酒精灯上燃烧，仔细观察其燃烧的难易程度，滴落状况，火焰的颜色、气味和发烟情况，熄灭后的塑料状况。根据这些特征，来确定属于哪一种塑料。为了减少观察时的误差，可先用已知的塑料块进行对比燃烧，观察，将各种塑料燃烧特征填入表 1-1-1。

1.1.3 任务实施

1.1.3.1 比较各种塑料原料的色泽及透明性

观察所给塑料原料聚乙烯（PE）、聚丙烯（PP）、聚氯乙烯（PVC）、聚苯乙烯（PS）、聚甲基丙烯酸甲酯（有机玻璃、PMMA）、聚甲醛（POM）、聚酰胺（PA）、聚对苯二甲酸乙二醇酯（PET）、聚碳酸酯（PC）、ABS、酚醛塑料（PF）、氨基塑料（MF、UF）等的特征，完成表 1-1-1。

表 1-1-1　塑料原料色泽及透明性比较

塑料品种								
色泽								
透明性								

1.1.3.2 比较各种塑料制品的硬度与刚度

根据所给塑件的材料，比较他们的硬度与刚度，完成表 1-1-2。

表 1-1-2　塑料制品的性能排序

性能	塑料名称						
硬度升值排序							
刚度升值排序							

1.1.3.3 观察常用塑料燃烧时的特征

将所给塑料样品分别燃烧，观察燃烧特征，并完成表 1-1-3。

表 1-1-3 塑料燃烧特征

名称	燃烧情况	离火后情况	火焰状态	塑料变化状况	气味
POM	易	继续燃烧	浅蓝、顶端白	融化起泡	水果香味
PVC	难	离火即灭	黄、下端绿色白烟	软 化	刺激性酸味
PE					
PP					
PS					
PA					
ABS					
PA					
POM					
PC					

1.1.4 知识拓展 塑料成型加工技术的分类

经过 100 多年的仿制、改进与创新，塑料成型加工到目前已拥有近百种可供制品生产采用的技术。将这些众多的技术进行科学的分类，不仅有助于加深对各种成型加工技术共性和特性的理解，而且也有助于按照塑料的工艺特性和制品的形状与结构特点正确选择成型加工技术。文献上报道的塑料成型加工技术分类方法很多，以下仅介绍几种比较广泛采用的分类方法。

(1) 按所属成型加工阶段划分

按各种成型加工技术在塑料制品生产中所属成型加工阶段的不同，可将其划分为一次成型技术、二次成型技术和二次加工技术三个类别。

① 一次成型技术 一次成型技术，是指能将塑料原材料转变成有一定形状和尺寸制品或半制品的各种工艺操作方法。用于一次成型的塑料原料常称作成型物料。粉状、粒状、纤维状和碎屑状固体塑料以及树脂单体、低分子量预聚体、树脂溶液和增塑糊等，是常用的成型物料。这类成型技术多种多样，目前生产上广泛采用的挤塑、注塑、压延、压制、浇铸和涂覆等重要成型技术，均属于一次成型技术的范畴。

② 二次成型技术 二次成型技术，是指既能改变一次成型所得塑料半制品（如型材和坯件等）的形状和尺寸，又不会使其整体性受到破坏的各种工艺操作方法。目前生产上采用的有双轴拉伸成型、中空吹塑成型和热成型等少数几种二次成型技术。

③ 二次加工技术 这是一类在保持一次成型或二次成型产物硬固状态不变的条件下，为改变其形状、尺寸和表观性质所进行的各种工艺操作方法。由于是在塑料完成全部成型过程后实施的工艺操作，因此也将二次加工技术称作“后加工技术”。生产中已采用的二次加工技术多种多样，但大致可分为机械加工、连接加工和修饰加工三类方法。

一切塑料产品的生产都必须经过一次成型，是否需要经过二次成型和二次加工，则由所用成型物料的成型工艺性、一次成型技术的特点、制品的形状与结构、对制品的使用要求、批量大小和生产成本等多方面的因素决定。

(2) 按聚合物在成型加工过程中的变化划分

根据这一特征，可将塑料成型加工技术划分为以物理变化为主、以化学变化为主和兼有物理变化与化学变化的三种类别。

① 以物理变化为主的成型加工技术 塑料的主要组分聚合物在这一类技术的成型加工过程中，主要发生相态与物理状态转变、流动与变形和机械分离之类物理变化。在这类技术的成型加工过程中，有时也会出现一些聚合物力降解、热降解和轻度交联之类化学反应，但这些化学反应对成型加工过程的完成和制品的性能都不起重要作用。热塑性塑料的所有一次成型技术和二次成型技术，以及大部分的塑料二次加工技术都用于此类。

② 以化学变化为主的成型加工技术 属于这一类的技术，在其成型加工过程中聚合物或其单体有明显的交联反应或聚合反应，而且这些化学反应进行的程度对制品的性能有决定性影响。加有引发剂的甲基丙烯酸甲酯预聚浆和加有固化剂液态环氧树脂的静态浇铸、聚氨酯单体的反应注塑，以及用液态热固性树脂为主要组分的胶黏剂胶接塑料件的加工技术，是这类成型加工技术的实例。

③ 物理和化学变化兼有的成型加工技术 热固性塑料的传递模塑、压缩模塑和注塑是这类成型技术的典型代表，其成型过程的共同特点是都需要先通过加热使聚合物从玻璃态转变到黏流态，黏流态物料流动取得模腔形状后，再借助交联反应使制品固化。用热固性树脂溶液型胶黏剂和涂料胶接与涂装塑料件的加工技术，由于需要先使溶剂充分蒸发，然后才能借助聚合物交联反应形成胶接接头或涂膜，故也应属于这一类别的加工技术。

(3) 按成型加工的操作方式划分

根据塑料成型加工过程操作方式的不同，可将其划分为连续式、间歇式和周期式三个类别。

① 连续式成型加工技术 这类技术的共同特点是：其成型加工过程一旦开始，就可以不间断地一直进行下去。用这类成型加工技术制得的塑料产品长度可不受限制，因而都是管、棒、单丝、板、片、膜之类的型材。典型的连续式塑料成型加工技术有各种型材的挤塑、薄膜和片材的压延、薄膜的流延浇铸、压延和涂覆人造革成型和薄膜的凹版轮转印刷与真空蒸镀金属等。

② 间歇式成型加工技术 这类技术的共同特点是：成型加工过程的操作不能连续进行，各个制品成型加工操作时间并不固定；有时具体的操作步骤也不完全相同。一般来说，这类成型加工技术的机械化和自动化程度都比较低，手工操作占有较重要的地位。用移动式模具的压缩模塑和传递模塑、冷压烧结成型、层压成型、静态浇铸、滚塑以及大多数二次加工技术均属此类。

③ 周期式成型加工技术 这一类技术在成型加工过程中，每个制品均以相同的步骤、

每个步骤均以相同的时间，以周期循环的方式完成工艺操作。主要依靠成型设备预先设定的程序完成各个制品的成型加工操作，是这类成型加工技术的共同特点，因而成型加工过程可以没有或只有极少量的手工操作。全自动式控制的注塑和注塑吹塑，以及自动生产线上的片材热成型和蘸浸成型等是这类技术的代表。

除以上三种常见的分类方法外，还有按被加工塑料的类别将塑料成型技术划分为热塑性塑料成型、热固性塑料成型、增强塑料成型、泡沫塑料成型和糊塑料成型等；也有按成型过程中塑料被加热的温度和所承受的压力，将成型技术划分为高温成型与低温成型或高压成型与低压成型等。

1.2 任务 2 常见热塑性塑料结构与性能的比较

1.2.1 任务简介

通过对常见热塑性塑料结构的比较，使学生明确：①塑料的性能是由其结构决定的；②具有相同结构单元的塑料，由于链结构的差异，其性质不完全相同；③具有相同结构单元的塑料，由于加工条件的差异，可使塑料的聚集态不同，从而其性能有所不同。

1.2.2 知识准备

1.2.2.1 高分子链的近程结构

物质的结构是指物质的组成单元（原子或分子）之间相互作用达到平衡时在空间的几何排列。分子内原子之间的几何排列称为分子结构，分子之间的几何排列称为聚集态结构。

由于高聚物是由许多小分子单元键合而成的长链状分子，其结构远比小分子复杂得多，其结构所包含的内容见表 1-2-1。其中高分子链的近程结构又称一级结构，远程结构又称二级结构，高分子的聚集态结构又称三级或更高级结构。

表 1-2-1 高聚物的结构

<table>
<tr><td rowspan="11">高分子的结构</td><td rowspan="7">高分子链结构</td><td rowspan="5">近程结构</td><td>结构单元的化学组成</td></tr>
<tr><td>键接方式与序列</td></tr>
<tr><td>立体构型和空间排列</td></tr>
<tr><td>支化与交联</td></tr>
<tr><td>端基</td></tr>
<tr><td rowspan="2">远程结构</td><td>高分子大小(分子量及其分布)</td></tr>
<tr><td>高分子形态(分子链的柔性)</td></tr>
<tr><td rowspan="4">高分子聚集态结构</td><td colspan="2">非晶态结构</td></tr>
<tr><td colspan="2">晶态结构</td></tr>
<tr><td colspan="2">取向结构</td></tr>
<tr><td colspan="2">织态结构</td></tr>
</table>

（1）结构单元的化学组成

高分子结构单元或链节的化学组成，是由参加聚合的单体的化学组成和聚合方式决定的。当高分子结构单元的化学组成不同时，高分子的性质就会发生改变。比如主链由碳原子以共价键相连接而成的聚乙烯具有可塑性好、容易成型加工等优点。但因C—C键的键能较低，故容易燃烧，耐热性较差，容易老化，只能作为通用塑料使用。而主链除了碳原子以外，还有氧原子的聚碳酸酯，其耐热性和强度等性能均比纯碳链高分子高，可以作为工程塑料使用。

值得一提的是，在考虑结构单元的化学组成对高分子材料性能影响的时候，不能仅着眼于主链组成，侧基的组成也是至关重要的。有时候仅仅侧基的化学组成发生改变，就会使材料出现质的改变。例如氯磺化聚乙烯（部分-H被-SO_2Cl取代）是一种橡胶材料，聚乙烯是塑料。

（2）均聚物中结构单元的键接方式与序列

当高分子链是由同一种结构单元组成时，这种高聚物称为均聚物。

通过缩聚反应生成的高分子，其结构单元的键接方式是明确的；但如果是加聚反应，在生成高分子时其结构单元的键接会因单体结构和聚合反应条件的不同而出现几种形式。

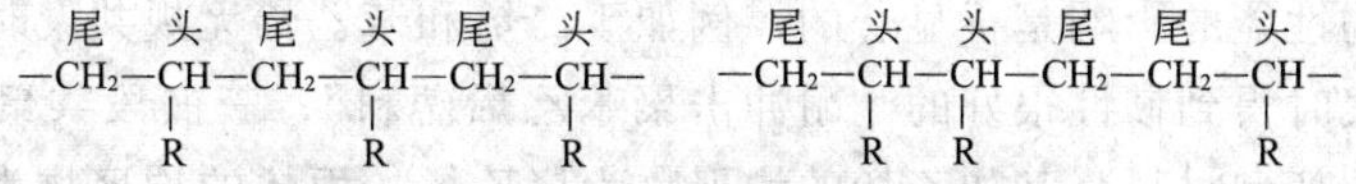

尾 头 尾 头 尾 头　　　　尾 头 头 尾 尾 头

$-CH_2-\underset{R}{\underset{|}{CH}}-CH_2-\underset{R}{\underset{|}{CH}}-CH_2-\underset{R}{\underset{|}{CH}}-$　　　　$-CH_2-\underset{R}{\underset{|}{CH}}-\underset{R}{\underset{|}{CH}}-CH_2-CH_2-\underset{R}{\underset{|}{CH}}-$

图1-2-1 单烯类单体的键接方式

对于聚乙烯，由于单体分子$CH_2=CH_2$是完全对称的，结构单元在分子链中只有一种键接方式；但对于$CH_2=CHR$只这类单体，由于它带有不对称的取代基团，因而可能有头-头（尾-尾）、头-尾等不同的键接方式（如图1-2-1所示）。

检测结果表明，单烯类单体聚合生成高分子时多数采取头-尾键接方式，其中也含有少量头-头或尾-尾键接方式。

双烯类聚合物的键接方式更加复杂。以异戊二烯为例，聚合时可能有（1,2），（3,4）和（1,4）三种加成方式，分别获得如图1-2-2三种产物，而且，每一种加成方式中，都可能存在头-头（尾-尾）、头-尾等不同的键接方式。

$$\text{-}\!\!\left[CH_2-\overset{CH_3}{\overset{|}{C}}\right]\!\!\text{-}_n \text{（C上连 } CH=CH_2\text{）}\qquad \text{-}\!\!\left[CH-CH_2\right]\!\!\text{-}_n \text{（CH上连 } C(CH_3)=CH_2\text{）}\qquad \text{-}\!\!\left[CH_2-\underset{CH_3}{\underset{|}{C}}=CH-CH_2\right]\!\!\text{-}_n$$

1,2加成　　3,4加成　　1,4加成

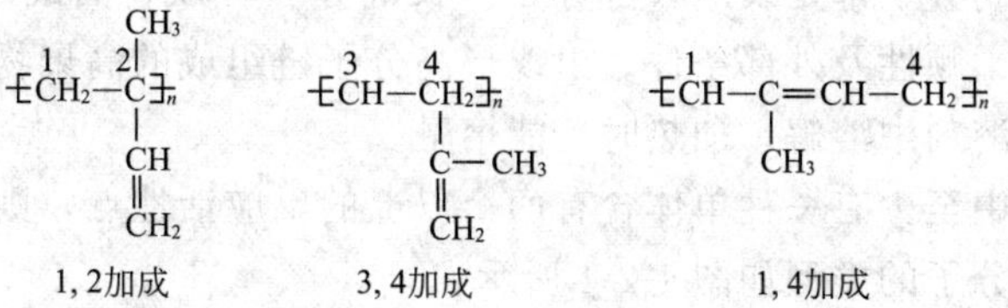

图1-2-2 异戊二烯的聚合产物

高分子链中结构单元的键接方式对高分子材料的性能有明显的影响；结构单元键接方式的规整程度主要影响高聚物的结晶能力。

（3）共聚物中结构单元的键接方式

共聚物分子链中包含着两种或两种以上不同的结构单元，以化学键相连的这些不同结构单元所形成的序列分布，构成了许多结构异构体。不同序列结构的共聚物，显示截然不同的性能。以A、B两种单体共聚为例，共聚物按其中A、B的键接方式不同可分为如图1-2-3

AAABBBBBBABBAABAABB　　ABABABABABABABABABA

无规共聚物　　交替共聚物

AAAAAAAABBBBBBBBBB　　AAAAAAAAAAAAAAAAAAA

AAAAABBBBBBBBBBBAAA　　BBBBBBB　BBBBBB

嵌段共聚物　　接枝共聚物

图 1-2-3　共聚物的键接方式

所示的四种结构较为简单的共聚物。

无规共聚物：共聚物中不同单体单元的排列是完全无规的。

交替共聚物：两种单体单元交替排列在主链中的共聚物。

嵌段共聚物：共聚物的线形主链是由二种均聚物彼此键接镶嵌而成的。

接枝共聚物：共聚物中由一种单体单元的均聚物形成主链，在主链中接上由另一种单体单元的均聚物形成侧链。

此外还有更复杂的形式。如交联接枝共聚以及互穿网络——两种单体分别独立地形成均聚交联网并相互贯穿，半互穿网络——一种单体形成线形均聚物，另一种单体形成均聚交联网。实际上共聚物的结构远不是分得这么清楚。共聚物的一个高分子链上可能同时存在几种键接方式。无规共聚的键接还存在序列问题。

共聚对高聚物性能的影响是很显著的。例如丁二烯和苯乙烯无规共聚时得到的产品为丁苯橡胶；接枝共聚时得到韧性很好的“耐冲击聚苯乙烯塑料”；三嵌段共聚时则得到一种称为“热塑弹体”的新型材料。又如乙烯的均聚物为聚乙烯，丙烯的均聚物为聚丙烯，两者都是塑料，而乙烯和丙烯的无规共聚物却可能是乙丙橡胶。还有 ABS 树脂，它是丙烯腈、丁二烯和苯乙烯的三元共聚物，共聚方式是无规共聚与接校共聚相结合，结构非常复杂：可以是以丁苯橡胶为主链，将苯乙烯、丙烯腈接在支链上. 也可以是以丁腈橡胶为主链，将苯乙烯接在支链上，还可以苯乙烯-丙烯腈的共聚物为主链，将丁二烯和丙烯腈接在支链上等。分子结构不同，ABS 的性能也有差别。

改变共聚物的组成和结构，能在广泛的范围内改善和提高高聚物的性能，它是分子设计和材料设计中极其重要的手段之一。

(4) 支化与交联

许多天然和合成高分子都是线形长链分子。长链分子可以卷曲成团，也可以伸展开来，这取决于分子本身的柔顺性及外部条件。由线形高分子链组成的高聚物称为线形高聚物。线形高聚物能在适当的溶剂中溶解，加热时也能熔融。

如果在缩聚过程中至少有一种单体含有两个以上的反应活性点，则可能生成支化的或交联的高分子。支化高分子的类型如图 1-2-4 所示。

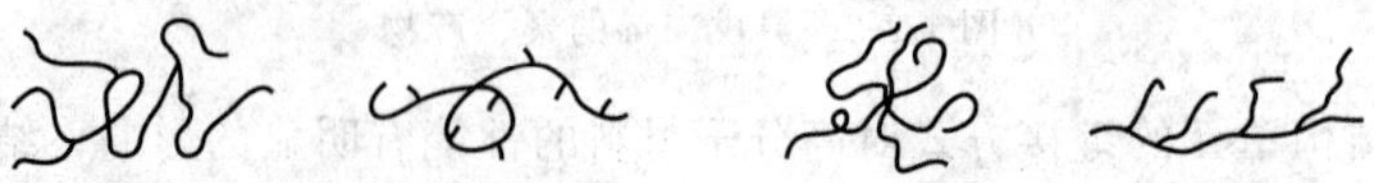

长支链　短支链　星形　梳形

(a) 无规支化　(b) 有规支化

图 1-2-4　支化高分子的类型

支化高聚物能溶解在适当的溶剂中，加热时也能熔融。但支链的存在对高聚物的性能有影响。短文链使得高分子链的规整程度及分子间堆砌密度降低，因而降低高聚物的结晶能力；长支链主要影响高分子溶液和熔体的流动性。以聚乙烯为例：高密度聚乙烯基本上是线形高分子，结构规整，容易结晶，因而密度高；低密度聚乙烯的分子链上含有较多的短支链，破坏了分子链的规整性，结晶性较差，因而密度低。这两种聚乙烯因此具有一系列不同的力学性能。

表征高分子链支化程度的参数是支链结构、支链长度和支化点的密度（或相邻支化点之间的链的平均分子量）。

热塑性塑料、未硫化橡胶和合成纤维都是线形或支化高聚物。

高分子链之间通过化学键联系起来形成一个分子量无限大的三维空间网（见图 1-2-5）的高聚物称为交联高聚物。交联高聚物既不能在溶剂中溶解，受热也不熔化，只有在交联程度不太大时可能在溶剂中溶胀。热固性塑料和硫化橡胶都是交联高聚物。

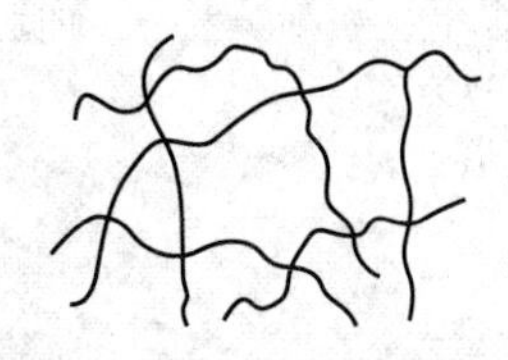
图 1-2-5 网状高分子

表征交联结构的参数是交联点的密度或相邻交联点之间链的平均分子量。在橡胶弹性体中，交联点的密度约为 $2\times10^{9}\,cm^{-3}$；在热固性塑料中，交联点的密度比这个数字大 10～50 倍。

(5) 高分子链的构型

构型是分子中由化学键所固定的原子之间的几何排列，是对分子中最近邻原子间的相对位置的表征。这种排列是稳定的，要改变构型必须经过化学键的断裂和重组。构型不同的异构体有旋光异构和几何异构两种。

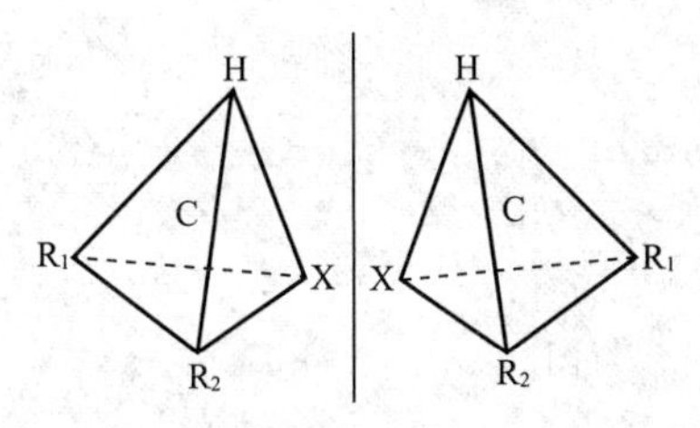

图 1-2-6 旋光异构体示意图

① 旋光异构 有机化合物分子中的碳原子，以四个共价键与四个原子或基团相连，形成一个四面体，四个基团位于四面体的顶点，碳原子位于四面体的中心。当四个原子或基团都不相同时，该碳原子称为不对称碳原子，以 C^* 表示。这种有机物能构成互为镜像的两种异构体（见图 1-2-6），表现出不同的旋光性，称为旋光异构体。

在结构单元为—CH_2—C^* HR—型的高分子中，由于结构单元中的第二个碳原子两端连接的基团不完全相同，它就是一个不对称碳原子。这样每个结构单元就有两种旋光异构体，它们在高分子链中有三种键接方式，见图 1-2-7。

全同立构——高分子链全部由一种旋光异构单元键接而成。如果把该高分子链拉直，使主链碳原子排列为平面锯齿状，则所有的取代基 R 将都位于主链平面的同一侧。

间同立构——高分子链由两种旋光异构单元交替键接而成。该高分子链被拉直时，取代基 R 将交替出现在主链平面的两侧。

无规立构——高分子链由两种旋光异构单元无规地键接而成。该高分子链被拉直时取代基 R 将无规地分布在主链平面的两侧。

对小分子物质来说，不同的空间构型常有不同的旋光性，高分子链虽然含有许多不对称碳原子，但由于内消旋或外消旋作用，没有旋光性。

② 几何异构 双烯类单体 1,4 加成时，高分子链每一单元中有一内双键，可构成顺式和反式两种构型，称为几何异构体。所形成的高分子链可能是全反式、全顺式或顺反两者兼而有之。以聚 1，4 丁二烯为例，其顺式和反式的结构见图 1-2-8。

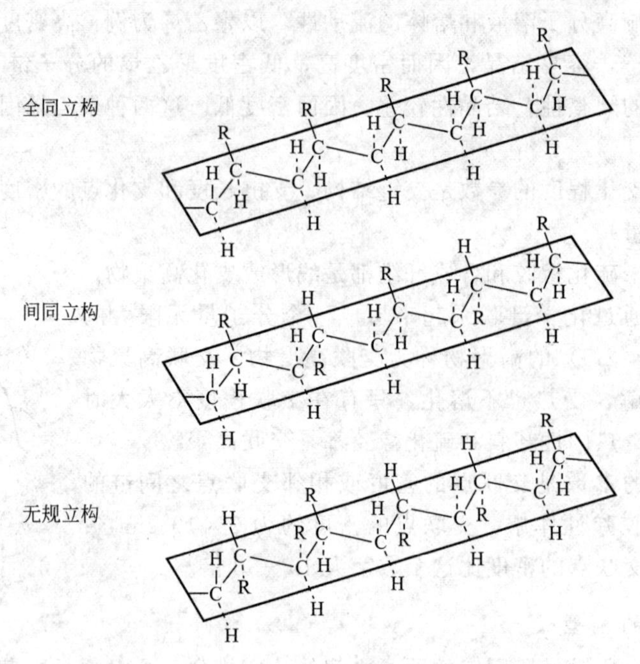

图 1-2-7　$-\!\!\![CH_2-CHR]\!\!\!-_n$ 型高分子构型示意图

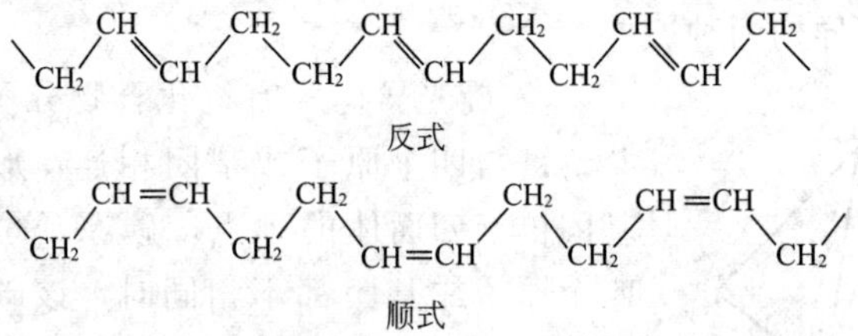

$CH_2-CH=CH-CH_2-CH_2-CH=CH-CH_2-CH_2-CH=CH-CH_2$

反式

$CH_2-CH=CH-CH_2-CH_2-CH=CH-CH_2-CH_2-CH=CH-CH_2$

顺式

图 1-2-8　双烯类单体 1,4 加成几何异构示意图

如果高分子链中结构单元的空间立构是规整的（如全同立构、间同立构、全反式和全顺式等）则称为有规立构高分子。当然，完全规整是比较困难的，因此引进立构规整度（也称等规度）来描述规整的程度。

有规立构高分子大部分能结晶，无规立构高分子一般则不能结晶。例如：全同立构聚丙烯能结晶，可作塑料和纤维使用，无规立构聚丙烯不能结晶，在常温下是一种黏稠状物质。

有规立构高分子随构型的不同，性能也会有很大的差别。例如：1，4 顺式聚丁二烯为橡胶，而 1,4 反式聚丁二烯却可作塑料。

（6）端基

端基在高分子链中所占的量虽然很少，但不能忽视。合成高分子链的端基取决于聚合过程中链的引发和终止机理，因此，端基可能是单体、引发剂、溶剂或分子量调节剂，其化学性质与主链很不相同。

不同端基的存在直接影响高聚物的性能，尤其是热稳定性。链的断裂可以从端基开始。例如，聚甲醛的羟端基、聚碳酸酯中的羟端基和酰氯端基都是造成这些高聚物在高温下热降解的因素。所以常常通过适当的化学反应使高分子链封头，以提高材料的耐热性。不过，制备嵌段共聚物时，有时需要在高分子链上特意造成具有某种反应活性的端基。此外，端基对高聚物的结晶、熔点和强度都有影响。

1.2.2.2 高分子链的远程结构

高分子链的远程结构包括两个方面：①高分子的形态，即高分子的柔性；②高分子的大小，即高分子的分子量和分子量分布。后者已讨论。这里主要阐述高分子链的柔性。

高分子一般呈长链状，其直径约为零点几个 nm，长度可达几百、几千甚至几万纳米。这样的高分子链犹如一根直径仅 1mm 而长度为几十米的钢丝，这样的钢丝，如果没有外力的作用，会呈卷曲状态。而高分子链则由于 C—C 单键可以内旋转，比钢丝还要柔软，可以在空间呈现各种形态，并随条件和环境的变化而变化。长链高分子的这种柔性是高分子材料具有一系列宏观特性的根本原因。

(1) 构象

在高分子化合物中，C—C、C—O、C—N 等单键上的电子云是轴向对称分布的，单键可以绕着轴线相对自由旋转而并不影响电子云的分布，这种单键称为 σ 键，这种旋转称为内旋转。

对于碳链化合物，如果 C—C 单键上的碳原子不带任何其他原子或基团，则 C—C 键的内旋转就能够在无外界阻力的情况下自由旋转，旋转方式如图 1-2-9 所示。如果一个碳链上含有许多个 C—C 键，且每个 C—C 单键都在内旋转，那么碳链上的每个碳原子在空间的位置就会不断变化，从而使分子链表现出千变万化的形态。

事实上，碳原子上总是要带有其他原子或基团，这些非键合原子靠近到一定程度时，由于外层电子云之间的作用，使单键的内旋转受到阻碍，旋转时需要消耗一定的能量以克服内旋转所受到的阻力，因此单键的内旋转不是完全自由的。当 C—C 单键发生内旋转时，碳原子上连接的其他原子或基团在空间的相对位置就会发生改变（见图 1-2-10）。这种由于单键的内旋转所形成的分子内各原子在空间的几何排布称为构象。

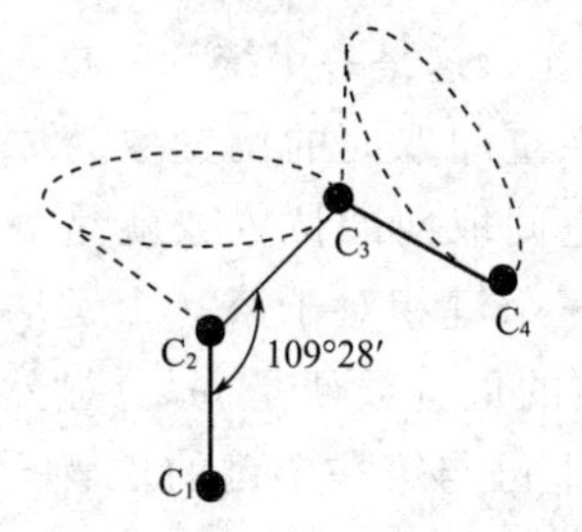

图 1-2-9 C—C 单键的内旋转

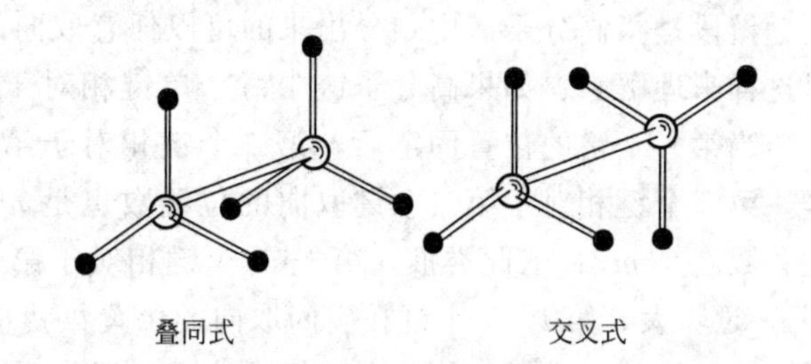

图 1-2-10 乙烷分子中氢原子在空间的排布

显然，由于非键合原子之间的相互作用，分子可能实现的相对稳定的构象数是有限的。需注意的是：①当分子中有甲基或卤素取代基时，内旋转位较困难。②当分子中含有双键或叁键时，尽管双键和叁键本身不能内旋转，但与之邻接的单键更容易内旋转。③C—N、C—S、C—Si 等单键比 C—C 键更易内旋转。

由于分子热运动，分子的构象是不断变化的，而且温度越高，内旋转越容易，分子构象的变化速度就越快。

(2) 高分子链的柔性及其表征

① 高分子链的柔性 高分子链能够改变其构象的性质称为高分子链的柔（顺）性。

线形高分子链中含有成千上万个 σ 键。如果主链上每个单键的内旋转都是完全自由的，则这种高分子链称为自由联结链。它可采取的构象数将无穷多，且瞬息万变。这是柔性高分子链的理想状态。

实际高分子链中，键角是固定的。就碳链而言，键角为 $109°28'$。所以即使单键可能自由旋转，每一个键只能出现在以前一个键为轴，以 2θ（$\theta=180°-109°28'$）为顶角的圆锥面上（见图 1-2-9）。而且，由于分子上非键合原子之间的相互作用，内旋转一般是受阻的，因此每个键只能处于圆锥面上若干个有限的位置上。不过，即使每个单键在空间可取的位置数很少，一个含有许多个单键的高分子链所能实现的构象数仍然十分可观。假设每个单键在内旋转中可取的位置数为 m，那么，一个包含 n 个单键的高分子链可能的构象数就为 m^{n-1}。当 n 足够大时，m^{n-1} 无疑是一个庞大的数字。其中绝大部分的构象所对应的分子形态都是卷曲的。可见，高分子链之所以具有柔性的根本原因在于它含有许多可以内旋转的 σ 单键。

如果高分子主链上没有单键，则高分子中所有原子在空间的排布是确定的，即只存在一种构象，这种分子就是刚性分子。如果高分子主链上虽有单键，但数目不多，则这种高分子所能采取的构象数也是很有限的，高分子链的柔性不大。如果高分子主链上含有很多个单键，高分子链所能实现的构象数就十分可观，高分子链的柔性很大，高分子链呈卷曲形态概率就很高。因此，高分子链在无外力作用下总是自发地取卷曲的形态。这就是高分子链柔性的实质。柔性高分子链的外形呈椭球状。

随着分子的热运动，高分子链的构象不停地变化，椭球状高分子链的长轴与短轴之比也不停地改变。通常把无规地改变着构象的椭球状高分子称为无规线团。应注意的是无规线团之间是互相贯穿的。

② 高分子链柔性的表征　高分子链的柔性可以从平衡态柔性和动态柔性两方面来考虑。

a. 平衡态柔性　指高分子在热力学平衡条件下的柔性。由高分子中各个键所取构象的相对含量和序列所决定。

表征高分子链平衡态柔性的参数是链段长度和均方末端距等。

链段是指高分子链中划分出来的可以任意取向的最小链单元。这是一个统计的概念，可以这样来理解它：如果高分子链中每个单键相对于前一个键在空间取向的位置数为 m，那么，当第一个键的位置固定后，第二个键相对于第一个键的空间取向的位置数就是 m；同样，第三个键相对于第二个键取向的位置数也是 m，因此第三个键相对于第一个键取向的位置数就是 m^2；依此类推，第 $i+1$ 个键相对于第一个键取向的位置数便是 m^i。显然，只要 m 足够大，第 $i+1$ 个键在空间取向的位置数就很多，实际上已与第一个键的位置不相关了。我们把第一个键到第 i 个键组成的这一部分可以独立运动的单元称为链段，其长度用链段中所包含的链结构单元数或分子量来表示。

尽管高分子链中单键的内旋转是受阻的，但可以把高分子看作由若干个链段组成，链段与链段之间为自由联结。不难理解，高分子链上的单键愈容易内旋转，相邻键的空间位置就愈不确定，链段就愈短。在极端的情况下，如果高分子链上每个键都能完全自由地内旋转，即所有键之间都是自由联结的，那么链段的长度就等于键长，这种高分子是理想的柔性链；相反，如果高分子链上所有的键都不允许内旋转，则这种高分子便是绝对的刚性分子，其链段长度就等于整个分子链的长度。在大多数实际情况中，高分子的链段长度介于链节长度和分子长度之间，约包含几个至几十个结构单元。几种常见高聚物的链段长度如表 1-2-2 所示。

分子链的末端距是指高分子链两端点之间的直线距离（见图 1-2-11）。可以想像，高分子链愈柔软，卷曲得就愈厉害，其末端距就愈小。不过通常用来表征高分子平衡态柔性的量是均方末端距。

表 1-2-2 常见高聚物的链段长度

高聚物	单体分子量	链段长度/nm	链段所含结构单元数
聚乙烯	28	0.81	2.7
聚甲醛	44	0.56	1.25
聚苯乙烯	104	1.53	5.1
聚甲基丙烯酸甲酯	100	1.34	4.4
纤维素	162	2.57	5
甲基纤维素	186	8.10	16

b. 动态柔性　指高分子链在外界条件影响下从一种平衡构象转变到另一种平衡构象的速度。

构象之间转变所需要的时间与内旋转阻力和温度有关。内旋转阻力愈低，构象之间转变所需要的时间愈短，即转变的速度愈快。所以，在温度一定时，高分子的动态柔性取决于内旋转阻力。

当研究各种结构因素对高分子链柔性的影响时，一般用平衡态柔性的概念，而在研究高分子链在外场作用下的构象变化时，就要用动态柔性这个概念。这两种概念在很多情况下是一致的，但也有不一致的情况。

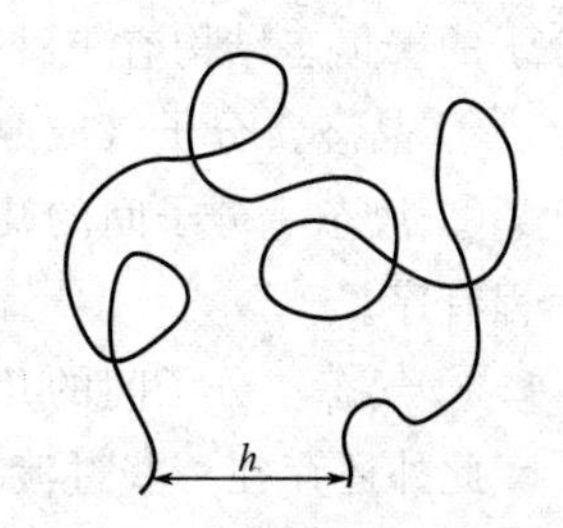

图 1-2-11　柔性高分子链的末端距

(3) 影响高分子链柔性的结构因素

① 主链结构

a. 主链完全由 C—C 键组成的碳链高分子都具有较大的柔性，如聚乙烯、聚丙烯等。

b. 主链上带有内双键时，如果不是共轭双键，尽管双键本身不能内旋转，但与之邻接的单键却更容易内旋转。

c. 如果主链上带有共轭双链或苯环，则分子链的刚性大大提高。若整个高分子链是一个大 π 共轭体系，则高分子链成绝对刚性的分子。

d. 在杂链高分子中，围绕 C—O、C—N、Si—O 等单键进行的内旋转的位垒均比 C—C 键低。其原因是非键合原子之间的距离更大，相互作用力更小，因此聚酯、聚酰胺、聚氨酯、聚二甲基硅氧烷等都是柔性高分子。

② 取代基

a. 极性取代基　高分子链中引进极性取代基的结果是增加分子内和分子间的相互作用，从而降低高分子键的柔性。影响的程度则取决于极性基团的极性大小、极性基团在分子链上的密度以及对称性。取代基的极性愈大，高分子链的柔性愈差；极性基团在高分子链上分布的密度愈高，高分子链的柔性愈低；极性基团在主链上的分布如果具有对称性则比极性基团非对称分布的高分子链的柔性好。

b. 非极性取代基　非极性取代基的存在增加了高分子链内旋转时的空间位阻效应，使高分子链柔性降低，另一方面，非极性取代基的存在又增大了分子链之间的距离，因面削弱了分子间的相互作用而使柔性提高。最终的效果将决定于哪一方面起主要作用。

③ 氢键的作用　如果高分子在分子内或分子间可以形成氢键，则由于氢键的作用而使分子链刚性提高。

④ 交联　当高分子之间以化学键交联起来形成三维网状结构时，交联点附近的单链内

旋转便受到很大的阻碍。不过，当交联点密度较低，交联点之间的分子链仍足够长时，网链的柔性仍能表现出来。随着交联密度的增高，网链的柔性便迅速降低，最后可能完全失去柔性。

这里需要指出的是，不论高分子链本身如何柔顺，一旦结晶之后，那么在晶相中高分子链的构象是不允许改变的。

1.2.2.3 高分子的非晶态结构

(1) 聚集态结构概述

分子的聚集态结构是指平衡态时分子与分子之间的几何排列。按照排列的有序程度，小分子的聚集态结构有三种基本类型。

① 晶态　分子（或原子、离子）间的几何排列具有三维远程有序。

② 液态　分子间的几何排列只有近程有序（即在一、二层分子范围内具有序性），而无远程有序。

③ 气态　分子间的几何排列既无远程有序，又无近程有序。

此外还存在一些过渡状态，如①玻璃态——它既像固体一样具有一定的形状和体积，又像液体一样，分子间的几何排列只有近程有序而无远程有序。它实际上是一种“过冷液体”。只是由于黏度太大，不易表现出它的流动而已。②液晶态——它既能流动，分子间的排列又具有相当程度的有序性。这是一类由刚性棒状分子组成的物质，从各向异性的晶态过渡到各向同性的液态中经历的“各向异性液态”的过渡状态。

对于高聚物来说，除了不存在气态外，同样存在着晶态、液态、玻璃态和液晶态。不过，由于高分子链既有高度的几何不对称性又有柔性，其聚集态结构比小分子的要复杂得多。不难想像，长而柔软的高分子链要排列成像小分子晶体那么严格的规整的结构是相当困难的；又细又长的高分子链在空间取向排列必然会带来一系列特殊的性能。此外，实际应用中还常把几种高分子物质混合起来，形成“高分子合金”，这时，各组分本身的聚集态结构、组分之间相互交织的织态结构必然更加复杂。

高聚物在加工成型中形成的分子聚集态结构是决定高聚物制品性能的主要因素。链结构相同的高聚物，由于加工成型条件（如温度、应力等）不同，制品的性能可能有很大的差别。因此，研究高分子聚集态结构的特征、形成条件及其对制品性能的影响是控制产品质量和设计新材料的重要基础。

(2) 高聚物非晶态结构

对高聚物非晶态结构的认识，经历了三个过程。最初认为非晶态高聚物中的分子排列是杂乱无章的，只是由于无法解释有些高聚物能够迅速结晶的事实，而提出了局部有序的折叠链缨状胶束模型（见图 1-2-12）。该模型认为在非晶态高聚物中，除了无规排列的分子链区之外，也存在局部的有序区，在这些有序区内，分子链折叠而且排列比较规整。这一模型曾一度被人们所接受，至今仍在一些高分子物理专著中加以介绍。

近几年来，用中子小角散射技术对高聚物熔体和非晶态玻璃体研究的结果表明，非晶态高聚物中的分子排列确实是无规线团状。因为用中子小角散射测得的分子尺寸，与 θ 溶剂中测得的无扰分子尺寸基本一致，故著名科学家 Flory 仍然主张非晶态高聚物的分子排列是无规线团状。

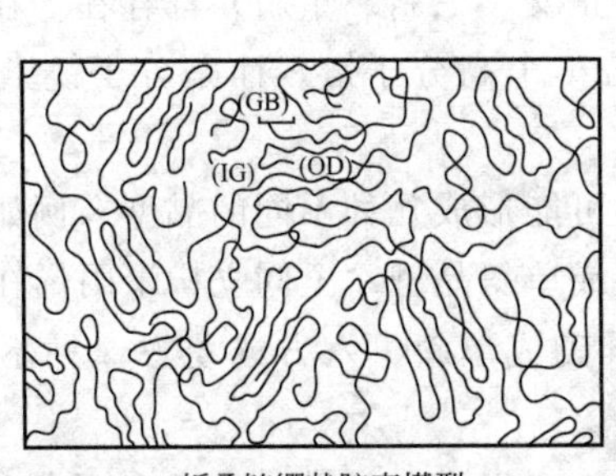

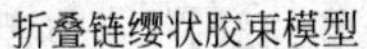
折叠链缨状胶束模型

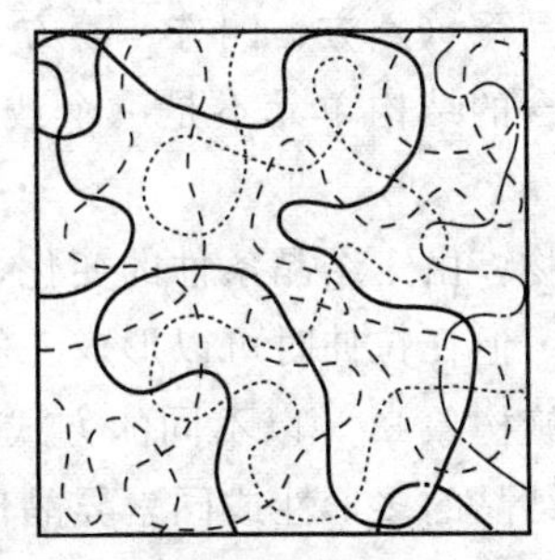
无规线团模型

图 1-2-12 高聚物非晶态结构模型

1.2.2.4 高分子的晶态结构

(1) 聚合物的结晶形态

① 高聚物晶体结构概述 在天然高分子中，许多蛋白质能从水溶液中按某种规律各自卷曲成球状，由于天然蛋白质分子量的均一性，球状蛋白质尺寸一致，能规整地堆砌成三维远程有序的分子晶体。每一晶胞中可能包含若干个分子。

对于合成高聚物，由于其分子量的多分散性，显然不可能按上述方式形成分子晶体。研究表明，合成高分子的晶体中，分子链通常采取比较伸展的构象。为了使分子链构象的位能最低，以利于在晶体中作紧密而规整的排列，一些没有取代基或取代基较小的碳氢链，如聚乙烯、聚乙烯醇、聚酯和尼龙等均采取全反式的平面锯齿形构象（见图 1-2-13），而只有较大侧基的高分子链，如全同立构聚丙烯、聚四氟乙烯等都采取旁式或反式-旁式相间的螺旋构象（见图 1-2-13）。螺旋构象的特征通常以链方向上的对称要素 P_n 来描述，其意义是每一周期包含 P 个重复单元，旋转 n 周。例如全同立构聚丙烯分子的构象为 3_1 螺旋，表示每一周期包含 3 个重复单元，旋转 1 周；聚四氟乙烯分子的构象为 15_7 螺旋，表示每一周期中包含 15 个重复单元，旋转 7 周。

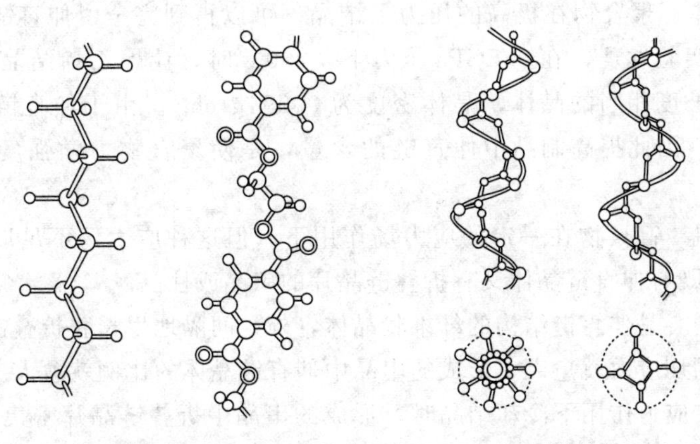

图 1-2-13 高分子链结晶时的构象

不管分子链是采取平面锯齿形构象还是螺旋构象，在晶体中作紧密堆砌时，分子链都只能采取主链中心轴互相平行的方式排列。与主链中心轴平行的方向称为晶胞的主轴方向，通常称为 c 方向。在这个方向上，原子之间是以共价键联系在一起的，而在其他两个方向上只有范德华力，这就产生了晶体的各向异性。因此，在合成高聚物的晶体中，不存在立方晶系，但其他六种晶系（六方、四方、菱方、正交、三斜、单斜）都存在。在这种高分子晶体的晶胞中，所包含的结构单元不是一个或若干个高分子链，而是分子链上的一个或若干个链节。

同一种高聚物，由于结晶条件的变化，可能形成几种不同的晶型。例如，聚乙烯的稳定晶型是正交晶型，但在拉伸时可以形成三斜或单斜晶型；全同立构聚丙烯在不同的结晶温度下，可由同一螺旋构象 3_1，以不同的方式堆砌成单斜、六方或菱方 3 种不同的晶型。这种现象称为高聚物结晶的多形性或同素异晶现象。

在高分子晶体中往往含有比小分子晶体中多得多的缺陷。典型的晶体缺陷可以由端基、链扭结、链扭转造成的局部构象错误、局部键长键角改变和链位移等引起。但高聚物一旦结晶，排列在晶相中的高分子链的构象就不再改变了。

② 聚合物的结晶形态　随着结晶条件的不同，结晶性高聚物可以形成形态极不相同的宏观或亚微观晶体，如单晶、球晶、伸直链晶体、纤维状晶体、串晶或柱晶。组成这些晶体的晶片有两类：折叠链晶片和伸直链晶片。

a. 单晶　凡是能够结晶的聚合物，在适当的条件下都可以形成单晶。单晶只能从极稀的聚合物溶液（浓度一般低于 0.01%），加热到聚合物熔点以上，然后十分缓慢地降温制备。得到的单晶只是几个微米到几百微米大小的薄片状晶体，具有规则外形。晶片中分子链是垂直于晶面方向的。单晶的晶片厚度约为 100nm，且与聚合物的相对分子质量无关，只取决于结晶时的温度和热处理条件。由于聚合物分子链一般有几百纳米以上，因此认为晶片中分子链是折叠排列的。

b. 球晶　聚合物从浓溶液或熔体冷却时，往往形成球晶——一种多晶聚集体。依外界条件不同，可以形成树枝晶、多角晶等。球晶可以生长得很大，最大可达到厘米级。用光学显微镜很容易在正交偏振光下观察到球晶呈现的黑十字消光图形。球晶中分子链总是垂直于球晶半径方向。

c. 伸直链晶体　聚合物在极高的压力下结晶，可以得到完全由伸直链构成的晶片，称为伸直链晶体。实验发现，在 0.5GPa 压力下，200℃时，让聚乙烯结晶 200h，则得到晶片厚度与分子链长度相当的晶体，晶体密度为 $0.994g/cm^3$。由于伸直链可能大幅度提高材料的力学强度，因此提高制品中伸直链的含量，是使聚合物力学强度接近理论值的一个途径。

d. 串晶或柱晶　高聚物在一定的应力场作用下（但这种应力场不足以使高聚物形成伸直链晶体），得到既有伸直链晶体又有折叠链晶片的串晶或柱晶。

这种晶体的中心是伸直链结构的纤维状晶体，外延间隔地生长着折叠链晶片。高聚物在结晶过程中受到的切应力就愈大，形成的串晶中伸直链晶体的比例就愈大。

高聚物熔体在应力作用下冷却结晶时，形成的串晶中折叠链晶片密集，使晶体呈柱状，称为柱晶。柱晶也可以看作是由伸直链贯穿的扁球晶组成。

e. 纤维晶　聚合物溶液流动时或在搅拌情况下结晶，以及聚合物熔体被拉伸或受到剪切力时，也可能形成纤维状晶体，称作纤维晶。该晶体由交错连接的伸展高分子链所构成，其长度可大大超过高分子链的长度。

(2) 聚合物的结晶能力与结晶度

① 聚合物的结晶能力　在众多的高聚物中，有些是结晶高聚物，有些是非结晶高聚物。

在结晶高聚物中，有些在常温下就结晶，有些只有在特定的温度或在拉伸应力场下才能结晶，即使化学结构和组成相同的高聚物也有结晶与不结晶之分。这些事实说明，高聚物要想结晶必须具备一定的条件：即高聚物结构的规整性。

a. 高聚物分子链的化学结构对称性好的容易结晶，对称性差的就不易结晶。例如低压聚乙烯分子链上的支链极少，分子链对称性好，它的结晶速率就大，结晶度可达95%，而高压聚乙烯分子链上的支链多，分子链的对称性差，它的结晶速率就小，结晶度只能达到60%～70%。

b. 当主链上含有不对称中心时，聚合物的结晶能力便与链的立体规整性有很大的关系。无规立构的聚合物都不能结晶，全同立构和间同立构的聚合物都能结晶，而且全同立构的聚合物要比间同立构的聚合物容易结晶，等规度愈高，结晶能力也愈强。

c. 支化、共聚、交联，都导致高聚物难结晶甚至不能结晶。如将乙烯与丙烯进行共聚，得到乙烯丙烯共聚物，它的化学结构相当于在大分子链上引入若干甲基支链，大分子结构的规整性被破坏，其结晶度也降低了。

d. 分子链节小和柔顺性适中有利于结晶。链节小易形成晶核，柔顺性适中，一方面分子链不容易缠结，另一方面使其具有适当的构象才能排入晶格形成一定的晶体结构。

e. 分子链节间须有足够的分子间作用力。规整的结构只能说明分子能够排列成整齐的阵列，但不能保证该阵列在分子热运动下的稳定性。因此要保证规整排列的稳定性，分子链节间须有足够的分子间作用力。这些作用力包括偶极力，诱导偶极力和氢链等。分子间作用力越强，结晶结构越稳定，而且结晶度和熔点越高。

虽然许多缩聚物具有规整的构型并且能够结晶，但因为缩聚物的重复结构单元通常都比较长，它们与加聚高聚物相比一般结晶比较困难。

② 聚合物的结晶度　由于聚合物分子链结构的复杂性，不可能从头至尾保持一种规整结构。另外如果聚合物链足够长，则同一分子的链段能结合到一个以上的微晶中去。当这些链段以这种方式被固定时，则分子链的中间部分不可能再有足够的运动自由度而排入晶格。所以聚合物是不可能完全结晶的，仅有有限的结晶度，而且结晶度依聚合物结晶的历史不同而不同。表1-2-3是常见聚合物的结晶度范围。

测定聚合物结晶度的常用方法有量热法、X射线衍射法、密度法、红外光谱法以及核磁共振波谱法等。最为简单的方法是密度法。

应注意的是，上述方法测出的都是平均结晶度，而且是一个相对值，其值的大小与测试方法有关。因此，在提及聚合物结晶度时，应指出所采用的测试方法。

表1-2-3　常见聚合物的结晶度范围

聚合物	结晶度/%	聚合物	结晶度/%
低密度聚乙烯	45～74	聚对苯二甲酸乙二酯	20～60
高密度聚乙烯	65～95	纤维素	60～80
聚丙烯	55～60		

(3) 聚合物的熔化过程

结晶聚合物当加热温度超过其熔点时，其晶形结构即被分子的热运动所摧毁。如果加热温度已达到熔点，而聚合物尚未显示出熔融的迹象，则是因为此时熔化的体积膨胀还不能克服内在的阻力，不过这种滞后时间不长。另外，结晶聚合物不像低分子晶体那样有明确的熔点，它的熔融有一个较宽的温度范围——熔限（见图 1-2-14），通常以聚合物晶体完全熔融时的温度作为熔点。研究表明，结晶高聚物之所以存在一个比较宽的熔限，乃是因为结晶高聚物中的晶片厚度和完善程度各不同。一般认为，晶片厚度对熔点的影响与晶片的表面能有关，表面能越高，熔点越低。高分子晶片表面的分子链堆砌比较不规整，这部分分子链对熔融热不作贡献。晶片厚度越小，单位体积晶片的表面越大，表面能越高，熔点越低。

结晶高聚物的熔融过程实质上是厚度不同的晶片陆续熔化的过程。结晶高聚物中晶片厚度的分布愈宽、它的熔限就愈宽。结晶聚合物的熔点、熔限与相对分子质量大小、相对分子质量分布关系不大；相反地却与结晶历程、结晶度的高低及球晶的大小有关。

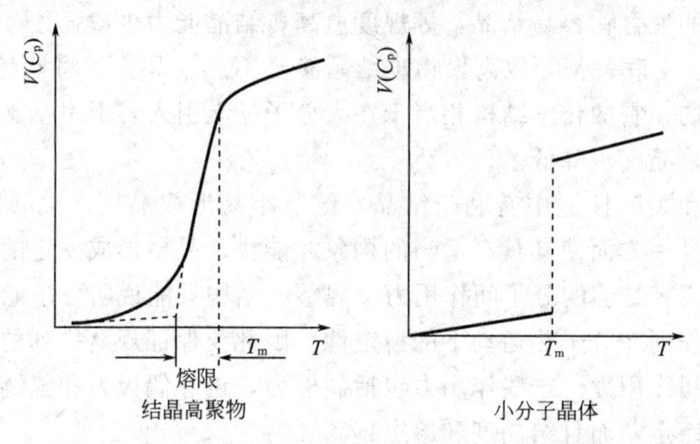

图 1-2-14　结晶物质熔融过程的热容（比热）-温度曲线

V—热容；C_p—比热容

（4）聚合物的结晶过程

熔融聚合物经过急冷使其温度骤然降到玻璃化温度以下，则冷却后的聚合物就成为非晶态。因为在急冷过程中，分子链段未能及时排入晶格就已被冻结而丧失活动能力，所以保持原来的无序状态。但是如果急冷速率不够快或聚合物结晶速率异常快，则很难得到无定形样品。

聚合物由非晶态转变为结晶的过程就是结晶过程。结晶过程由晶核生成和晶体生长两部分组成，所以结晶的总速率即由这两个连续的部分所控制。晶核生成和晶体生长对温度都很敏感，且受时间的控制。

当温度比熔点低得不多时，晶核的生成速率是极小的，但晶核生成速率会随温度的下降而加快。也就是说，如果以 ΔT 表示晶核生成的温度与熔点之间的温差，则晶核生成所需时间就是 ΔT 的函数。最初，当 ΔT 等于零时，即温度为熔点，晶核生成所需时间为无穷大（晶核生成的速率为零）。ΔT 渐增大时，晶核生成所需的时间就很快下降（见图 1-2-15），以至达到一个最小值，这是因为没有达到临界尺寸的晶坯聚多散少和温度下降有利它们形成晶核的结果。ΔT 续增大时，晶核生成所需的时间又逐渐增大，直至接近玻璃化温度时再次变为无穷大。因为温度足够低时，分子链段运动越来越困难，晶坯的生长受到限制。温度降至玻璃化温度时，分子链段运动停止，所以晶坯的生长、晶核的生成及其晶体生长也全部停止。这样，凡是尚未开始结晶的分子均以无序状态保持在聚合物中。如果再将此聚合物加热到玻璃化温度与熔点之间，则结晶将继续原来的状态发展下去。在晶核生成过程中，如果熔体中存在外来的物质（成核剂），则晶核生成所需的时间将大为减少。

对晶体生长速率而言，恰巧在熔点以下的温度时最快，温度下降而随之下降。原因是温度下降时分子链段活动性会降低，从而增加分子链段排入晶格的难度。由于结晶速率是受晶核生成速率和晶体生长速率两步控制，晶核生成最大速率处于熔点和玻璃化温度中间某一点；在这一段温度区域内晶体生长速率恰好从最大逐渐到临近玻璃化温度时变为零。所以，结晶的总速率是二者的叠加，即两边小中间大，也就是在这一段温度区域内的前半段（靠近熔点）受晶核生成速率的控制，而在后半段（靠近玻璃化温度）则受晶体生长速率的控制。至于结晶总速率最大处的位置，是随聚合物而异的。

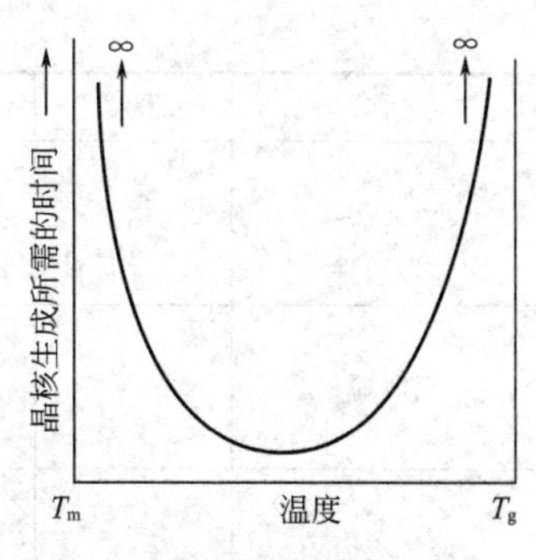

图 1-2-15 晶核生成时间与温度的关系

晶体的生长过程，尤其是在熔体冷却过程中的生长，是很复杂的，既与聚合物分子结构有关，又随外界条件而变动。总的说来，在晶坯形成稳定的晶核后，没有成序的分子链段就围绕着晶核排列生成微晶体。在微晶体表面区域还可能生成新的晶核。这种晶核的生成比在无序分子区域内更容易。结果就在以最初的晶核为中心的情况下形成圆球状的晶区——球晶。它是聚合物熔体结晶的基本形态，是使结晶聚合物呈现乳白色不透明的原因。

1.2.3 任务实施

1.2.3.1 通用塑料的结构与性能的比较

（1）结构的比较

查阅通用热塑性塑料的相关资料完成表 1-2-4。

表 1-2-4 热塑性塑料的结构比较

名称	结构单元	品种	异构体类型	柔性	结晶能力
聚乙烯					
聚丙烯					
聚氯乙烯					
聚苯乙烯					
聚甲基丙烯酸甲酯					

（2）性能的比较

根据结构比较及热塑性塑料的相关资料完成表 1-2-5。

表 1-2-5 热塑性塑料的性能比较

名称	密度	透明性	力学性能	电性能	热性能	环境性能	改性种类
聚乙烯							
聚丙烯							
聚氯乙烯							
聚苯乙烯							
聚甲基丙烯酸甲酯							

1.2.3.2 工程塑料的结构与性能的比较

(1) 结构的比较

查阅通用热塑性塑料的相关资料完成表 1-2-6。

表 1-2-6 热塑性塑料的结构比较

名称	结构单元	品种	异构体类型	柔性	结晶能力
ABS					
聚甲醛					
聚酰胺					
聚碳酸酯					
聚苯醚					
聚砜					

(2) 性能的比较

根据结构比较及热塑性塑料的相关资料完成表 1-2-7。

表 1-2-7 热塑性塑料的性能比较

名称	密度	透明性	力学性能	电性能	热性能	环境性能	改性种类
ABS							
聚甲醛							
聚酰胺							
聚碳酸酯							
聚苯醚							
聚砜							

1.2.4 知识拓展——高分子的织态结构

根据混合组分的不同，高聚物多组分混合体系可分为三大类。

① 高分子-增塑剂体系——增塑高聚物。

② 高分子-填充剂体系——复合材料。如炭黑补强的橡胶、纤维增强的塑料、泡沫塑料等。

③ 高分子-高分子体系——共混高聚物。有时把嵌段共聚物、接枝共聚物、互穿和半互穿网络也包括在此类。

高聚物多组分混合体系是开发高聚物新材料中十分重要的领域。

聚氯乙烯被合成以后，由于其加工温度太接近于分解温度，曾很长时期无法工业化生产，直到人们发现增塑剂能降低其加工温度之后才开始在工业上大量生产，并通过调节增塑剂的类型与用量而获得一系列出由软至硬的产品。它已成为目前塑料中最大的品种之一。

虽然，人们在古代就知道应用复合材料，例如，在泥土中混进稻草以获得增强的土坯。但直到人们成功地以炭黑增强橡胶才真正标志着复合材料科学的开始。自 20 世纪 50 年代以来，复合材料领域的发展突飞猛进，出现了许多先进复合材料，它们具有出色的甚至超过金属的比强度、比模量，优异的抗蠕变、抗疲劳性能，已经成为航天、航空、航海及电子工业等领域不可缺少的结构材料。

共混高聚物和冶金工业中的合金十分相似；用现有的高聚物品种通过适当的工艺制备高分子-高分子混合物，使之具有良好的综合性能，而且通过混合组分的变化可获得千变万化的性能来满足各种不同的使用要求。与合成高聚物新品种相比，共混是开发新材料的捷径。比如 ABS 与 SBS 都是以共混高聚物的形式出现的，被誉为高分子合金。共混方法包括物理共混（机械共混、溶液浇铸共混和乳液共混）和化学共混（溶液接枝、溶胀聚合和嵌段共聚）。

1.3 任务3 塑料的力学状态及常见力学性能的认识

1.3.1 任务简介

通过本任务的学习与实践使学生认识：①同一种塑料在不同温度范围里具有不同的力学状态；②性质不同的塑料具有不同的力学状态。

1.3.2 知识准备

1.3.2.1 高分子的运动特点

材料的物理性能是分子运动的反映。不同结构的高聚物材料，由于它们的分子运动模式不同，性质也不同。即使是同一结构的材料，在不同的条件下，也会由于分子运动的不同而显示出不同的物理性能。为了研究高聚物的物理和力学性能，必须在了解高聚物结构的基础上，弄清其分子运动的规律。只有通过对分子运动的深刻理解，才能建立高聚物结构与性能间的内在联系。

(1) 高分子运动的多重性

高聚物的分子运动，不仅有多种运动单元，而且有多种运动方式，这就叫运动的多重性。从分子运动单元来说，可以是侧基、支链、链节、链段以及整个分子链；从运动方式来说，可以是键长键角的变化，也可以是侧基支链、链节的旋转和摇摆运动，也可以是链段绕主链单键的旋转运动。按照运动单元的大小，可以把高分子的运动单元大致分为大尺寸和小尺寸两类运动单元。前者指整链，后者指链段、链节、侧基等。在上述运动单元中，对高聚物的物理和力学性能起决定作用的、最基本的运动单元只有两种，即整链运动和链段运动。这里着重讨论这两种基本运动单元的性质及其相互转变。

链段运动：高分子链在保持其质量中心不变的情况下，一部分链段相对于另一部分链段的运动，这种运动是由主链上单键的内旋转引起的（见图1-3-1）。因此，链段运动是柔性高分子特有的运动单元。通常认为，对同一种高聚物，无论是同一分子链的链段或是不同分子链的链段，其大小都是不同的。

整链运动：像小分子一样，高分子链作为一个整体也能作质量中心的移动。研究表明，这种移动是通过分子链中的许多链段的协同移动来实现的。因此，可以认为链段运动是高分子的更基本的运动。

高聚物运动单元的多重性取决于结构，而运动单元的转变则依赖于外场条件。改变条件就能改变分子运动状态，从而导致高聚物力学状态的转变。这里要指出的是，在讨论高聚物的物理和力学性能时，必须依据高聚物的结构和所处的条件，分清高分子的运动是哪种运动单元的运动。只有这样，才能深刻理解所讨论的物理和力学性能的本质。

(2) 高分子运动的松弛过程

在外场作用下，物体从一种平衡状态通过分子运动而过渡到与外场相适应的新的平衡状态，这个过程称为松弛过程。完成这个过程所需要的时间称为松弛时间。松弛时间是表征松弛过程快慢的一个物理量，通常可用实验方法测定。例如取一段橡皮，在一恒定温度下，用

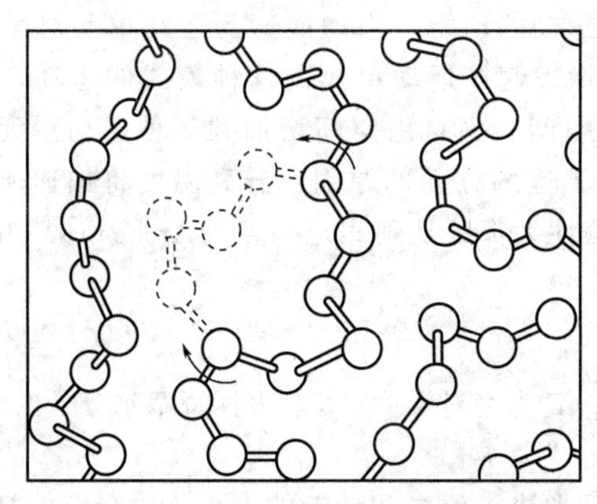

图 1-3-1　链段的运动方式

外力把它拉长 ΔL_0 后，当外力除去后，橡皮不会立即缩回到原长，而是开始时回缩较快，然后回缩的速度愈来愈慢，以致回缩过程可持续几昼夜或几星期（用精密仪器才能测出）。这就是分子运动本身具有松弛特性的表现。

设高聚物在平衡态时某物理量的值为 x_0，则在外场作用下，该物理量的测量值 x 随外场作用的时间（即观察时间）t 的增加按指数规律逐渐减小

$$x=x_0 e^{-\frac{t}{\tau}} \tag{1-3-1}$$

从上式可确定松弛时间值：当 $t=\tau$ 时 $x=\frac{x_0}{e}$，即松弛时间为 x 减少到$\frac{x_0}{e}$所需要的时间。从上式可见，当 τ 很小时，在很短的观察时间 t 内，x 已达到$\frac{x_0}{e}$值，这说明松弛过程进行得很快。对这样快速转变的体系，在一般情况下很难观察到松弛过程。如果松弛时间很长而外场作用的时间又较短，那么 $x \approx x_0$，也不能观察到松弛过程。只有在松弛时间和外场作用时间是同数量级时，才能观察到 x 值随时间逐渐减小的松弛过程。

小分子液体的松弛时间很短，在室温下只有 $10^{-8} \sim 10^{-10}$s，几乎是瞬时完成的。因此，在通常的时间标尺上，觉察不出小分子运动的松弛过程，换言之，对小分子物质可以不考虑松弛过程的时间。但对高聚物则不然。由于高聚物的分子很大，分子内和分子间的相互作用很强，本体黏度很高，因而高分子的运动不可能像小分子的运动那样瞬间完成。实际上，每种高聚物的松弛时间都不是单一的值，这是由高分子运动单元的多重性决定的。不难理解，松弛时间与分子的尺寸有关，分子愈大，运动速度愈小。对柔性高聚物，各链段的运动速度将同大小相当的小分子的速度一样。因此，其松弛时间的分布是很宽的，可以从几秒钟（对应于小链段）一直到几个月、几年（对应于整链）。在一定的范围内可以认为是一个连续的分布，常用“松弛时间谱”来表示。

由于高聚物中存在着“松弛时间谱”，在一般力作用的时间标尺下，必有相当于和大于作用时间的松弛时间。因此，实际上高聚物总是处于非平衡态，这就是说，松弛过程是高聚物分子运动的基本属性。此外，在给定的外场条件和观察时间内，我们只能观察到某种单元的运动。例如当观察时间与链段运动的松弛时间相当但又远小于整链运动的松弛时间时，我们只能观察到链段运动而观察不到整链运动。

(3)　高分子运动的温度依赖性

高分子的运动强烈地依赖于温度。升高温度能加速高分子的运动，其原因可归结为

两点。一是增加了分子热运动的动能，当动能达到运动单元对某种运动模式运动所需的位垒（即活化能）时，就激发起该运动单元的这种模式的运动，二是使高聚物的体积膨胀，增加了分子间的自由空间。当自由空间增加到某种运动单元所需的大小后，这一运动单元便可自由运动。由于这两方面的原因，升高温度将加速所有的松弛过程。对任何一种松弛过程.其温度依赖性大都服从阿累尼乌斯（Arrhenius）方程，因而松弛时间可用下式来表示

$$\tau=\tau_0 e^{\frac{\Delta H}{RT}} \tag{1-3-2}$$

式中，R 为气体常数；T 为绝对温度；RT 表征每摩尔分子的分子热运动动能；ΔH 为松弛过程所需的活化能；τ_0 为一常数。

从式中可见，松弛时间取决于位垒和动能的大小。对给定的高聚物（这时 ΔH 大致为常数），松弛时间主要依赖于温度。因此，在一定的观察时间内，当温度逐渐升高时，高聚物各种运动单元的松弛时间将按式（1-3-2）减小，我们将能依次观察到各运动单元的运动。这种情况说明，高聚物的物理和力学性能不仅依赖于观察时间，而且依赖于温度。

1.3.2.2 非晶体的力学状态

高聚物的物理和力学性能是分子运动的宏观表现，改变分子运动状态也就改变了高聚物的宏观力学状态。为了揭示高聚物的力学状态并分析其与分子运动的关系，最简单的实验方法是测量高聚物的形变与温度的关系。为此，可在等速升温下，对高聚物试样施加一恒定的力，在力的作用时间一定（一般为10s）的情况下，观察试样发生的形变与温度的关系，即可得到如图1-3-2所示的温度-形变曲线（或称为热-机械曲线）。用类似的实验方法可测出温度-模量曲线（见图1-3-3）。

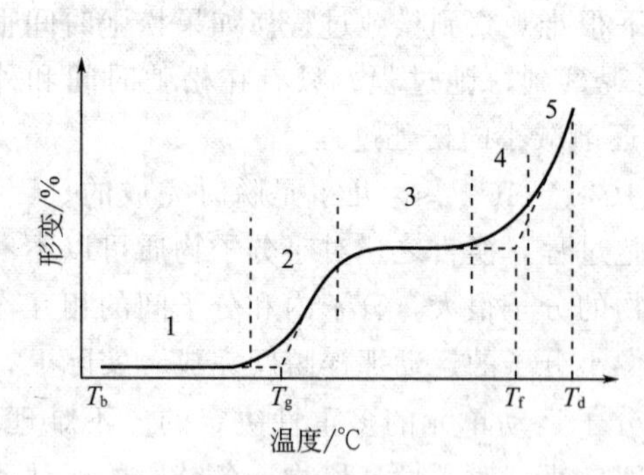

图1-3-2 线形非晶高聚物温度-形变曲线

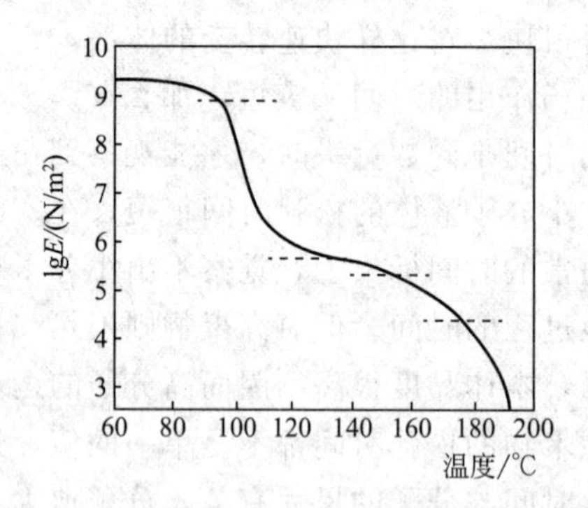

图1-3-3 线形非晶高聚物温度-模量曲线

从图1-3-2和图1-3-3可见，对非晶态高聚物，整个温度-形变曲线或温度-模量曲线可区分为五个区域。

区域1，高聚物的形变很小，模量在 $10^9\sim10^{9.5}$ N/m² 之间，类似于刚硬的玻璃体，这一力学状态称为玻璃态。

区域3，高聚物柔软而具有弹性，弹性形变值可达原长的5～10倍，模量只有 $10^5\sim10^6$ N/m²，这一力学状态称为高弹态。

区域5，高聚物像黏性液体一样，可发生黏性流动，称为黏流态。

区域2和4，区域2为玻璃态与高弹态的转变区；区域4为高弹态和黏流态的转变区，一般转变区的温度范围为20～30℃。

从转变区中可定出两个特征温度（通常用切线法作出）：玻璃化温度 T_g 和流动温度 T_f。前者表征玻璃态和高弹态之间的转变温度；后者则表征高弹态转变为黏流态的温度。因此，线形非晶态高聚物的三种力学状态可用 T_g 和 T_f 来划分，温度低于 T_g 时为玻璃态，温度在 $T_g \sim T_f$ 之间时为高弹态，温度高于 T_f 时为黏流态。

线形非晶态高聚物随温度变化出现三种力学状态，是高分子的两种基本运动单元——链段和整链随温度升高而被分别活化的结果。

当温度低于玻璃化温度时，分子的能量很低，不足以克服主链单键内旋转位垒，链段和整链运动均被冻结。从高分子运动的松弛过程看，链段运动的松弛时间远大于力作用时间，以致测量不出链段运动所表现的形变。但是，那些较小的运动单元，如链节、侧基仍能运动。同时，原子间的共价键和次价键都能振动，即主链的键长和键角有微小的形变。玻璃态的形变就是由这些运动模式引起的。由于这些运动的幅度很小，而且几乎在瞬间完成，因此，从宏观上看玻璃态高聚物的形变是很小的，形变与时间无关，形变与应力的关系服从虎克定律，与一般固体的弹性相似，属虎克型弹性或普弹性。

温度继续上升，分子的热运动能量足以使链段自由运动，但由于大分子链间的缠结阻碍整链的运动，而分子链质心不能位移，这时高聚物处于高弹态，并且其模量几乎不随温度而改变，这可称为高弹态平台。

从转变区至高弹态平台（这两个区域常统称为高弹态），其形变除普弹形变外主要为高弹形变。高弹形变产生的过程为：在外力作用下，分子链通过链段的运动，从原来的构象过渡到与外力相适应的构象。例如受张力作用时，分子链可从卷曲的构象转变为伸展的构象，因而宏观上表现出很大的形变。除去外力后，分子链又可通过链段的自发运动回复到原来的构象，宏观表现为形变的回缩。分子链构象的转变是需要时间的，因此一般高弹性具有松弛特征，尤其在转变区。

当温度继续上升，使得高分子链间的缠结开始解开，整链开始滑移时，高弹平台消失，开始了从高弹态向黏流态的转变。在这一转变区，尽管高聚物还有弹性，但已有明显的流动。因此可称为似橡胶流动态。进一步升高温度，分子链已能自由运动，即整链的松弛时间小于观察时间，出现了类似于一般液体的黏性流动。

高聚物的三种力学状态和两个转变温度具有重要的实际意义。常温下处于玻璃态的非晶态高聚物可作为塑料使用，其最高使用温度为玻璃化转变温度 T_g，因为当使用温度接近 T_g 时塑料制品会发生软化，失去尺寸稳定性和力学强度。因此，作为塑料用的非晶态高聚物应有较高的 T_g（如聚氯乙烯的 T_g 为 87℃，聚甲基丙烯酸甲酯的 T_g 为 105℃）。与塑料不同，橡胶要求具有高弹性，因此常温下处于高弹态的非晶态高聚物可作为橡胶使用，其高弹区温度范围为 $T_g \sim T_f$。通常作为橡胶的非晶态高聚物应具有远低于室温的 T_g（例如天然橡胶的 T_g 为－73℃）。高聚物的另一力学状态——黏流态则是高聚物加工成型的最重要的状态，非晶态高聚物的成型温度一般在了 $T_f \sim T_d$（分解温度）。

1.3.2.3 晶体的力学状态

部分结晶高聚物中的非晶区也能发生玻璃化转变。但这种转变必然要受到晶区的限制，这是因为微晶起着类似交联点的作用。当温度低于微晶的熔点时，微晶阻碍整链运动，但非晶区的链段仍能运动。因此，部分结晶高聚物除了具有熔点之外，还具有玻璃化转变温度。当温度高于玻璃化转变温度而又低于熔点时，非晶区从玻璃态转变为高弹态，这时高聚物变

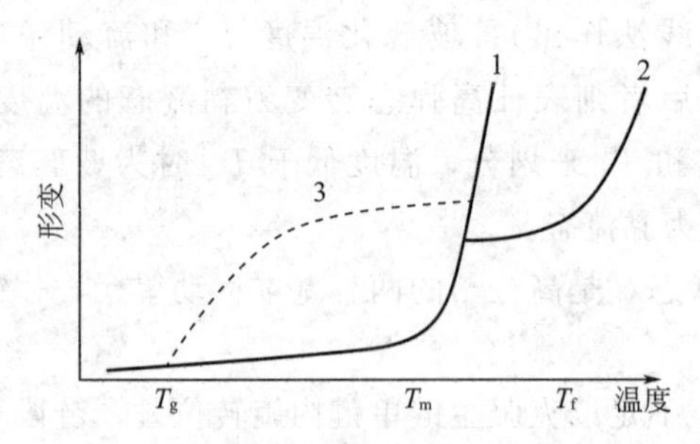

图 1-3-4　结晶高聚物的温度-形变曲线
1—分子量较小；2—分子量较大；3—轻度结晶度高聚物

成了柔韧的皮革态。但是非晶区的玻璃化转变强烈地受结晶度的影响，随着结晶度的增加，非晶区链段运动更为困难，因而形变减小，刚性增加，到结晶度大于40%后，微晶体彼此衔接，形成贯穿整个高聚物材料的连续结晶相，此时结晶相承受的应力要比非晶相大得多，材料变得更为刚硬，也观察不到有明显的玻璃化转变。在这种情况下，玻璃化转变的重要性就变得很小了。结晶高聚物的温度-形变曲线如图1-3-4所示。

由图1-3-4可见，在低于熔点的温度下，结晶高聚物的形变很小，与非晶态高聚物的玻璃态形变相似，除作为塑料外，还可作为纤维。

当温度高于 T_m 时，结晶高聚物可处于高弹态或黏流态，这取决于分子量。对分子量足够大的结晶高聚物，其熔点已趋近于定值，但其流动温度仍随分子量的增大而升高。因此，高分子量的结晶高聚物熔融后只发生链段运动而处于高弹态，直到温度升至流动温度时，才发生整链运动而进入黏流态（见图1-3-4曲线2）。但对分子量不太大的结晶高聚物，其非晶态的流动温度低于晶态的熔点，熔融后即进入黏流态（见图1-3-4曲线1），可以加工成型。从加工成型的角度看来，后一种情况是很有利的。因此，为了便于加工成型，应在满足材料强度要求的前提下，将结晶高聚物的分子量控制在较低值。

多数结晶性高聚物由熔融状态骤冷（淬火）能处于非晶态。这类非晶态高聚物与本质上不能结晶的非晶态高聚物不同，当以很慢的速度升温到 T_g 后，链段有可能按照结晶结构的要求重新排列成较规则的晶体结构。

1.3.2.4　交联高聚物（热固性塑料）的力学状态

在交联高聚物中，分子链间的交联键限制了整链运动，只要不产生降解反应，是不能流动的。至于能否出现高弹态，则与交联密度有关。当交联密度较小时，网链（两交联点间的链长）较长，在外力作用下，网链仍能通过单键内旋转改变其构象，这类体型高聚物仍能出现明显的玻璃化转变，因而有两种力学状态，即玻璃态和高弹态。随着交联密度的增加，网链长度减小，链段运动由于受到更多的交联键限制而变得困难，结果使玻璃化温度升高，而高弹形变值则减小，因此，对交联度足够大的体型高聚物，其玻璃化转变是不明显的。例如，用六次甲基四胺固化的酚醛树脂，当固化剂含量小于2%时，固化树脂的分子量仍较小，而且分子是支链形的，因此它的温度-形变曲线像小分子一样，温度升高时直接从玻璃态转变为黏流态。当固化剂含量大于2%时，形成了体型高聚物，出现了高弹态，但黏流态消失。随着固化剂含量增加（即交联度增加），玻璃化温度升高，高弹形变减小，直到固化剂含量达11%时，高弹态几乎消失（见图1-3-5）。由此可见，交联密度大的许多体型高聚物，在高温下仍保持着玻璃态的特点，可作为塑料使用，这就是通常所称的热固性塑料。为了得到耐热性高（即玻璃化温度高）的塑料制品，在固化成型这类塑料时必须保证树脂获得足够的交联度。与热固性塑料不同，在成型橡胶制品（其中的高聚物也是体型高聚物，通常由柔性高聚物交联而成）时，则应控制适当低的交联度，以保持其固有的高弹性。

1.3.2.5 蠕变与应力松弛

(1) 蠕变

所谓蠕变，是指材料在一定的温度和远低于该材料断裂强度的恒定应力作用下，形变随时间逐渐增大的现象。几乎所有的高聚物都会蠕变。最直观的例子有：挂了重物的塑料绳逐渐变长；挂在钉子上的雨衣在自身重量的作用下逐渐伸长；笨重家具腿下受压的塑料地板革日渐出现凹坑等。橡胶在恒定应力作用下，高弹形变随时间逐渐增大的现象也是蠕变。

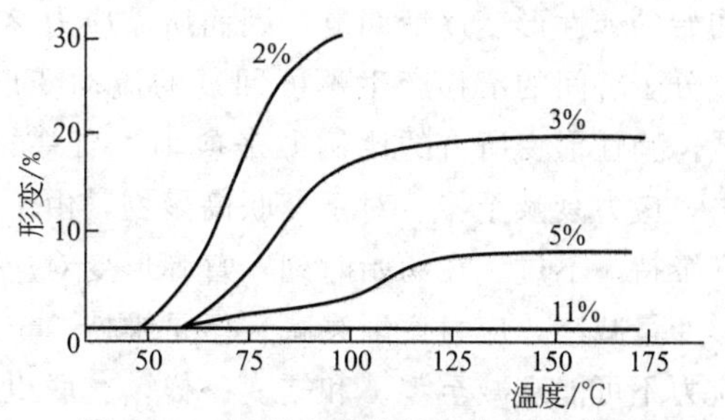

图 1-3-5　交联高聚物的温度-形变曲线

高聚物的蠕变过程，本质上是松弛时间长短不同的各种运动单元对外力的响应陆续表现出来的过程。以线形高聚物为例，当它刚受到应力作用的一瞬间，只有键长键角的运动能立即做出响应，并达到与外力相适应的平衡状态，表现为材料发生微小的普弹形变；而由运动松弛时间较长的链段运动所贡献的高弹形变，以及运动松弛时间更长的分子链重心迁移所贡献的流动形变，则不可能瞬间达到平衡值，只能随时间逐渐增大依次表现出高弹形变和黏性形变。线形高聚物蠕变过程中任一时刻的形变量实际上是普弹形变、高弹形变和黏性流动形变的叠加。对于交联高聚物，由于分子链间以化学键交联，不可能产生因分子链相对迁移而引起的流动形变。交联的体型或网状结构高聚物的蠕变行为不同于线形高聚物。线形高聚物蠕变过程包括普弹、高弹和黏性形变。在去除外力后，高聚物会保留下不可逆的塑性形变造成的永久形变。而体型高聚物仅有普弹和高弹形变，在去除外力后，最终能回复至原来形态，不存在永久形变。所以，交联是解决线形高弹态高聚物蠕变的关键措施。

蠕变反映制品的尺寸稳定性。一个高聚物制品，特别是精密零件或工程零部件，应该在某种载荷的长期作用下不改变其尺寸和形状，与金属和陶瓷制品相比，高聚物制品的抗蠕变能力较低，尺寸稳定性较差，这是高聚物制品的一大缺点，需通过各种选径加以改进。例如室温下处于玻璃态的高聚物材料其蠕变过程比起室温下处于高弹态的高聚物来说要慢得多。但务必考虑玻璃态高聚物在用作结构材料时，在承重下的蠕变特性。例如，硬聚氯乙烯有良好的抗腐蚀性能，可以用于加工化工管道、容器或塔器等设备，但它容易蠕变，使用时必须增加支架以防止因蠕变而影响尺寸稳定性。聚四氟乙烯是塑料中摩擦系数最小的品种，因而具有很好的自润滑性能，是很好的密封材料。但是，由于其蠕变现象很严重，不能制造齿轮或精密机械元件。相反，主链含芳杂环的刚性链高聚物，具有较好的抗蠕变性能，因而已成为广泛应用的工程塑料。

(2) 应力松弛

应力松弛是指在一定温度下，使试件维持恒定应变所需的应力（等于材料的内应力）随时间逐渐衰减的现象。例如，用于束紧一束或一捆物体的橡皮筋或塑料绳会慢慢松弛，尽管被束紧物体的尺寸并不随时间变化；密封用的橡胶或塑料垫、圈的密封效果会逐渐减小甚至完全失效。

与蠕变一样，高聚物的应力松弛也是松弛时间不同的各种运动单元对外界刺激的响应陆续表现出来的结果。当试件被施加一个突然的初始形变时，形变（弹性）是那些跟得上外力作用的运动单元（如键长键角等）的运动所产生的。随时间的推移，那些松弛时间较长的运动单元（链段、分子）的运动也将逐渐对形变做出贡献。但因总的形变保持不变，势必要使初始的弹性形变逐渐回复，因而所需应力逐渐减小。如果试件是线形高聚物，则由于它能通过分子链间的滑移产生不可回复的流动变形，在维持总形变不变时，随黏性流动形变的发展，弹性形变所占的比例愈来愈小。当总的形变全部由流动形变贡献时，弹性形变全部消失，应力衰减至零。对于交联高聚物，由于它不可能产生流动形变，总的形变只能由弹性形变维持。不过，在初始时刻，普弹形变对应力的贡献较大，随后，随高弹形变的发展，普弹形变量减小，应力逐渐衰减。但是维持一定的弹性形变总需一定的应力，因此交联高聚物的应力不可能衰减至零。和蠕变一样，交联也是克服应力松弛的重要措施。为此，橡胶制品需要交联处理。

应力松弛行为，对密封制件来说，决定它们的使用寿命；密封件的应力松弛速率愈低，维持良好密封效果的时间就愈长；对高聚物制品的加工来说，决定制品内残余应力的大小。加工中应力松弛的速率愈快，制品内的残余应力愈小，所得制品的尺寸稳定性也就愈高。

1.3.3 任务实施

1.3.3.1 形变与温度曲线测试与比较

① 分别将聚乙烯、聚苯乙烯、酚醛塑料等材料的拉伸样条加热到25℃、50℃、75℃、100℃、125℃，恒温10min；

② 快速装夹样条，对样条施加一恒定的力（50N），力的作用时间为10s，测量样条发生的形变；

③ 绘制温度形变曲线；

④ 比较不同材料的温度形变曲线并分析原因。

1.3.3.2 蠕变与应力松弛

（1）蠕变

① 将聚氯乙烯带一端固定，测试其长度；

② 将500g的砝码固定于带的另一端，测试其长度；

③ 24h时测试其长度；

④ 比较两次记录并分析原因。

（2）应力松弛

① 将弹簧秤一端固定，另一端与一定长度的橡皮筋连接；

② 将橡皮筋拉至定长度并固定，记录此时弹簧秤读数；

③ 24h时再次记录读数；

④ 比较两次记录并分析原因。

1.3.4 知识拓展

1.3.4.1 塑料的传热与降解

（1）塑料的传热

① 热扩散系数　在成型加工中，为了实现聚合物流动和成型，对聚合物进行加热与冷却是必需的。任何物料加热与冷却的难易是由温度或热量在物料中的传递速度决定的，而传

递速度又决定于物料的固有性能-热扩散系数 α，这一系数的定义为

$$\alpha=\frac{k}{c_{p}\rho} \tag{1-3-3}$$

式中，k 为导热系数；c_p 为定压热容；ρ 为密度。某些材料的热性能见表 1-3-1。

表 1-3-1 中所列的热扩散系数仅为常温状态下的，如果需要准确计算加工温度范围内各种聚合物的热扩散系数是颇为麻烦的，因为式（1-3-1）中几个因素都随温度而变化。但是从实验数据统计结果可知，在较大温度范围内各种聚合物热扩散系数的变化幅度并不很大，通常不到两倍。虽然各种聚合物由玻璃态至熔融态的热扩散系数是逐渐下降的。但是在熔融状态下的较大温度范围内却几乎保持不变。在熔融状态下热扩散系数不变的原因是：比热容随温度上升的趋势恰为密度随温度下降的趋势所抵消。

从表 1-3-1 中的数据可以看出，各种聚合物的热扩散系数相差并不很大，但与铜和钢相比，则差得很多，几乎要小 1～2 个数量级。这说明聚合物热传导的传热速率很小，冷却和加热都不很容易。其次，黏流态聚合物由于黏度很高，对流传热速率也很小。基于这两种原因，在成型过程中，要使一批塑料的各个部分在较短的时间内达到同一温度，常需要很复杂的设备和很大的消耗。即便如此，还往往不易达到要求，尤其在时间上很不经济。

对聚合物加热时还有一项限制，就是不能将推动传热速率的温差提得过高，因为聚合物的传热既然不好，则局部温度就可能过高，会引起降解。聚合物熔体在冷却时也不能使冷却介质与熔体之间温差太大、否则就会因为冷却过快而使其内部产生内应力。因为聚合物熔体在快速冷却时，皮层的降温速率远比内层为快，这样就可能使皮层温度已经低于玻璃化转变温度而内层依然在这一温度之上。此时皮层就成为坚硬的外壳，弹性模量远远超过内层（大于 10^3 倍以上），当内层获得进一步冲却时，必会因为收缩而使其处于拉伸的状态，同时也使皮层受到应力的作用。这种冷却情况下的聚合物制品，其物理性能和力学性能，如弯曲强度、拉伸强度等都比应有的数值低。严重时，制品会出现翘曲变形以致开裂，成为废品。

表 1-3-1 某些材料的热性能（常温）

材料	c_p/cal·g^{-1}·℃$^{-1}$	k/×10^{-4}cal·cm^{-2}s^{-1}·℃$^{-1}$	α/×10^{4}cm^2·s^{-1}
聚酰胺	0.40	5.5	12
聚乙烯(高密度)	0.55	11.5	18.5
聚乙烯(低密度)	0.55	8.0	16
聚丙烯	0.46	3.3	8
聚苯乙烯	0.32	3.0	10
聚氯乙烯(硬)	0.24	5.0	15
聚氯乙烯(软)	0.3～0.5	3.0～4.0	8.5～6.0
ABS	0.38	5.0	11
聚甲基丙烯酸甲酯	0.35	4.5	11
聚甲醛	0.35	5.5	11
聚碳酸酯	0.30	4.6	13
聚砜	0.3	6.2	16
聚甲醛塑料(木粉填充)	0.35	5.5	11
聚甲醛塑料(矿物填充)	0.30	12	22

续表

材料	c_p/cal·g^{-1}·℃$^{-1}$	k/×10^{-4}cal·cm^{-2}s^{-1}·℃$^{-1}$	α/×10^{4}cm^{2}·s^{-1}
脲甲醛塑料	0.4	8.5	14
蜜胺塑料	0.4	4.5	8
醋酸纤维素	0.4	6	12
玻璃	0.2	20	37
钢材	0.11	1100	950
铜	0.092	10000	1200

注：1cal≈4.1868J。

② 摩擦热　由于许多聚合物熔体的黏度都很大，因此在成型过程中发生流动时，会因内摩擦而产生显著的热量。此摩擦热在单位体积的熔体中产生的速率 Q 为

$$Q=\tau\dot{\gamma}=\eta_a\dot{\gamma}^2 \tag{1-3-4}$$

式中，τ 为剪切应力；$\dot{\gamma}$ 为剪切速率；η_a 为表观黏度。如果熔体的流动是在圆管内进行的，则 Q 在管的中心处为零（因为管中心处 $\tau=0$），而在管壁处最大。

借助摩擦热而使聚合物升温是成型中常用的一种方法，例如在挤塑或注塑过程中聚合物的许多热量来自于摩擦生热。用摩擦的方法加热对有些聚合物是十分有益的，它使熔体烧焦的可能性不大，因为表观黏度常随温度的升高而降低。

聚合物熔体在流动过程中，由于黏度大，会在较短的流道内造成很大的压力降，从而可能使前后的密度不一致。密度变小表明熔体的体积膨胀，膨胀则会消耗热能。关于这项热能，虽在理论上有不少计算，但与实际有出入。

最后还需一提的是，结晶聚合物在受热熔融时，伴随有相态的转变，这种转变需要吸收较多的热量。例如，部分结晶的聚乙烯熔融时就比无定形的聚苯乙烯熔融时吸收更多的热量。反过来，在冷却时也会放出更多的热量。两种聚合物热焓随温度的变化情况见图 1-3-6，此图是典型的结晶性聚合物和无定形聚合物的热焓图。此外，聚乙烯在相态转变时，比热容常有突变（见图 1-3-7），但聚苯乙烯的比热容变化就较为缓和（图 1-3-8）。此图也是较为典型的结晶聚合物和无定形聚合物比热容对温度变化图。

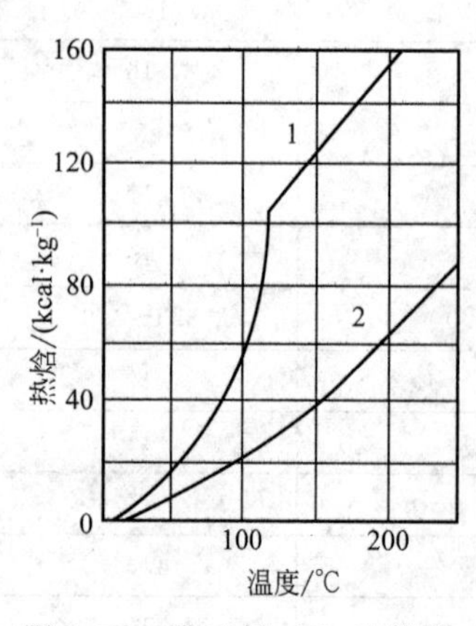

图 1-3-6　聚乙烯（1）和聚苯乙烯（2）的热焓

1kcal·kg^{-1}=4186.8J·kg^{-1}

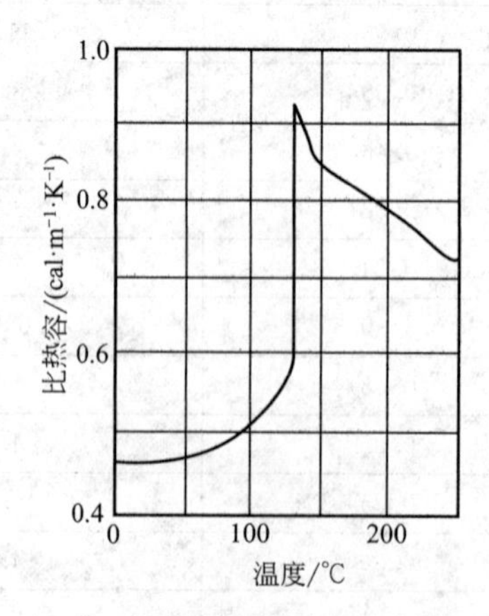

图 1-3-7　固体和液体聚乙烯的比热容与温度的关系

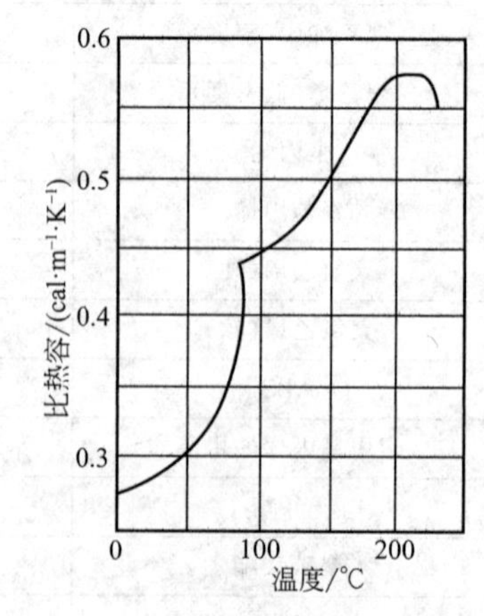

图 1-3-8　固体和液体聚苯乙烯的比热容与温度的关系

（2）塑料的降解

聚合物在热、力、氧、水、光、超声波和核辐射等作用下往往会发生降解的化学过程，从而使其性能劣化。降解的实质是：断链；交联；分子链结构的改变；侧基的改变；以上四种作用的综合。在以上的许多作用中，自由基常是一个活泼的中间产物。作用的结果都是聚合物分子结构发生变化，从而导致聚合物失去弹性、熔体黏度变化甚至发生紊流，从而使塑件强度降低，表面粗糙，使用寿命下降。对成型来说，在正常操作的情况下，热降解是主要的，由力、氧和水引起的降解居于次要地位，而光、超声波和核辐射的降解则是很少的。显然，标志热作用大小的是温度，但是温度的大小也与力、氧和水等对聚合物的降解有密切关系。比如，温度高时，对氧或水与聚合物的反应均属有利，而力的影响则是相反的，因为温度高时聚合物的黏度小。

① 热降解　在成型过程中，聚合物因受高温的时间过长而引起的降解称为热降解。通常，热降解温度稍高于热分解温度。广义上讲，聚合物因加热温度过高而引起的热分解现象也属于热降解范畴，因此，在成型过程中，应严格控制成型温度和加热时间，保证塑件质量。

聚合物是否容易发生热降解，应从其分子结构和有无痕量杂质（能对聚合物分解速度和活化能的大小起敏感作用的物质）的存在来判断，但大部分的热降解特性都来自前者。聚合物的热降解首先是从分子中最弱的化学键开始的。关于化学键的强弱次序一致认为：C—F＞C—H＞C—C＞C—Cl；在聚合物主链中各种 C—C 键的强度是

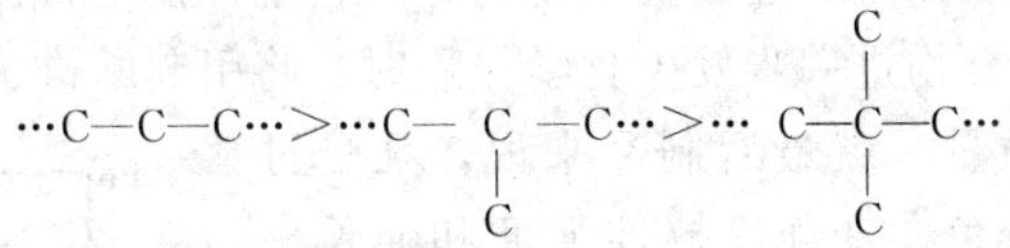

···C—C—C···＞···C—C(C)—C···＞···C—C(C)(C)—C···

因此，与叔碳原子或季碳原子相邻的键都是不很稳定的。C—C 键若与 C═C 双键形成 β-位置的关系，则不论它是处在主链或侧链上，都会造成该链的相对不稳定性。

仲氢原子一般都较叔氢原子稳定。叔氢原子与氮原子一样，其所以不稳定，是由于它们很容易被传递反应移去的关系。

含有芳环主链和等同立构的聚合物热降解的倾向都比较小。

能引起聚合物发生热降解的杂质，本质上就是降解中的催化剂。它是随聚合物的种类的不同而不同的。不同杂质促使聚合物的降解历程也不同。

② 力降解　聚合物在成型过程中常因粉碎、研磨、高速搅拌、混炼、挤压、注射等而受到剪切和拉伸应力，这些应力在条件适当的情况下使聚合物分子链发生断裂反应而引起的降解称为力降解。引起断裂反应的难易不仅与聚合物的化学结构有关，而且也与聚合物所处的物理状态有关。此外，断裂反应常有热量发生，如果不及时排除，则热降解将同时发生。在塑料成型中，除特殊情况外，一般都不希望力降解的发生，因为它常能劣化制品的性能。

在大量实验结果的基础上，有关力降解的通性可以归为以下几条：

a. 聚合物相对分子质量越大的，越容易发生力降解。

b. 施加的应力愈大时，降解速率也愈大，而最终生成的断裂分子链段却愈短。

c. 一定大小的应力，只能使分子断裂到一定的长度。当全部分子链都已断裂到施加的应力所能降解的长度后，力降解将不再继续。

d. 聚合物在增温与添有增塑剂的情况下，力降解的倾向趋弱。

③ 氧降解　在使用过程中，由于聚合物经常与空气中的氧气接触，造成某些化学键较

弱的部位产生一种氧化结构，这种结构很不稳定，很容易分解产生游离基，从而导致降解，这种因氧化而导致的降解称为氧化降解。

在常温下，绝大多数聚合物都能和氧气发生极为缓慢的作用，只有在热、紫外辐射等的联合作用下，氧化作用才比较显著。联合作用的降解历程很复杂，而且随聚合物的种类不同，反应的性质也不同。不过在大多数情况下，氧化是以链式反应进行的，其降解历程如下。

a. 引发形成自由基

$$BH \xrightarrow{\text{热或其他能源}} R\cdot + H\cdot$$

$$RH + O_2 \longrightarrow R\cdot + \cdot OOH$$

$$ROOH \longrightarrow RO\cdot + \cdot OH$$

b. 链传递

$$R\cdot + O_2 \longrightarrow ROO\cdot$$

$$ROO\cdot + RH \longrightarrow ROOH + R\cdot$$

c. 链终止

$$R\cdot + R + \cdot \longrightarrow \text{稳定化合物}$$

$$ROO\cdot + R\cdot \longrightarrow \text{稳定化合物}$$

$$ROO\cdot + ROO\cdot \longrightarrow \text{稳定化合物}$$

$$RO\cdot + R\cdot \longrightarrow \text{稳定化合物}$$

经氧化形成的结构物（如酮、醛、过氧化物等）在电性能上常比原来聚合物的低，且容易受光的降解。当这些化合物进一步发生化学作用时，将引起断链、交联和支化等作用，从而降低或增高相对分子质量。就最后制品来说，凡受过氧化作用的聚合物必会变色、变脆、拉伸强度和伸长率下降、熔体的黏度发生变化，甚至还会发出气味。但是由于化学过程过于复杂，目前就是一些比较常用的聚合物，如聚氯乙烯，其氧化降解历程也只能得出一些定性的概念。不管如何，从总的来说，任何降解作用速率在氧气存在下总是加快，而且反应的类型增多。在解决实际问题时，通常是根据实测的结果。图 1-3-9 表示聚氯乙烯在不同的气体中的热降解。

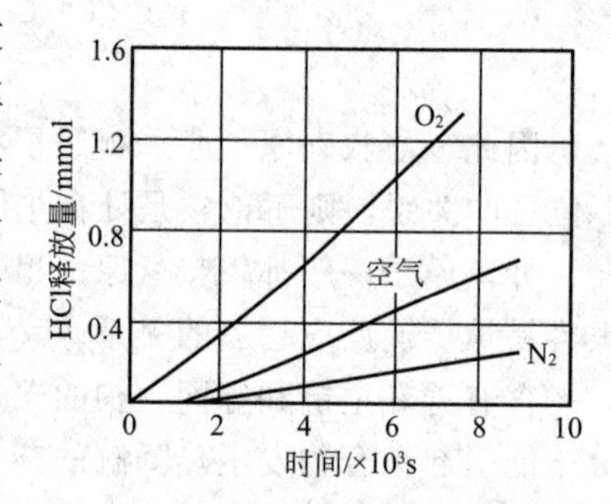

图 1-3-9 聚氯乙烯在氧气、空气和氮气中的热降解（190℃）

④ 水降解 当聚合物分子结构中含有容易被水解的碳-杂链基团（如—CO—NH—、—CO—O—、—C ≡ N、—O—CHR—O—等）或氧化基团时，在成型温度和压力下，这些基团很容易被聚合物中的水分分解，这种现象称为水降解。若上述各种基团位于大分子主链上，则水降解后聚合物的相对分子质量降低，制件力学性能变劣；若位于支链上，则水降解后，只改变了聚合物的部分化学组成，对相对分子质量及塑件性能影响不大。因此，为避免水降解现象发生，成型前应对物料采取必要的干燥措施，这对聚酯、聚醚和聚酰胺等吸湿性很大的原料尤为重要。

⑤ 降解的防治 通常降解是有害的，它将使塑件性能低劣，甚至难以控制成型过程。因此生产中必须充分估计降解反应发生的可能性，并采取一定的防治措施。

a. 严格控制原料技术指标，避免因原料不纯对降解发生催化作用。

b. 成型前对物料采取必要的预热和干燥，严格控制其含水量。

c. 合理选择并严格控制成型工艺参数，保证聚合物在不易降解的条件下成型，这对热稳定性差、成型温度接近分解温度的原料尤为重要。为避免降解发生，对这类原料可绘制成型温度范围图（图 1-3-10），以便于正确、合理地制定工艺条件。

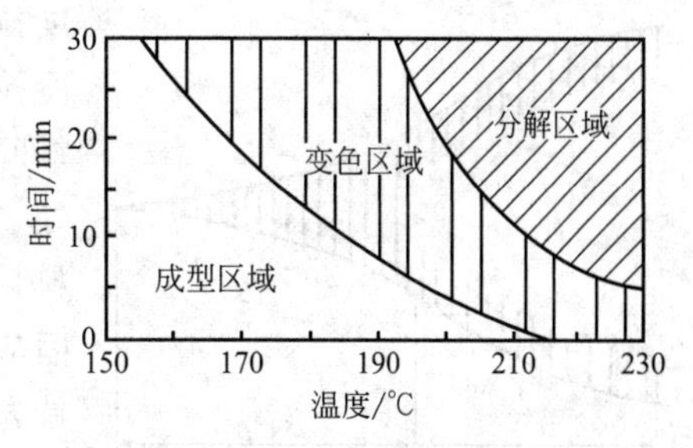

图 1-3-10　硬聚氯乙烯成型范围图

d. 成型设备与模具应又有良好的结构，与聚合物接触的部位不应有死角或缝隙，流道长度要适中，加热和冷却系统应有灵敏度较高的显示装置，以保证良好的温度控制和冷却速率。

e. 对热、氧稳定性较差的聚合物，可考虑在配方中加入稳定剂和抗氧剂等，以提高聚合物的抗降解能力。

1.3.4.2　时温等效原理

高聚物的同一力学松弛现象可以在较高的温度、较短的作用力时间（或较高的作用频率）表现出来，也可以在较低的温度、较长的作用力时间（或较低的作用频率）表现出来。这是因为，在较低的温度下，链段或分子运动的松弛时间比较长，它们对外力的响应在短时间内（或较高的作用频率下）表现不出来。这时若升高温度，缩短它们的运动松弛时间，就可以在较短时间（或较高频率）下观察到它们的力学响应。

例如，用作飞机轮胎的橡胶在室温下呈现良好的高弹性，因为交联橡胶网链中的链段运动很自由，很容易对外力做出响应。但是当飞机着地的瞬间，链段的运动对这么短的作用力来不及做出响应，轮胎可能不显示其高弹性，而只显示普弹性，好像橡胶在这一瞬间，温度下降了好多度似的。正是因为这个原因，用作飞机轮胎的橡胶要求有很低的玻璃化温度。相反，一些在室温下处于玻璃态的塑料，如有机玻璃和聚碳酸酯等，在外力缓慢拉伸下，能像橡胶一样产生大形变，好像温度升高了许多度似的。

1.3.4.3　银纹

所谓银纹现象是指高聚物材料在储存或使用过程中于材料表面或内部出现许多肉眼可见的微细凹槽，故称之为“类裂纹”。这种现象在透明塑料如聚苯乙烯、有机玻璃、聚碳酸酯中尤其明显。当光线以某个入射角入射到已出现“类裂纹”的透明塑料中时，每一个“类裂纹”都像一面微小的镜子，强烈地反射光线，看上去银光闪闪，因此称为银纹。银纹也会出现在聚乙烯、聚丙烯之类的结晶塑料中以及环氧、酚醛之类的热固性塑料中，只是这些塑料通常透明度不高或完全不透明而无法看见而已。

研究表明，高聚物只有在张应力作用下才能产生银纹，银纹面（银纹的两个张开面，即银纹与本体的界面）总是垂直于张应力；压应力不会诱发银纹。

银纹不同于裂纹。裂纹的两个张开面之间是完全空的，而银纹面之间是由维系两银纹面的银纹质（高度取向的微纤束）和空穴组成（图 1-3-11 中的银纹部分）。微纤的直径约为 0.01～0.1μm。靠近银纹尖端的微纤粗而短，靠近银纹中部的微纤细而长。银纹中空穴约占 40%的体积。因此，银纹的平均密度和折射率低于本体材料。当光线以一定的角度入射到银纹面上时，会发生光的全反射。但由于银纹中有银纹质，银纹仍具有一定的强度。

银纹的形成是材料在张应力作用下，于局部薄弱处发生屈服和冷拉，使局部本体材料高

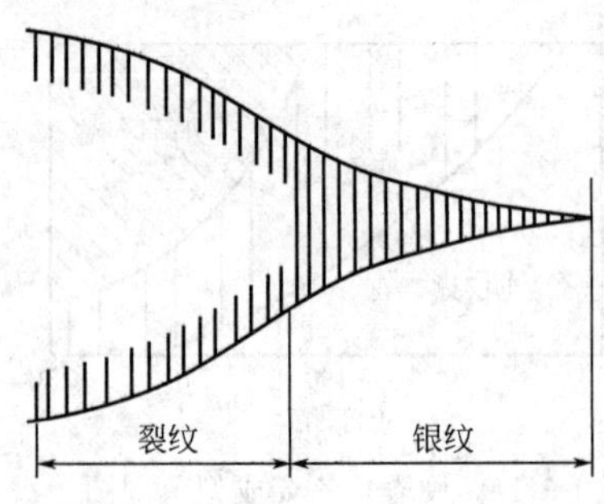

图 1-3-11 银纹转化为裂纹示意图

度拉伸取向，但由于其周围的本体材料并未屈服，局部冷拉中所需的材料的横向收缩受到限制，结果在取向微纤间留下大量空穴。银纹常常始于材料表面缺陷或擦伤处，或始于内部空穴或夹杂物的边缘处。这些部位的材料，或因分子链间的相互作用力较小，屈服应力低，或因应力集中，所受的实际应力太于材料所受的平均应力，首先发生屈服和冷拉。

环境因素也可诱发银纹，这种银纹的形成与材料的内应力有关，银纹方向通常是无规的。一般来说，聚合物材料中总可能存在一定的内应力没有完全松弛掉。内应力不足够大时，可能不导致银纹的出现。如果存在促进聚合物局部发生塑性流动的环境因素，就有可能产生银纹现象。

银纹与裂纹不同，具有可逆性。在压力或 T_g 以上退火，它可回缩或愈合，再行拉伸时，它又重新出现。如果形成银纹的材料继续受到拉伸作用，银纹可发展为裂纹（如图 1-3-11 所示），最后导致整个材料断裂。银纹在形成的过程中是要吸收能量的。

高聚物材料中出现银纹，不仅影响外观质量，降低透明材料的光学透明度，还会降低材料的强度和使用寿命，因此一般是不希望材料中出现银纹的。但是人们认识了银纹的本质后，可以在一定的条件下化不利因素为有利因素。用橡胶增韧塑料就是利用了产生银纹必须吸收大量能量而达到提高塑料冲击韧性的目的的。例如：聚苯乙烯是典型的脆性塑料。用共混的方法在聚苯乙烯中加入适量的橡胶后，共混物在外力作用下，很容易在橡胶颗粒赤道附近的聚苯乙烯中产生大量银纹，在这些银纹的尖端，应力场互相干扰，它们不易合并为大裂纹。但产生许多银纹需吸收大量的能量，因而共混物变成了高抗冲聚苯乙烯塑料。

教学设计及教学方法

掌握塑料的基本性能与特征温度是塑料成型的基本点。作为教学对象的学生对塑料的认识仅仅停留在《工程材料》与生活接触的基础上，为了使学生在本模块学习后达到掌握塑料的基本性能与特征温度的要求，在教学上通过安排实施三个任务以达到要求。

任务 1 是常见塑料的感官认识及鉴别。这个任务是通过教师的讲解与学生实验两部分来完成。教师讲解主要包括一些基本概念、分类、特点等；学生的实验是这个任务的重点，在实验里通过对塑料及其制件的观察与触摸，形成感官认识；通过对塑料燃烧过程的观察掌握塑料的简易鉴别方法。

任务 2 是常见热塑性塑料结构与性能的比较。在这个任务里，为了获得好的学习效果，首先安排学生查阅相关资料，完成表 1-2-4 与表 1-2-6。在这些表里，学生有很多名词是第一次接触，学生完全不懂其含义，这样学生就可在后续的知识点的教学中有目的的展开学习，最终完成性能的比较即完成表 1-2-5 与表 1-2-7。

任务 3 是塑料的力学状态与常见力学性能的认识。这个任务仍然是通过教师的讲解与学生实验两部分来完成。教师首先从理论上讲解塑料的各种力学状态及对应的运动单元与特征温度，然后通过验证性实验加深对各个状态的认识。

在整个模块的教学过程中所涉及的教学方法有：讲授法、实验法、读书指导法、练习法等。在整个教学过程中，各种方法相互穿插，比如在任务2中，首先通过读书指导法安排学生查阅相关资料，学生在自己阅读的过程中发现问题；然后教师通过讲授法给学生提供一个理论框架，同时教师能够有针对性地教学，有利于帮助学生全面、深刻、准确地掌握教材；最后运用练习法使学生通过课外作业，以巩固所学知识。

模块2 热塑性塑料制品的挤出成型

挤出成型又称为挤塑，它以生产连续化、生产效率高、应用范围广、设备简单、投资少等优点在聚合物加工中占有重要地位。在本模块里，为了使学生很好地学习与应用挤出成型的知识，将课程与实践内容分解为三个任务，其中任务1是本模块的核心，它主要介绍了单螺杆挤出机的结构，挤出成型的工艺过程与工艺因素，并通过PE管材的挤出，了解挤出成型需设置的工艺条件；任务2、3则是通过ABS板材与LDPE吹膜的生产，使学生掌握挤出成型工艺条件制定的方法及调整方法。通过以上任务的实施，使学生掌握挤出成型的特点、产品类型、工艺过程与工艺控制因素；基本具备常见塑料工艺条件的制定及产品缺陷的分析与改进的能力。

2.1 任务1 PE管材的挤出成型

2.1.1 任务简介

通过本任务的实施使学生了解单螺杆挤出机的结构，挤出成型的工艺过程与成型机理，并通过PE管材的挤出，了解挤出管材需要控制的工艺条件，了解挤出管材常见的缺陷及改进方法。

2.1.2 知识准备

2.1.2.1 挤出成型概念和分类

(1) 概念

挤出成型又称挤出模塑或挤塑、挤压。挤出在热塑性塑料加工领域中，是一种变化多、用途广、在塑料加工中占比例很大的加工方法。挤出制成的产品都是横截面一定的连续材料，如管、板、丝、薄膜、电线电缆的涂覆等。挤出在热固性塑料加工中是很有限的。挤出成型除了挤出型材外，还可以用挤出方法进行混合、塑化、造粒和着色等。

图2-1-1为管材挤出成型流程示意图。装入料斗的塑料，借助转动的螺杆进入加料筒中，由于料筒的加热及塑料本身和塑料与设备间的剪切摩擦热，使塑料熔化而呈流动状态。与此同时，塑料还受螺杆的搅拌而均匀分散，并不断前进。最后，塑料熔体经机头赋形、定径套定型及冷却即可得到产品。要得到不同的产品，只要更换机头及相应的辅机即可。

从表面上看挤出过程比较复杂，但理论上将挤出过程分为两个阶段：第一阶段是使固态塑料塑化（即变成黏性流体）并在加压下使其通过特殊形状的口模而成为截面与口模形状相仿的连续体；第二阶段是用适当的方法使挤出的连续体失去塑性状态而变为固体，即得所需制品。

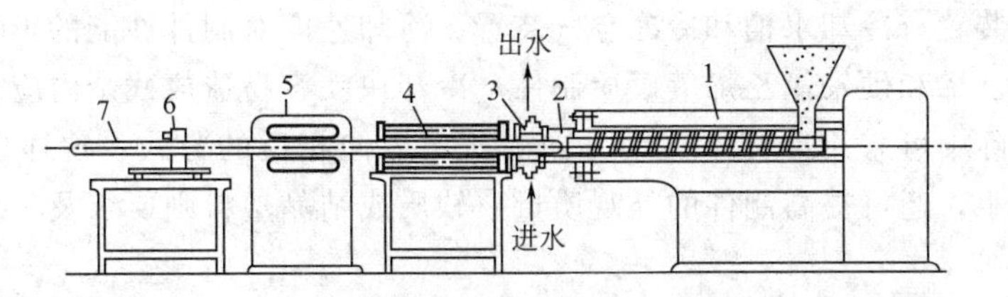

图 2-1-1 管材挤出成型流程示意图

1—挤出机；2—机头；3—定径套；4—冷却水槽；5—牵引装置；6—切割装置；7—管材

(2) 分类

由于塑料的塑化即可通过加热使塑料变为熔体（干法），也可以用溶剂将塑料充分软化（湿法），因此按照塑料塑化的方式不同，挤出工艺可分干法和湿法两种。干法的特点是塑化和加压可在同一个设备内进行，其产品的定型只要通过冷却即能完成，但在加热的过程中由于塑料的传热能力较差，易产生塑化不均匀或过热现象。而湿法的塑化是塑料在溶剂中进行较长时间的浸泡才能完成，虽塑化均匀，也避免了塑料过热，但塑化和加压需分为两个独立的过程，而且定型处理必须采用较麻烦的溶剂脱除，同时还得考虑溶剂的回收。基于上述缺点，它的适用范围仅限于硝酸纤维素和少数醋酸纤维素塑料的挤出。

挤出过程中，随着对塑料加压方式的不同，可将挤出工艺分为连续和间歇两种。前一种所用设备为螺杆挤出机，后一种为柱塞式挤出机。螺杆挤出机又有单螺杆和多螺杆挤出机的区别，但使用较多的是单螺杆挤出机。柱塞式挤出机的主要部件是一个料筒和一个由液压操纵的柱塞。操作时，先将一批已经塑化好的塑料放在料筒内，而后借助柱塞的压力将塑料挤出口模，料筒内塑料挤完后，即应退出柱塞以便进行下一次操作。柱塞式挤出机的最大优点是能给予塑料较大的压力，而它的明显缺点则是操作的不连续性，而且物料还要预先塑化，因而应用也较少，它适合聚四氟乙烯、超高相对分子质量聚乙烯等塑料的挤出。

综上所述，塑料的挤出，绝大多数是热塑性塑料，而且是采用干法塑化的连续挤出。

2.1.2.2 管材挤出成型的工艺流程

管材挤出成型的工艺流程可分为原料的准备、塑化成型、定型和冷却、牵引、卷取和切割等几个步骤。

(1) 原料的准备

为了使挤出过程能顺利进行，并保证制件的质量，在成型前对塑料原料应进行严格的外观检验和工艺性能测定，对易吸湿塑料还要进行预热和干燥处理，把原料的水分控制在允许的范围里。此外，在准备阶段还应尽可能除去塑料中的杂质。

(2) 塑化成型

采用螺杆式挤出机进行挤出时，料筒中的塑料借助外加热和螺杆旋转产生的剪切摩擦热而熔融塑化，同时熔体受螺杆的搅拌而均匀分散，并不断向前推挤，迫使塑料经过过滤板和过滤网，由螺旋运动变成直线运动，最后经机头成型为与口模截面形状相仿的连续型材。

(3) 定型和冷却

热塑性塑料在离开机头（口模）以后，应立即进行定型和冷却，否则塑料在自重的作用下就会出现凹陷、扭曲等变形缺陷。管材挤出成型时采用的定型方法有外径定型和内径定型两种。不管哪种方法都是使管坯内外形成一定的压力差，使管坯紧贴在定径套上冷却定型。

常用的冷却装置有冷却水槽和冷冻空气装置。冷却速度对制件性能的影响很大，如聚苯乙烯、低密度聚乙烯和硬聚氯乙烯等硬质制件，冷却快就容易造成残余内应力，并影响制件的外观质量。实际中可采用冷却水流动方向与挤出方向相反的方式，这样型材冷却比较缓慢，内应力也较小，还可提高制件的外观质量。软质或结晶塑料则要求及时冷却，以免制品变形。

(4) 牵引、卷取和切割

制品从机头（口模）挤出后，一船都会出现因压力解除而膨胀、冷却后又会收缩的现象，从而使制件的形状和尺寸发生变化。同时，制件又被连续不断地挤出，如果不加以引导，会造成制品停滞而影响制品的顺利挤出，因此制品在挤出并冷却时应该将制品连续均匀地引出，这就是牵引。

牵引是由牵引装置来完成。牵引速度应与挤出速度相适应，一般是牵引速度略大于挤出速度，以便消除制品尺寸的变化值，同时对制品进行适当的拉伸以提高质量。不同的制品，其牵引速度不同。通过牵引的制品可根据使用要求在切割装置上裁剪，或在卷取装置上绕制成卷。

需指出的是有些制品挤出成型后还需进行后处理，以提高制品的性能。后处理主要包括热处理和调湿处理。在挤出截面积较大的制品时，进行热处理以消除内加力。有些吸湿较强的挤出制品，常常进行调湿处理。

2.1.2.3 管材挤出成型用设备

(1) 挤出机

① 单螺杆挤出机的结构　管材挤出成型的流程如图 2-1-1 所示，其所用设备有挤出机、机头、定型装置、冷却水槽、牵引装置、切断装置等。表面上看很复杂，实际上把它分为两部分：即主机（挤出机）、辅机（除挤出机外其他设备）和控制系统。其中挤出机是整个成型的关键部分，其作用是塑化物料，定量、定压、定温挤出熔体。

挤出机的品种和类型很多，可以分为单螺杆、双螺杆和多螺杆挤出机；又可分为排气式、混炼式、发泡式和喂料式挤出机等。虽然不同类型的挤出机在螺杆结构上有所不同，但在基本组成是相同的。管材的挤出成型主要用单螺杆或双螺杆挤出机来完成。下面就最基本的单螺杆挤出机的结构进行介绍。

单螺杆挤出机是由一根阿基米德螺杆在加热的料筒中旋转构成的。单螺杆挤出机的大小一般用螺杆的直径来表示，其基本结构主要包括：传动装置、加料装置、料筒和螺杆等几个部分，如图 2-1-2 所示。

a. 传动装置　传动装置是带动螺杆转动的部分，通常由电动机、减速机构和轴承等组成。

为了保证产品质量，对传动装置的基本要求是：ⅰ. 在正常操作条件下，不管螺杆的负荷是否发生变化，螺杆的转速都应维持不变。因为在挤出过程中，螺杆转速若有变化，必会引起塑料料流的压力波动，难以保持制品质量的稳定。ⅱ. 同一台挤出机的螺杆转速是可以调整的，以满足挤压不同的制品或不同的塑料。

为满足上述要求，挤出机的传动装置最好采用无级调速。获得无级调速的方法约有三

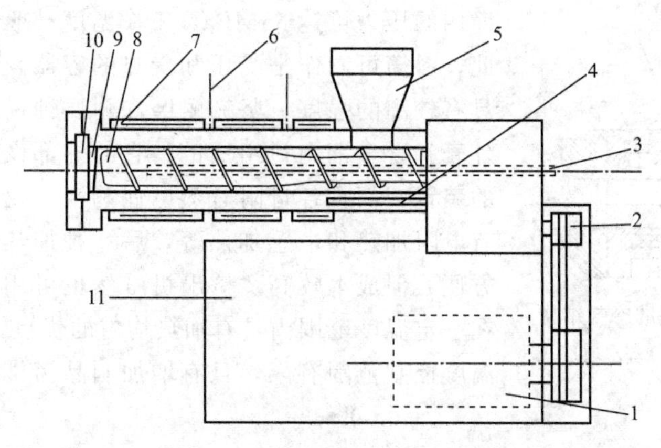

图 2-1-2 单螺杆挤出机示意图

1—电动机；2—减速装置；3—冷却水入口；4—冷却水夹套；5—料斗；
6—温度计；7—加热器；8—螺杆；9—滤网；10—筛板；11—机座

种：ⅰ.整流子电动机或直流电动机，它既是驱动装置，又是变速装置；ⅱ.常速电动机驱动的机械摩擦传动，如齿轮传动的无级变速装置；ⅲ.用电动机驱动油泵，将油送至液压马达，改变泵的排油量从而改变挤出机螺杆转速。

传动装置应设有良好的润滑系统和迅速制动的装置。

b.加料装置 用来加工的塑料有粒状、粉状和带状等几种。加料装置一般都采用加料斗。料斗的容量至少应能容纳一小时的用料。加料斗内应有切断料流、标定料量和卸除余料等装置。较好的料斗还设有定时、定量供料及内在干燥或预热等装置。此外，也有采用在减压下加料的，即真空加料装置，这种装置特别适用于加工易吸湿的塑料和粉状原料。随着挤出设备和工艺的改进，以粉料供料的已愈来愈多。

粉料和粒料可以依靠本身的质量进入加料孔，但随着料层高度的改变，可能引起加料速度的变化，同时还可能产生“架桥”现象而使加料口缺料。在加料中设置搅拌器或螺旋输送强制加料器（见图 2-1-3）可克服此缺点。加料孔的形状有矩形与圆形两种。一般多用矩形，其长边平行于轴线，长度为螺杆直径的 1～1.5 倍，在进料侧有 7°～15°的倾斜角。

加料孔周围应设有冷却夹套（见图 2-1-4），以排除高温料筒向料斗传热，避免料斗中的塑料因升温而发黏，以致引起加料不均或料流受阻。

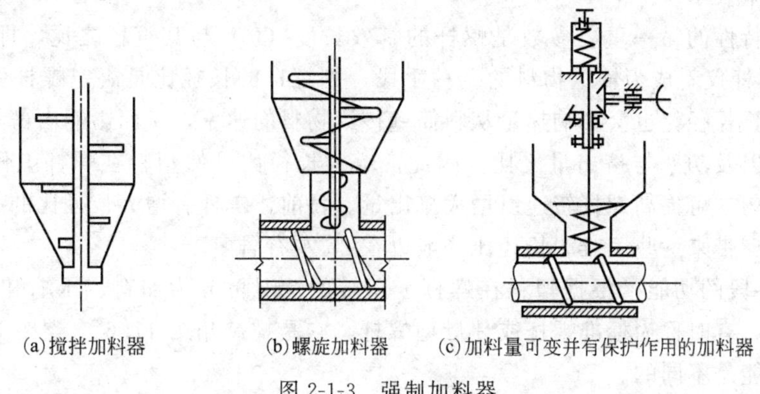

(a)搅拌加料器 (b)螺旋加料器 (c)加料量可变并有保护作用的加料器

图 2-1-3 强制加料器

c.料筒 料筒是挤出机主要部件之一，塑料的塑化和加压过程都在其中进行。挤压时料

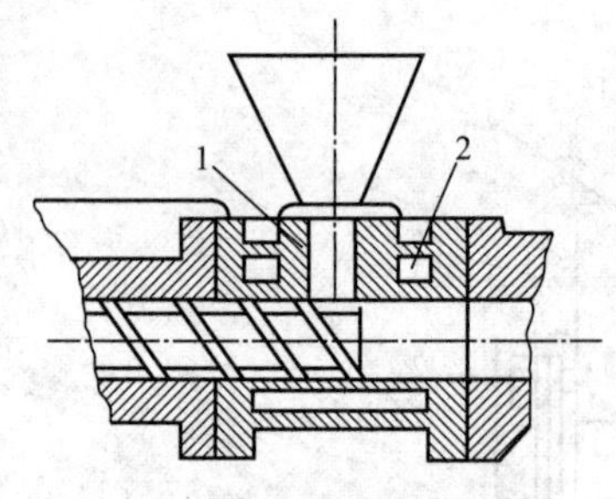

图 2-1-4　加料斗座的冷却结构
1—加料斗座；2—冷却水通道

筒内的压力可达 55MPa，工作温度一般为 180～300℃，因此，料筒可看作是受压和受热的容器。制造料筒的材料需具有较高的强度、坚韧耐磨和耐腐蚀。通常料筒是由钢制外壳和合金钢内衬组成的。它的外部设有分区加热和冷却的装置，而且各自附有热电偶和自动仪表等。加热的方法有电阻加热和电感加热等，后一种加热效果较好，冷却也方便，但成本较高。挤出机虽然也可用油及蒸汽加热，并在一定温度范围内具有加热均匀的优点，但由于装置复杂，温度控制范围有限，且有增加制品污染的机会等缺点，现在很少采用。

料筒通常还设有冷却系统，其主要作用是防止塑料过热，或者是在停车时使之快速冷却，以免树脂降解或分解。料筒一般用空气或水冷却，某些挤出机的料筒或加热器上所附置的翼片就是为增加风冷的效率而设的。就冷却效率来说，用冷水通过嵌在料筒上的铜管来冷却是合算的。但用冷水冷却易造成急冷，发生结垢、生锈等不良现象。

d. 螺杆　螺杆是挤出机的关键部件。通过它的转动，料筒内的塑料才能发生移动，得到增压和部分的热量（摩擦热）。螺杆的几何参数，如直径、长径比、各段长度比例及螺槽深度等，对螺杆的工作特性均有重大的影响，因此，将螺杆的基本参数和其作用简介如下。一般螺杆的结构如图 2-1-5 所示。

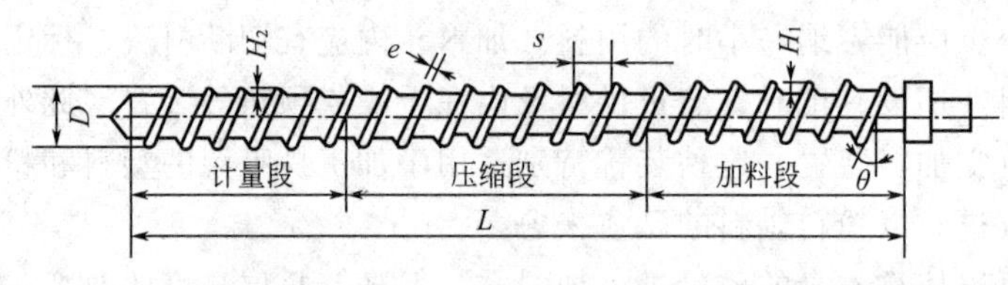

图 2-1-5　螺杆示意图
H_1—加料段螺槽深度；H_2—计量段螺槽深度；D—螺杆直径；θ—螺旋角；L—螺杆长度；e—螺棱宽度；s—螺距

ⅰ. 螺杆的直径（D）和长径比（L/D）　螺杆直径是螺杆基本参数之一，挤出机大小的规格常用螺杆的直径来表示。使用者应根据制品的形状大小及需要的生产率来选择。另外，螺杆的其他参数如长度、螺槽深度和螺棱宽度等，其尺寸均与直径有关，而且大多用它们与直径之比来表示。

表征螺杆特性的另一重要参数是螺杆的有效长度（L）与其直径之比，即长径比（L/D）。如果把螺杆仅看成为输送物料的一种手段，则螺杆的长径比是决定螺杆体积容量的主要因素；另外，长径比也会影响热量从料筒壁传给物料的速率，从而影响由剪切所产生的热量、能量输入以及功率与挤出量之比。因此，增大长径比可使塑料在螺杆上停留的时间变长，塑化更均匀，可提高螺杆转速以增大挤出量。目前，螺杆有增大长径比的趋势，但过长会给制造与装配带来一些困难。长径比一般以在 25 左右居多。

ⅱ. 螺杆各段的功能　根据塑料在螺杆上运转的情况可分为加料、压缩和计量三个段，这种通用螺杆，有时称为标准螺杆或计量型螺杆，它是螺旋角为 17.6°、螺距等于直径的螺杆。各段的功能是不同的。

加料段是自塑料入口向前延伸的一段距离，其长度为（4～8）D。在这段中，塑料依然是固体状态。这段螺杆的主要功能是从加料斗攫取物料传送给压缩段，同时使物料受热，由于物料的密度低，螺槽做得很深，加料段的螺槽深度（H_1）为（0.10～0.15）D。另外，为使塑料有最好的输送条件，要求减少物料与螺杆的摩擦而增大物料与料筒的切向摩擦，为此，可在料筒与塑料接触的表面开设纵向沟槽（如图 2-1-6 中 $b \times h$）；提高螺杆表面光洁程度，并在螺杆中心通水冷却。

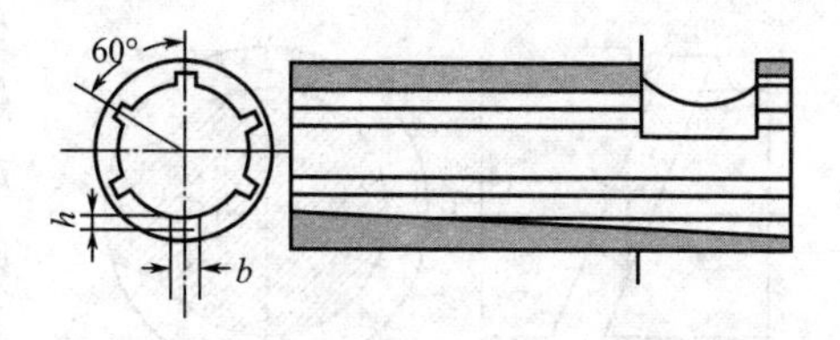

图 2-1-6　内表面开设纵向沟槽的料筒

压缩段（过渡段）是螺杆中部的一段。塑料在这段中，除受热和前移外，即由粒状固体逐渐压实并软化为连续的熔体。同时还将夹带的空气向加料段排出。为适应这一变化，通常使这一段螺槽深度逐渐减小，直至计量段的螺槽深度（H_2）。这样，既有利于制品的质量，也有利于物料的升温和熔化。通常，将加料段一个螺槽的容积与计量段一个螺槽容积之比称为螺杆的压缩比。对于这种等螺距螺杆，压缩比可用 H_1/H_2 表示，其值为 2～4。它取决于所加工塑料种类、进料时的聚集状态和挤出制品的形状。

计量段（均化段）是螺杆的最后一段，其长度为（6～10)D。这段的功能是使熔体进一步塑化均匀，并使料流定量、定压由机头和口模的流道挤出，所以这一段称为计量段。这段螺槽的深度比较浅，其深度为（0.02～0.06）D。

ⅲ.螺杆上的螺旋角和螺棱宽度（e）　螺旋角的大小与物料的形状有关。物料的形状不同，对加料段的螺旋角要求也不一样。理论和实验证明，30°的螺旋角最适合于细粉状塑料；15°左右适合于方块料；而 17°左右则适合于球、柱状料。在计量段，根据公式推导，螺旋角为 30°时产率最高。不过，从螺杆的制造考虑，通常以螺距等于直径的最易加工，这时螺旋角为 17.6°，而且对产率的影响不大，螺杆的螺旋方向一般为右旋。

螺棱的宽度一般为（0.08～0.12）D，但在螺槽的底部则较宽，其根部应用圆弧过渡。

ⅳ.螺杆头部的形状　螺杆头部一般呈钝尖的锥形（见图 2-1-7a、b），以避免物料在螺杆头部停滞过久而引起分解。若螺杆为轴向变位螺杆，则在螺杆头部还可起到调整压力的作用。螺杆头部也可以是鱼雷状的（见图 2-1-7c），称为鱼雷头或平准头。平准头与料筒的间隙通常小于它前面螺槽的深度，其表面也可开成沟槽或滚成特殊的花纹。这种螺杆对塑料的混合和受热都会产生良好的效果，且有利于增大料流压力和消除脉动现象，常用来挤压黏度大、导热性不良或熔点较为明显的塑料。

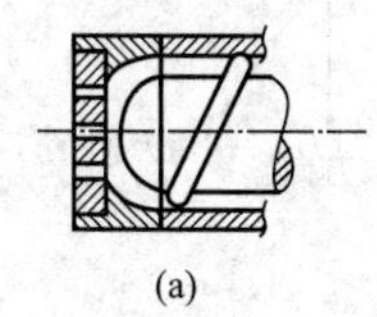
(a)

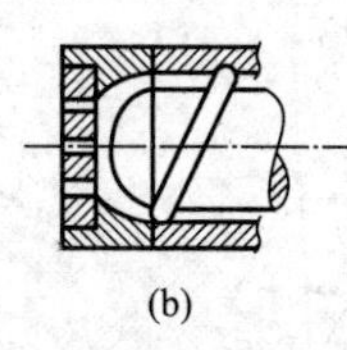
(b)

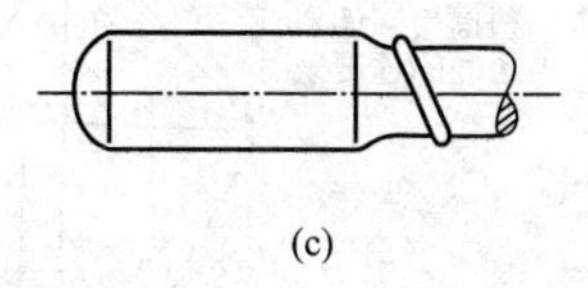
(c)

图 2-1-7　常用螺杆头部的形状

② 单螺杆挤出机的挤出机理　为了保证生产出的挤出制品的质量与产量，首先要保证在一定转速下进入挤出机的塑料能够完全熔化达到质量要求，即熔体的输送速率应等于物料的熔化速率；另外还应保证沿螺槽方向任一截面上的质量流率保持恒定且等于产量。如果不能保证这些条件，就会引起产量波动和温度波动。因此，只有先从理论上明确挤出机中固体输送、熔化和熔体输送机理，才能根据塑料的性能和螺杆的几何结构特点合理制定工艺条件。

a.固体输送　目前对固体输送理论推导最为简单的是以固体对固体的摩擦力静平衡为基

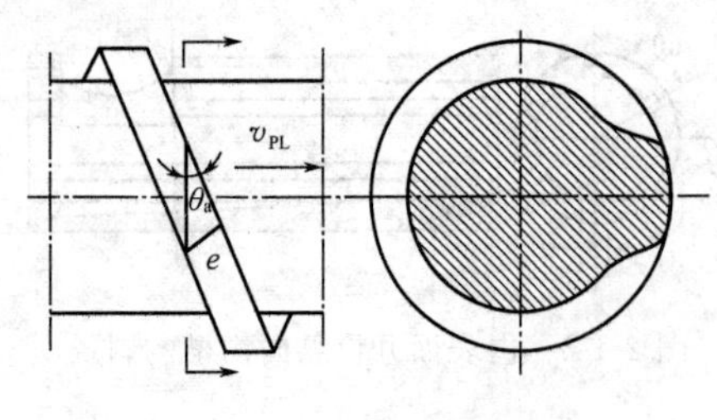

图 2-1-8 螺杆截面图

础的。推导时假设：ⅰ.物料与螺槽和料筒内壁所有边紧密接触，形成固体塞或固体床，并以恒定的速率移动；ⅱ.略去螺棱与料筒的间隙、物料重力和密度变化等的影响；ⅲ.螺槽深度是恒定的、压力只是螺槽长度的函数，摩擦系数与压力无关；ⅳ.螺槽中固体物料像弹性固体塞一样移动。固体塞的移动是受固体周围的螺杆和料筒表面之间的摩擦力控制的，只有物料与螺杆之间的摩擦力小于物料与料筒之间的摩擦力时物料才能沿轴向前进，否则物料将与螺杆一起转动。

固体输送段的主要任务就是向下一段输送与熔化速率相匹配的塑料，因此它的研究对象为固体输送率（Q_S）。

由图 2-1-8 可知，要获得 Q_S，首先要知道固体塞在轴向的速度为 v_{PL}，然后求出通道截面积，两者的乘积即为所求，即

$$Q_S = v_{PL}\int_{R_s}^{R_b}\left(2\pi R - \frac{ie}{\sin\theta_a}\right)dR \tag{2-1-1}$$

式中，R_s 和 R_b 分别为螺槽底部和顶部的半径；e 为螺棱宽度；θ_a 为平均螺旋角；i 为螺纹头数。

如果假定螺杆固定不动，料筒对螺杆作相对运动，其速度为 $v_b=\pi D_b N$。由于固体塞与螺杆之间的摩擦力小于固体塞与料筒之间的摩擦力，因此固体塞将沿螺槽方向运动，其速度为 $v_{PZ}=v_{PL}/\sin\theta_b$，其切向速度为 $v_{P\theta}=v_{PL}/\tan\theta_b$。根据速率的合成，只要知道角度 ϕ 即可解出 v_{PL}。从图 2-1-9 得

$$\tan\phi = v_{PL}/(v_b - v_{PL}/\tan\theta_b) \tag{2-1-2}$$

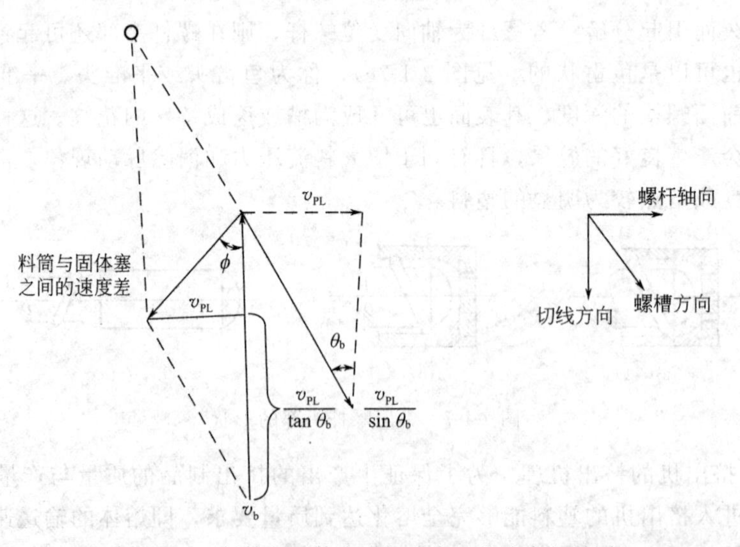

图 2-1-9 料筒与固体塞之间速度差的速度矢量图

角度 ϕ 称为移动角，其值为 $0<\phi<90°$。从物理意义上说，ϕ 角的方向是“位于”固体塞上的观察者所看到的料筒运动的方向。其大小则可根据作用于固体塞上的力和力矩平衡来算出，由于结果较为复杂，此处略。

将上式的 v_{PL} 代入式（2-1-1），则得

$$Q_S=\pi^2 D_b N H_f(D_b-H_f)(\tan\phi\tan\theta_b)/(\tan\phi+\tan\theta_b) \tag{2-1-3}$$

式中，N 为螺杆转速；θ_b 为料筒表面处的螺旋角；D_b 为螺杆的外径。

从式（2-1-3）知，固体输送速率不仅与 $DH_f(D-H_f)N$ 成比例，而且也与正切函数［$\tan\phi\tan\theta_b/(\tan\phi+\tan\theta_b)$］成比例。对于后者，因为移动角与螺杆和料筒的几何参数，摩擦系数（f_s，f_b）和固体输送段的压力降均有联系，为简化计，略去输送端压力降的影响，并在 $f_s=f_b$ 的情况下将 $\tan\phi\tan\theta_b/(\tan\phi+\tan\theta_b)$ 对螺旋角 θ 作图（如图 2-1-10 所示）。从图中可见，如果 f_s 已定，则正切函数均会在特定的螺旋角处出现极大值。另外，最佳螺旋角是随摩擦系数的降低而增大的。从实验数据知，大多数塑料的 f_s 在 0.25～0.50 范围内，因此最佳螺旋角应为 17°～20°。

为了获得最大的固体输送速率，可从挤出机结构和挤出工艺两个方面采取措施。从挤出机结构角度来考虑，增加螺槽深度是有利的，但会受到螺杆扭矩的限制。其次，降低塑料与螺杆的摩擦系数（f_s）也是有利的，这就需要提高螺杆的表面光洁度（降低螺杆加工的表面粗糙度），这是容易做到的。再者，增大塑料与料筒的摩擦系数，也可以提高固体输送率，基于此，料筒内表面似乎应该粗糙些，但这会引起物料停滞甚至分解，因此料筒内表面还是要尽量光洁。提高料筒摩擦系数的有效办法是：ⅰ.料筒内开设纵向沟槽；ⅱ.采用锥形开槽的料筒（见图 2-1-6）。此外，决定螺杆螺旋角时虽应采用其最佳值，但考虑到制造上的方便，为此，一般选用的螺旋角为 17°41′。

从挤出工艺角度来考虑，关键是控制送料段料筒和螺杆的温度，因为摩擦系数是随温度而变化的，一些塑料对钢的摩擦系数与温度的关系如图 2-1-11 所示。在螺杆的几何参数确定之后，移动角只与摩擦因数有关。

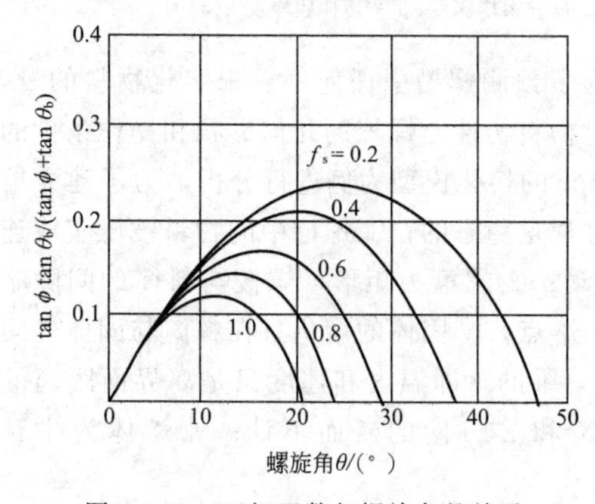

图 2-1-10　正切函数与螺旋角的关系

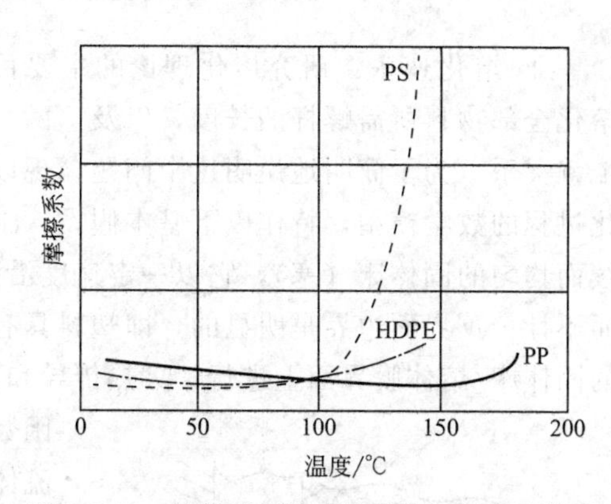

图 2-1-11　塑料对钢的摩擦系数与温度的关系

如果物料与螺杆之间的摩擦力是如此之大，以致物料抱住螺杆，此时挤出量 Q_s 和移动速度均为零，因为 $\phi=0$。这时物料不能向前行进，这就是常说的“不进料”的情况。如果物料与螺杆之间的摩擦力很小，甚至可略而不计，而对料筒的摩擦力很大，这时物料即以很大的移动速度前进，即 $\phi=90°$。如果在料筒内开有纵向沟槽，迫使物料沿 $\phi=90°$方向前进，这是固体输送速率的理论上限。一般情况是在 $0<\phi<90°$范围。在挤出过程中，如果不能控制物料与螺杆和料筒的摩擦力为恒定值，势必引起移动角变化，最后造成产率波动。

b.固体熔化　塑料在挤出机中受外热和内热（物料之间和物料与金属之间的摩擦）的作用而升温，因此原为固体的塑料就逐渐熔化而最后完全转变成熔体。那么其中必然有一个固体和熔体共存的区域，即熔化区或相变区。由于这一区域是两相共存的，给研究带来许多困难，所以直到1966年才提出较为合理的理论。理论的推导是很繁复的，这里只给予简单的介绍。

ⅰ.熔化过程　由输送段送入的物料，在进入熔化区后即在前进过程中同已加热的料筒表面接触，熔化即从接触部分开始，且在熔化时于料筒表面留下一层熔体膜。若熔体膜的厚度超过螺棱与料筒的间隙时，就会被旋转的螺棱刮落，并将其强制积存在螺棱的前侧，形成熔体池，而在螺棱的后侧则为固体床，如图2-1-12所示。这样，在沿螺槽向前移动的过程中，固体床的宽度就会逐渐减小，直到全部消失，即完全熔化（这个过程已被实验所证实）。从熔化开始到固体床的宽度下降到零的总长度，称为熔化区的长度。

熔体膜形成后的固体熔化是在熔体膜和固体床的界面处发生的，所需的热量一部分来源于料筒的加热器；另一部分则来自螺杆和料筒对熔体膜的剪切作用。

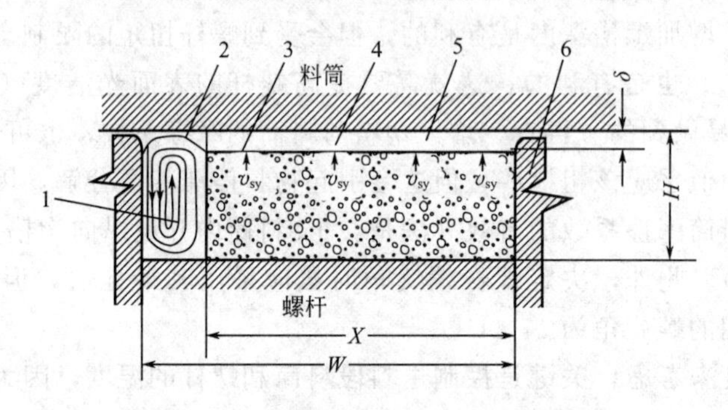

图2-1-12　螺槽内塑料的熔化过程模型

1—熔体池；2—料筒壁；3—熔体膜；4—固体-熔体界面；5—固体床；6—螺棱；X—固体床宽度；W—螺槽宽度；H—螺槽深度；δ—熔体膜厚度

ⅱ.熔化速率　研究熔化理论的主要目的是为了预测螺槽中任何一点未熔化物料的量，熔化全部物料所需螺杆的长度，以及这两个变量对物料物性、螺杆的几何形状和操作条件的依赖关系。为了简明地说明这个问题，现以Tadmor的熔化模型为例进行分析，为了建立熔化过程的数学模型，特作以下基本假设：(ⅰ)熔化过程是稳态的；(ⅱ)螺槽中的物料被压实成连续而均匀的固体床（塞），它以一定速度沿螺槽移动；(ⅲ)螺槽为矩形，螺棱与料筒的间隙略而不计；(ⅳ)界面边界是明显的，即塑料具有明显的熔点；(ⅴ)固体的熔化只在料筒与固体之间的固体床/熔体膜界面上进行；(ⅵ)热传导和流动是一维的，即温度和速度只是离界面距离的函数，在X和Z方向的略而不计；(ⅶ)熔体为牛顿流体。

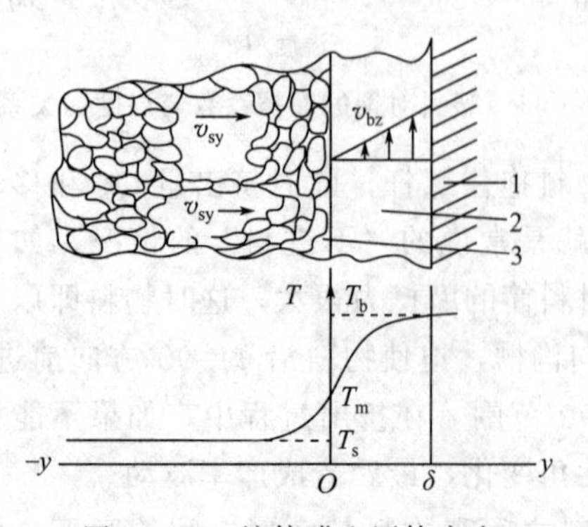

图2-1-13　熔体膜和固体床内的温度分布

1—料筒表面；2—熔体膜；3—界面

从上面的假设可知物料在螺槽内的熔化是发生在熔体-固体界面上的，那么以界面为准，则其进出热量之差即为物料熔化耗去的热量。为此，需要知道熔体膜和固体中的温度分布以及从中进、出的热量。

如果螺杆固定不动，料筒以速度v_b移动，在螺槽方向的分量为v_{bz}，进入界面的速度为v_{sy}，固体床的相对速度为v_j；熔体膜厚度为δ；远离界面的固体床温度为T_s，物料的熔点为T_m，在料筒表面的温度为T_b；熔体的黏度为μ，根据能量方程及边界条件得出熔体膜中的温度分布为（图2-1-13）

$$\frac{T-T_m}{T_b-T_m}=\frac{\mu v_j^2}{2k_m(T_b-T_m)}\frac{y}{\delta}(1-\frac{y}{\delta})+\frac{y}{\delta} \tag{2-1-4}$$

式中，y 是离界面距离；k_m 是导热系数；无因次群 $\mu V_j^2/k_m(T_b-T_m)$ 通称为勃林克曼准数，它表示由剪切所生热量与温差为 T_b-T_m 时由料筒导入热量的比率。如果勃林克曼准数大于 2，则料筒与界面之间的某一位置的温度可出现比 T_b 更高的值，其原因在于剪切生热的数量较大。

从熔体膜进入单位界面的热量为

$$-(q_y)_{y=0}=k_m\left[\frac{dT}{dy}\right]_{y=0}=\frac{k_m}{\delta}(T_b-T_m)+\frac{\mu v_j^2}{2\delta} \tag{2-1-5}$$

体床内的温度分布可在边界条件 $y=0$，$T=T_m$ 和 $y\to-\infty$，$T\to T_s$ 时推得为

$$\frac{T-T_s}{T_m-T_s}=\exp(\frac{v_{sy}}{\alpha_s}y) \tag{2-1-6}$$

式中，$\alpha_s=k_s/(\rho_s C_s)$，是热扩散系数；$k_s$、$\rho_s$ 和 C_s 分别为固体床的导热系数、密度和比热。式（4-1-6）说明固体床的温度是按指数规律从熔点 T_m 下降到固体床的起始温度。在单位界面上从熔体膜传至固体的热量为

$$-(q_y)_{y=0}=k_s\left[\frac{dT}{dy}\right]_{y=0}=\rho_s C_s v_{sy}(T_m-T_s) \tag{2-1-7}$$

从料筒到固体床的温度分布曲线见图 2-1-13。

综合式（2-1-6）和式（2-1-7），当知单位界面上进、出热量之差，也就是熔化物料耗去的热量

$$\left[\frac{k_m}{\delta}(T_b-T_m)+\frac{\mu v_j^2}{2\delta}\right]-[\rho_s C_s v_{sy}(T_m-T_s)]=v_{sy}\rho_s\lambda \tag{2-1-8}$$

式中，λ 是塑料的熔化热。

再考虑物料平衡，由界面处进入熔体膜内的固体量应等于流出熔体量。则得

$$\omega\equiv v_{sy}\rho_s X=\frac{v_{bx}}{2}\rho_m\delta \tag{2-1-9}$$

式中，ω 定义为单位螺槽长的熔化速率。解出式（2-1-8）的 v_{sy}，代入式（2-1-9）中，则熔体膜的厚度 δ 和熔化速率 ω 可用固体床的宽度 X 表示

$$\delta=\left\{\frac{[2k_m(T_b-T_m)+\mu v_j^2]X}{v_{bx}\rho_m[C_s(T_m-T_s)+\lambda]}\right\}^{1/2} \tag{2-1-10}$$

$$\omega=\left\{\frac{v_{bx}\rho_m\left[k_m(T_b-T_m)+\frac{\mu}{2}v_j^2\right]X}{2[C_s(T_m-T_s)+\lambda]}\right\}^{1/2}=\phi X^{1/2} \tag{2-1-11}$$

$$\phi=\left\{\frac{v_{bx}\rho_m\left[k_m(T_b-T_m)+\frac{\mu}{2}v_j^2\right]}{2[C_s(T_m-T_s)+\lambda]}\right\}^{1/2} \tag{2-1-12}$$

由 ϕ 定义的变量群是熔化速率的量度，即 ϕ 值大则熔化速率高。因此，若想提高物料的熔化速率，可以从以下几个方面考虑：(i)在不影响质量的前提下提高料筒的温度，增大外界供热，但其存在最优值，因为温度升高，物料的黏度下降，摩擦热会相对减小；(ii)对物料进行预热，提高物料温度以减小熔化所需的热量；(iii)对某些物料来说还可通过提高螺杆转速。因为提高螺杆转速可增加物料的摩擦热，但同时也提高流量，若增加的流量的熔化所需

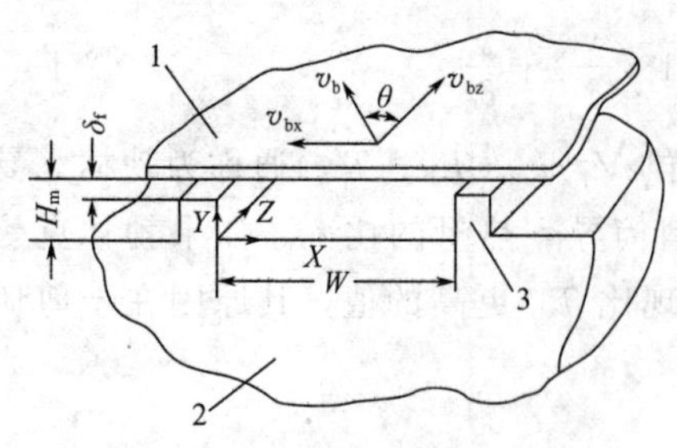

图 2-1-14　螺槽的几何形状

1—料筒；2—螺杆根部；3—螺纹

热量大于增加的摩擦热，那么提高转速就毫无意义，若相反则可提高熔化速率。

ⅲ.熔体输送　计量段中熔体输送的理论是单螺杆挤出理论中研究得最早而又最充分的。开始是以两块无限的平行板之间的等温牛顿流体为对象，在极为简化的情况下来处理这一问题的，其后又扩展到非牛顿液体。随着时间的进展，理论研究也有更接近于实际的，不过它的复杂程度很大。这里只就其中最为简单的进行讨论。应该指出，由最简理论引出的公式的计算结果仍有一定的准确性，而且计算简便。

(ⅰ) 简化流动方程　为了推导方便，把螺槽展开并定位在平面，料筒被看作是螺槽上一块移动平板，并与螺槽成 θ 角以恒定速度移动（如图 2-1-14）。并假设：

- 熔体是不可压缩的牛顿流体，其黏度（μ）与温度无关；
- 流动是充分发展的稳定层流；
- 流体在壁面无滑动；
- 螺槽为矩形，螺槽深度（H_m）比螺槽宽度（W）小得多，即 $H_m \ll W$；
- 不考虑惯性力、重力等的影响；
- 熔体的密度等物理性质不变；
- 螺槽深度恒定，压力梯度（dp/dZ）为一常数。

熔体在螺杆计量段有正流（拖曳流动）、逆流（压力流动）、横流和漏（泄）流四种流动（如图 2-1-15）。正流（Q_d）是由于料筒移动在螺槽方向所产生的流动。逆流（Q_p）是料流压力梯度所产生的流动，其方向与正流相反。横流（Q_t）是物料沿 x 轴所产生的流动，为了保证横流的连续性，物料在 y 轴上也有流动，这样便形成环流，它对混合和传热有影响，但不影响流量。漏流（Q_L）也是压力梯度造成的，它是物料从螺棱与料筒之间的间隙（δ_f）沿螺杆轴向料斗方向的流量。

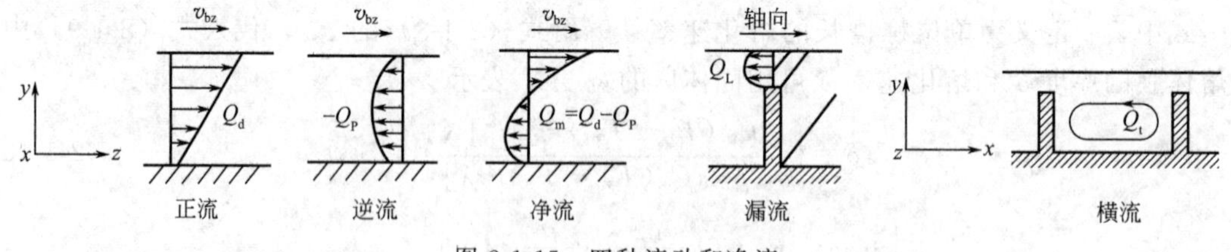

图 2-1-15　四种流动和净流

如果物料沿螺槽的速度为 v_z，又不考虑漏流损失和横流的影响，则动量方程与牛顿黏性定律结合，可得

$$\frac{d^2 v_z}{dy^2}=\frac{1}{\mu}\frac{dp}{dZ} \tag{2-1-13}$$

积分，并用适当的边界条件 $v_{z(y=0)}=0$，$v_{z(y=H_m)}=v_{bz}$，则得

$$v_z=yv_{bz}/H_m-y(H_m-y)(dp/dZ)/2\mu \tag{2-1-14}$$

上式的右边第一项代表正流的速度分布，第二项代表逆流的速度分布，两者之和就是 z 向净流熔体输送速率的速度分布，如图 2-1-15 所示。

熔体输送速率（净流）可将沿螺槽的速度分布通过螺槽横截面积积分而得出

$$Q_{\mathrm{m}}=\int_{b}^{H_{\mathrm{m}}}\int_{0}^{W}v_{z}\mathrm{d}y\mathrm{d}x=\frac{v_{\mathrm{bz}}WH_{\mathrm{m}}}{2}-\frac{WH_{\mathrm{m}}^{3}}{12\mu}\left(\frac{\mathrm{d}p}{\mathrm{d}Z}\right)=\frac{1}{2}v_{\mathrm{bz}}WH_{\mathrm{m}}-\frac{WH_{\mathrm{m}}^{3}\Delta p}{12\mu Z}\quad(2\text{-}1\text{-}15)$$

式中，Z 是沿螺槽方向的长度；Δp 是其压力降。

从式（2-1-15）可以得出：

当 $\Delta p=0$ 时，$Q_{\max}=\frac{1}{2}v_{\mathrm{bz}}WH_{\mathrm{m}}$，即在挤出机中没有压力梯度（不安装口模）的最大熔体输送速率，但塑化不良

当 $Q_{\mathrm{m}}=0$ 时，$\Delta p_{\max}=6\mu v_{\mathrm{bx}}Z/H_{\mathrm{m}}^{2}$，即从口模没有物料挤出而产生最大压力降；

一般挤出操作是在前两个极端之间进行的。

此外，还可以看出，正流与螺槽深度（H_{m}）成正比，而逆流则与它的三次方成正比。因此，在压力较低时，用浅槽螺杆的挤出量会比用深槽螺杆时低，而当压力高至一定程度后，其情况正相反，这一推论说明浅槽螺杆对压力的敏感性不很显著，能在压力波动的情况下挤压比较均匀的制品。但螺槽也不能太浅，否则容易烧伤塑料。

利用螺杆的几何关系，简化流动方程可写成

$$Q_{\mathrm{m}}=\frac{\pi^{2}D_{\mathrm{b}}^{2}NH_{\mathrm{m}}\sin\theta_{\mathrm{b}}\cos\theta_{\mathrm{b}}}{2}-\frac{\pi D_{\mathrm{b}}H_{\mathrm{m}}^{3}\sin^{2}\theta_{\mathrm{b}}\Delta p}{12\mu L}\quad(2\text{-}1\text{-}16)$$

式中，N 为螺杆的转速；Δp 为计量段料流的压力降；L 为计量段的长度。

(ii) 螺杆和口模的特性曲线　为简明计，式（2-1-15）可写成下式

$$Q_{\mathrm{m}}=AN-B\frac{\Delta p}{\mu}\quad(2\text{-}1\text{-}17)$$

式中，A 和 B 都只与螺杆结构尺寸有关，对指定的挤出机在等温下生产牛顿流体时，除 Q_{m} 与 Δp 外，式（2-1-17）中其他符号都是常数，这样式（2-1-17）即为直线方程。如果将它绘在 Q_{m}-Δp 坐标图上，就可得到一系列具有负斜率的平行直线，这些直线常称为螺杆特性曲线（如图 2-1-16）。

同样牛顿性塑料熔体通过口模的方程可简写成

$$Q_{\mathrm{m}}=K\frac{\Delta p}{\mu}\quad(2\text{-}1\text{-}18)$$

式中，K 为常数，与口模的几何结构有关；Δp 为塑料通过口模的压力降。

由于在计量段形成压力的目的之一是为了让塑料熔体在流经口模时克服其阻力，因在绝大多数情况下计量段的料流压力与口模处出料的压力相等，则式（4-1-18）中的 Δp 即与式（4-1-17）中的 Δp 相等。采用同一坐标而将式（2-1-18）绘出，就可得到像图 2-1-16 所示的另一组直线 D_1，D_2，D_3 等。不同的直线表示用不同的口模，也就是 K 值不同。这种直线称为口模特性曲线。

图 2-1-16 中两组直线的交点就是操作点。利用这种图可以求出指定挤出机配合不同口模时的挤出量，使用极为方便，因为直线只需两点就可决定。将式（2-1-17）和式（2-1-18）联立而消去 Δp 即得

$$Q_{\mathrm{m}}=\left(\frac{AK}{K+B}\right)N\quad(2\text{-}1\text{-}19)$$

从式（2-1-19）知，挤出机（带有口模）的挤出量仅与螺杆转速以及螺杆、口模的结构尺寸有关，而与塑料的黏度无关。

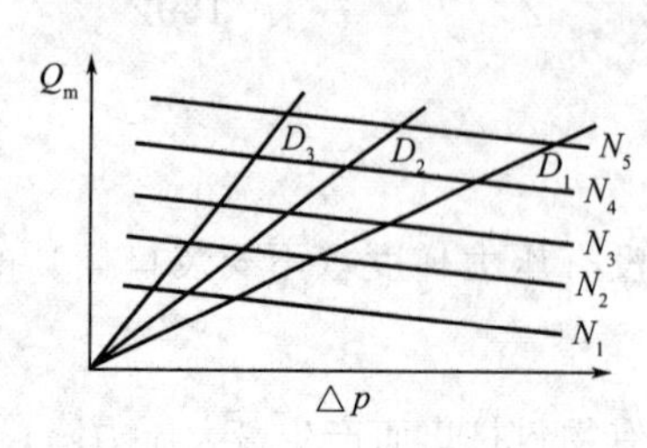

图 2-1-16　牛顿性熔体的螺杆和口模的特性曲线

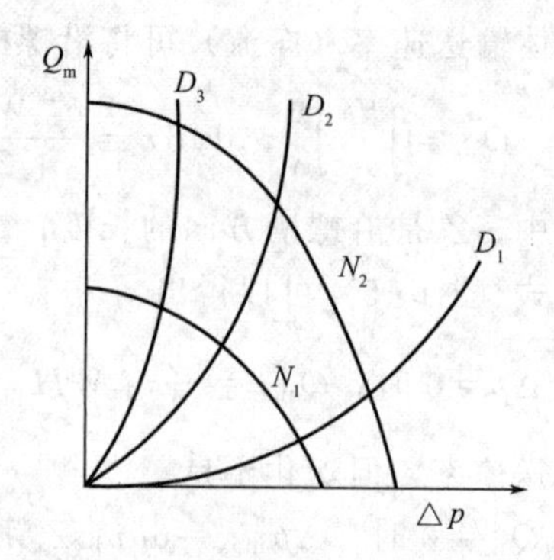

图 2-1-17　假塑性熔体的螺杆和口模的特性曲线

对于假塑性熔体而言，在等温情况下，其黏度不再是常数，其螺杆与口模特性曲线不再是直线而是抛物线（如图 2-1-17），并为实测所证实。

需要指出的是，上述螺杆、口模特性曲线只反映出流率与口模压力之间的关系，而没反映出挤出物质量与其他条件的关系，因此在生产时一定要在保证产品质量的前提下，通过调整压力及其他条件（如转速、料筒温度等）来达到提高产量的目的。

③ 挤出机的选用　一定规格的挤出机只能生产几种尺寸相近的管材，当管材尺寸相差较大时，应选择不同规格的挤出机。选择挤出机规格的一般通则是在挤压圆柱形聚乙烯制品（管、棒等）时，口模通道的截面积应不超过挤出机料筒截面积的 40%；挤压其他塑料时，则应采用比此更小的值。

（2）管材挤出机头

机头（口模）是安装在挤出机末端的有孔部件，在挤出成型中的作用是：①使物料由螺旋运动变为直线运动。②产生必要的成型压力，保证制品密实。③使物料进一步塑化。④通过机头成型所需截面形状的制品。不同制品要用相应类型的机头来成型；不同规格的制品也必须用相应规格的机头来成型。

用于挤出各种热塑性塑料管材的机头，大体上可以分为直角式和直通式两类（如图 2-1-18 所示）。前者只用于对内径尺寸要求准确的生产，一般很少采用，用得最多的是后者。挤出机挤出的熔融塑料进入机头由心棒及口模外套所构成的环隙通道流出后即成为管状物。心棒与口模外套均按制品尺寸的大小而给出其相应尺寸。口模外套在一定范围内可通过调节螺栓作径向移动，从而调整挤出管状物的壁厚。需要指出的是这种调节方式的适用范围是有限的，在下列几种情况下效果并不明显：①机头在长时间的工作中由于不正确的温度控制而使塑料局部过热分解；②由于壁厚调节不当而使流道出现死角，结果会造成塑料在机头内表面上结垢；③由于其他一些原因而使塑料熔体在流道内出现不均匀流动，使心棒受到不均匀的应力，并在垂直于挤出方向上受到推动，从而使制品的壁厚不均。所以对于多脚架的强度以及它和心棒的连接方式，都必须给予考虑。调节螺栓的数量取决于口模的直径，可以是 3、4 或 6 个。

为求得机头内流道的通畅，流道必须呈流线形而且应十分光滑，有时还要求镀铬（对聚氯乙烯尤其需要，以防止化学腐蚀），以提高管材表面质量。

所有的直通式机头部需要用分流器支架来支承心棒。但是，分流器支架的筋会使通过的料流引起如图 2-1-19 所示的合流痕迹，降低制品质量。造成合流痕的原因可从图 2-1-19 所

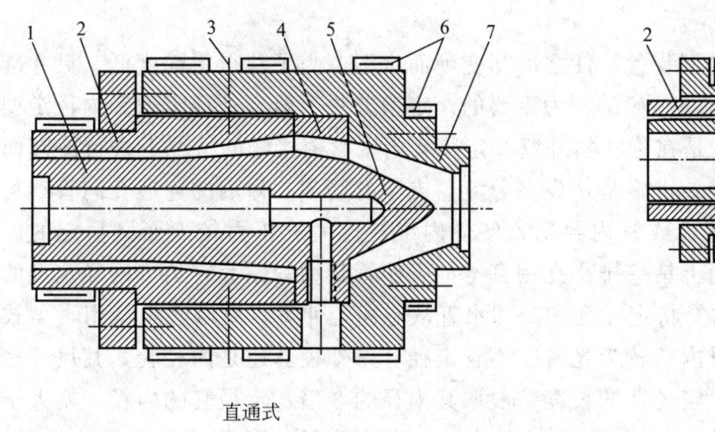

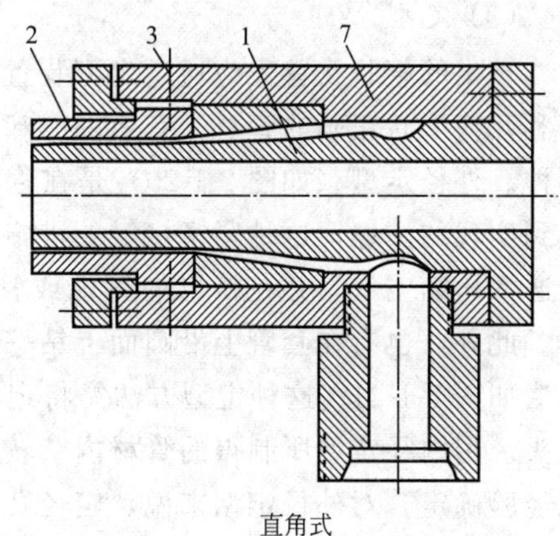

图 2-1-18　挤管机头

1—心棒；2—口模；3—调节螺钉；4—分流器支架；5—分流器；6—加热器；7—机头体

示流动情况得到说明。料流通过分流器支架时，靠近支架筋的料所受的剪切量高，通道中心处的料则相反，因受应力而发生弹性变形部分，如果在以后得不到回复的机会，在产品中就显露出一条可见的料线或纵向裂纹。为了防止这种现象，在机头结构设计上所能采取的方法有多种。通常是减少分流器支架筋的数目、长度或（和）厚度，但这是有限的。最有效的方法是延长口模平直部分的长度和增大支架与出料口的距离，以便由支架分成股的料流能在出模前得到应有的松弛而良好熔接。

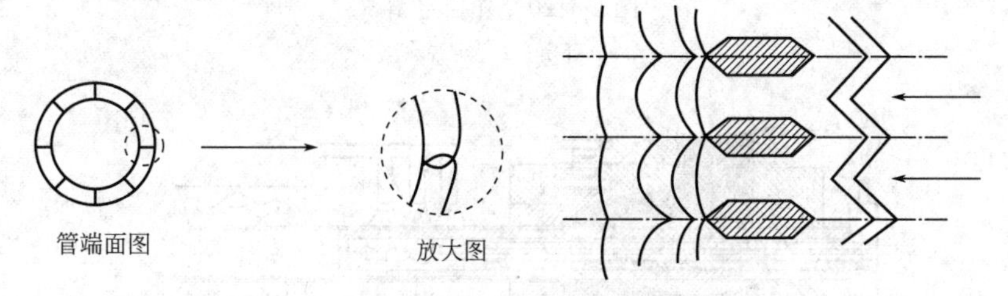

图 2-1-19　合流痕及支架处的速度分布

机头中口模平直部分是使熔态塑料形成产品形状的部分。表面上看来，挤离口模的管状物的壁厚应该等于平直部分通道的厚度，实际却不然，离开口模的管状物，一方面由于牵引和收缩的关系，其截面积常会缩小；而另一方面则由于应力的解除会使其出现弹性回复，从而发生膨胀，这种膨胀与收缩均与塑料的性质和采用的工艺条件有关。显然，这种情况在挤出其他制品时同样也会发生。对膨胀和收缩的问题，虽在等温等压下可以计算，但实际情况远不是等温等压的，因此在设计口模时，一般都凭经验解决。通常都将心棒和通道的直径放大，以便用牵引的快慢使制品达到规定的尺寸。不过牵引也不能过快，否则会在制品中引起分子定向，削弱制品的爆破强度。挤压聚氯乙烯管材时，通道和心棒的直径分别应比所制管材规定尺寸放大5%左右，挤压高密度聚乙烯管材时则应放大10%。为了使机头具有足够的压力，而使塑料得到压实并消除分流器支架所造成的合流痕，平直部分还必须有一合适的长度。常用的方法是使平直部分的长度和口模缝隙保持一定的比例。按挤出机和塑料的种类及产品规格的不同，平直部分的长度也不一样。就挤管的机头来说，通常所取平直部分的长度为壁厚的10～30倍。熔体黏度偏大时取值偏小，反之则偏大。

(3) 定型

挤出的管状物首先应通过定型装置，使之冷却变硬而定型。为了获得粗糙度低、尺寸准确和几何形状正确的管材，有效的冷却是至为重要的。定型方法一般有外径定型和内径定型两种。外径定型（如图 2-1-20）是在管状物外壁和定径套内壁紧密接触的情况下进行冷却而得到实现的。保证这种紧密接触的措施是从设在分流器支架的筋和心棒内的连通孔向管状物内通入压缩空气，并在挤出的管端或管内封塞，使管内维持比大气压力较大而又恒定的压力。此外，也有在套管上沿圆面上钻一排小孔用真空抽吸使管状物紧贴套管的。内径定型的方法如图 2-1-21。这种定型方法是将定径套的冷却水管从心棒处伸进，所以必须使用直角式机头。用内径定型所制得的管材内壁较为光滑。不管定径套是外径套还是内径套，其尺寸多凭经验确定。对外径定型来说，定径套的长度一般取其内径的 3 倍，定径套的内径应略大于管材外径的名义尺寸，一般不大于 2mm。比较起来，外径定型结构较为简单、操作方便，我国目前普遍采用。

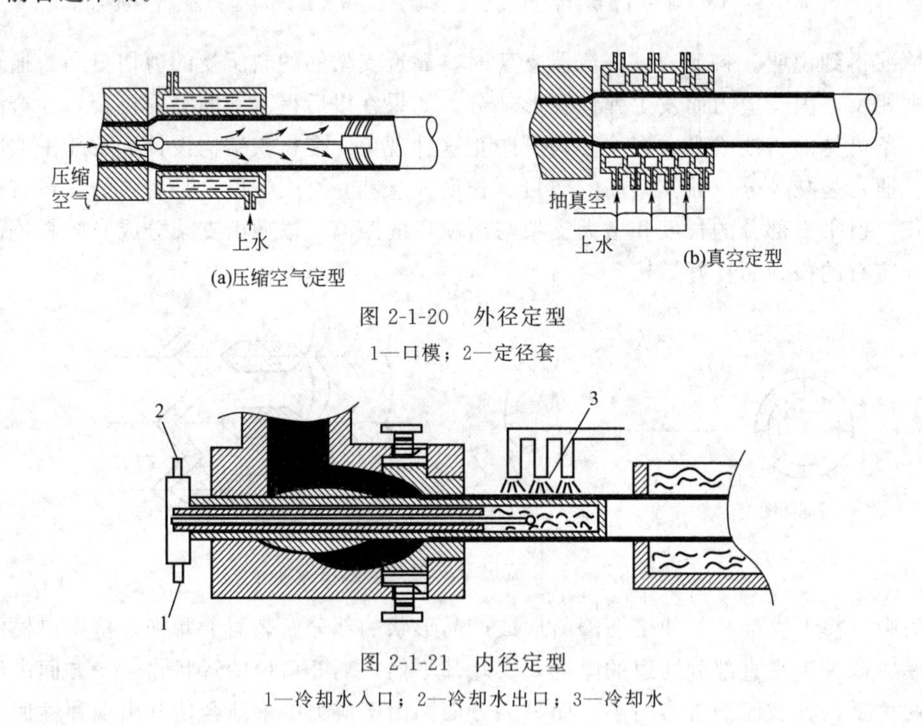

图 2-1-20　外径定型

1—口模；2—定径套

图 2-1-21　内径定型

1—冷却水入口；2—冷却水出口；3—冷却水

(4) 冷却

常用的装置有冷却槽和喷淋水箱两种。冷却槽通常分为 2～4 段，借以调节冷却强度，冷却水的流向一般与管材的运动方向相反，是从最后一段通入冷却槽，再逐次前行，这样使管材冷却比较缓和，内应力也较小。冷却槽长度一般为 1.5～6m。由于冷水槽中上下层水温不同，管材在冷却过程中有可能发生弯曲。此外管材在冷却水槽中受到浮力也有使之弯曲的可能，特别是大型管材表现较明显。采用沿管材圆周上均匀布置的喷水头对挤出管材进行喷淋冷却，常能减少管子的变形。

(5) 牵引

常用牵引挤出管材的装置有滚轮式和履带式两种（如图 2-1-22）。对这类装置均要求具有较大的夹持力，并能均匀地分布于管材圆周上。此外，牵引速度必须十分均匀，而且应能

图 2-1-22 牵引方式

无级调速。这些要求，无非是保证管材的尺寸均匀和提高其力学强度。牵引速度一般在 2～6m/min，也有高达 10m/min 的。显然，牵引速度是依赖于挤出速度的。挤出速度过快时常会造成塑料混合不均和料流出现脉动现象。

（6）切割装置

切割装置的主要作用是将连续挤出的管材按要求长度切断。目前管材切割的主要方式：一种是圆盘锯切割，多用于中小口径管材；另一种是自动行星锯切割，多用于大口径管材。近年来出现了切刀式切断，此法稳定可靠、噪声低，而且管端可倒角，常用于口径 100～500mm 管材的切断。该装置的动作原理与行星锯片切断装置差别不大，主要区别在于切刀式代替锯片。

2.1.2.4 挤出成型的操作规程

（1）准备

① 用于挤出生产的物料应达到所需干燥要求，必要时还需进一步干燥。

② 接通水、电、气，打开主机电源开始升温，按照工艺要求升至设定温度，待温度达到设定值恒温 30min。

③ 根据产品的种类、尺寸，选好机头规格，按生产所需规格更换模具（不要碰撞口模和心模的内外表面）、定径套、冷却水环、冷却法兰盘、托架、密封胶板，调整切刀位置，更换切刀卡盘，调整好切刀长度及翻板长度。

④ 准备好牵引管。

（2）开机

开机是生产的重要环节，控制不好会损坏螺杆和机头，温度过高会引起塑料的分解，温度太低又会损坏螺杆、机筒和机头。开机步骤如下：

① 以低速启动开机，空转，检查螺杆有无异常和电动机、安培表有无超载现象，压力表是否正常，机器空运转时间不宜过长，以防螺杆与机筒刮磨。

② 逐步少量加料，待物料挤出口模时，方可正常加料，在塑料未挤出之前，任何人不得处于口模正前方，防止出现人员伤亡事故。

③ 塑料挤出后，即需将挤出物慢慢引上冷却定型、牵引设备，并事先开动这些设备。然后根据控制仪表的指示值和对挤出制品的要求，将各环节作适当调整，直到挤出操作达到正常的状态为止。

④ 切割取样，检查外观是否符合要求，尺寸大小是否符合标准，快速检测性能，然后根据质量要求调整挤出工艺，使制品达到标准的要求。

⑤ 启动挤出机人机界面，通过挤出机人机界面启动主机，转速控制在合适范围内。

（3）停机

停止加料，将挤出机内的塑料挤净，关闭机筒和机头电源，以便下次操作。

① 关闭主机电源的同时，关闭各个辅机的电源。

② 打开机头连接法兰，清理多孔板及机头各个部件。清理时应使用铜棒、铜片，清理后涂少许机油。

③ 螺杆、机筒的清理必要时可将螺杆取出，清理后复原，一般情况下可用过渡换料清理。

④ 挤出聚烯烃类塑料，通常在挤出机满载的情况下停机（带料停机），这时应防止空气进入机筒，以免物料氧化而在继续生产时影响产品的质量。对聚氯乙烯类塑料，也可采用带料停机，届时关闭料门，降低机头连接体（法兰）处温度 10～20℃，待机身内物料挤净后停机。

⑤ 关闭总电源及冷却水总阀门。

2.1.2.5 PE 的成型加工性能

PE 的吸水率低，加工前不需要干燥处理。

LDPE、HDPE 的流动性好，加工温度低，黏度大小适中，分解温度低，在惰性气体中高达 300℃也不分解，是一种加工性能很好的塑料。但 LLDPE 的黏度稍高，需相应增大电机功率 20%～30%；易发生熔体破裂，需增加口模间隙和加入加工助剂；加工温度稍高，可达 200～215℃。

PE 熔体属非牛顿流体，黏度随温度的变化波动较小，而随剪切速率的增加下降快，并呈线性关系，其中以 LLDPE 的下降速度最慢。

PE 熔体容易氧化，成型加工中应尽可能避免熔体与氧直接接触。

PE 制品在冷却过程中容易结晶，因此在加工过程中应注意模温，以控制制品的结晶度，使之具有不同的性能。PE 的成型收缩率大，在设计模具时一定要考虑。

在具体选用树脂时，不同 PE 制品与熔体流动速率的关系如表 2-1-1 所示。

表 2-1-1 PE 的熔体流动速率与制品种类的关系

用途	熔体流动速率/(g/10min)		
	LDPE	LLDPE	HDOE
吹塑薄膜	0.3～8.0	0.3～3.3	0.5～8.0
重包装薄膜	0.1～1.0	0.1～1.6	3.0～6.0
挤出平模	1.4～2.5	2.5～4.0	—
单丝、扁丝	—	1.0～2.0	0.25～1.2
管材、型材	0.1～5.0	0.2～2.0	0.1～5.0
中空吹塑容器	0.3～0.5	0.3～1.0	0.2～1.5
电缆绝缘层	0.2～0.4	0.4～1.0	0.5～8.0
注塑制品	1.5～50	2.3～50	2.0～20
涂覆	20～200	3.3～11	5.0～10
旋转成型	0.75～20	1.0～25	3.0～20

2.1.3 任务实施

2.1.3.1 PE 管材挤出成型工艺条件的初步制定

管材的挤出成型工艺相关参数包括温度、压力、挤出速度、牵引速度等。

(1) 原料的预处理

聚乙烯是非吸水性材料，含水量低，通常成型前不需干燥。但当使用颜料（如加炭黑）等使原料含水量增大时，应对原料进行预处理。干燥温度常为60～90℃，水分控制在0.3%以内。

(2) 温度

温度是保证挤出过程得以顺利进行的重要条件之一。塑料从加入料斗到最后成型需要经历一个非常复杂的温度变化过程，严格地讲，挤出成型温度应指塑料熔体的温度，但该温度却在很大程度上取决于料筒和螺杆的温度。这是因为塑料熔体的热量除一部分来于料筒中混合时产生的摩擦热以外，大部分是料筒外部的加热器所提供的。因此，在实际生产中为了方便起见，经常用料筒温度近似表示成型温度。温度是挤塑成型中的一个重要工艺参数，在生产中应严格控制。通常机头温度必须控制在塑料热分解温度之下，但应保证塑料熔体具有良好的流动性。聚乙烯管材成型温度见表2-1-2。

表2-1-2　聚乙烯管材成型温度设置　　单位：℃

原料	机身		机头		
	后部	中部	前部	机颈	口模
低密度聚乙烯	90～100	100～140	140～160	140～160	130～150
高密度聚乙烯	100～120	120～140	160～180	160～180	150～170

螺杆冷却液的温度在70～80 ℃ 。

定径套内水温以30～50 ℃。

(3) 压力

在挤出过程中，由于熔体的黏度、螺槽深度的变化，以及过滤板和口模等产生的阻碍，使得沿料筒轴线方向，熔体内部建立起一定的压力。这种压力的建立使物料均匀密实，是得到合格塑件重要条件之一。与温度不一样，压力随时间的变化会产生周期性波动。这种波动同样对塑件有不利的影响，产生局部疏松、表面不平、弯曲等缺陷。产生压力波动的原因有螺杆转速的变化，加热冷却系统不稳定等。为减小压力波动，应合理控制螺杆转速，保证加热和冷却获得较高的温度精度。聚乙烯在挤管时熔体压力通常控制在10～30MPa。

一般内径定型压缩空气压力为0.02～0.05 MPa，外径定型的真空度为0.08～0.095 MPa。

(4) 挤出速度

挤出速度是指单位时间内由挤出机机头和口模中挤出塑化好的物料量或塑件长度，它表征着挤出机的生产能力的高低。影响挤出速度的因素很多：如机头、螺杆和料筒的结构、螺杆的转速、加热冷却系统和塑料的性能等。在挤出机的结构和塑料品种及制品类型已确定的情况下，挤出速度仅与螺杆转速有关，因此，调整螺杆转速是控制挤出速度的主要措施。挤出速度在生产过程中也存在波动，这对产品形状和尺寸精度有显著的不良的影响。为了保证挤出速度均匀，应选用与制品相匹配的螺杆，严格控制螺杆转速，严格控制温度，可防止因温度变化而引起的挤出压力和熔体速度变化，从而导致挤出速度的变化。

(5) 牵引速度

挤出成型主要生产长度连续的制品，因此必须设置牵引装置。从机头和口模中挤出的塑料制品，在牵引力作用下将会发生拉伸取向。拉伸取向程度越高，制品沿取向方向的拉伸强度也越大，但冷却后长度收缩也大。通常情况下，牵引速度应于挤出速度相匹配。牵引速度与挤出速度的比值称牵引比，其值必须等于或大于1。

注：由于聚乙烯的玻璃化转变温度低于室温，刚生产出的产品还没达到平衡态，通常需放置24h后才能进行性能测试。

2.1.3.2 观察与调整

由于不同厂家生产的塑料在加工性能上有一定的差异，因此工艺条件在初设时通常没有达到最优值，因而在生产的过程中制品会出现各种形式的缺陷，针对这些缺陷，需要调整对应的工艺因素。表2-1-3列举了聚乙烯管材在生产中常见的异常情况、原因及处理方法，以便调整时加以参考。

表2-1-3 聚乙烯管材在生产中常见的异常情况、原因及处理方法

缺陷类型	产生原因	解决办法
管材不圆、管材弯曲	1.模芯与口模不同心 2.口模四周温度不均匀 3.管材冷却不均匀 4.真空吸合不好 5.真空度不够 6.牵引夹持力过大 7.定径套不合适 8.冷却速度太慢	1.调整模芯与口模使同心 2.检查口模加热圈 3.检查冷却装置 4.检查真空是否通畅，真空阀是否失灵 5.提高真空度 6.调整牵引夹持力使适度 7.改变定径套锥度，使用导热系数高的材料 8.提高冷却水流速
管径过大	1.定径套过大 2.挤出速度过慢	1.更换合适的定径套 2.提高挤出速度或挤出温度，降低冷却速度
管径过小	1.定径套过小 2.挤出速度过慢	1.更换合适的定径套 2.降低挤出速度或挤出温度，提高冷却速度
管材壁厚不均匀（沿圆周方向）	1.模唇间隙不均匀 2.出料不均匀 3.牵引速度不均匀 4.牵引辊打滑 5.挤出与牵引速度不匹配 6.拉伸段过长或过短	1.调整模唇间隙 2.检查口模加热圈 3.调整牵引速度使均匀 4.修理牵引装置 5.调节挤出与牵引速度使匹配 6.调整模唇与定径套间距
管材壁厚不均匀（沿长度方向）	1.料筒各段温度制定不合理 2.定径套初始部分冷却不好 3.牵引速度不均匀 4.牵引辊打滑 5.真空度不够	1.调整料筒各段温度 2.强化定径套初始部分冷却效果 3.检查牵引辊是否打滑 4.修理牵引装置 5.检查真空系统使真空度恒定
管材表面不光滑	1.挤出温度过低 2.口模表面粗糙度过大 3.物料挥发含量过大 4.口模压缩比小，平直段过短 5.挤出速度过大 6.定径套表面粗糙度过大 7.物料润滑性差	1.提高挤出温度 2.降低口模表面粗糙度 3.预热物料 4.增大口模压缩比及平直段长度 5.降低挤出速度 6.降低定径套表面粗糙度 7.改进物料配方
管材表面有凹凸波纹	1.物料塑化不均匀 2.物料中有杂质 3.挤出速度过大或不均匀	1.改变物料配方或提高料温 2.清除杂质 3.调整挤出速度使均匀恒定

2.1.4 知识拓展

2.1.4.1 高聚物黏性流动特点

当温度处于流动温度 T_f（或熔点 T_m）与分解温度（T_d）之间时，高聚物呈现黏流态，成为熔体。高聚物熔体的主要力学特性就是流变性，即在外力作用下，不仅表现出黏性流动（不可逆形变），而且表现出弹性形变（可逆形变）。这种流动过程中伴随形变的特性就称为流变性。

由于大部分高聚物要加热到黏流温度以上才能成型或者纺丝等，因此黏流态和流变性对实际加工应用有着重要的意义。

(1) 高聚物黏性流动特点

高聚物分子链细而长，流动过程中其分子运动形式与小分子有所不同，因而导致其黏性流动有以下几个方面特点：

① 流动机理——链段相继跃迁 小分子液体的流动可以用简单的孔穴模型来说明。该模型假设，液体中存在许多孔穴，小分子液体的孔穴与分子尺寸相当。当无外力时，分子热运动无规则跃迁，和孔穴不断交换位置，发生分子扩散运动；在存在外力的情况下，分子沿外力方向优先跃迁，即通过分子间的孔穴相继向某一方向移动，形成宏观流动。温度升高，分子热运动能量增加，孔穴增加和膨胀，流动阻力减小。

高聚物的流动机理与小分子不同，高分子流动时，其流动活化能与聚合度的关系是：在某个聚合度（n_c）以前，流动活化能是随着聚合度 n 的增加而增加的。当 $n>n_c$（$n_c=20\sim30$）以后，流动活化能与 n 无关（图 2-1-23）。这表明高聚物在流动时分子的流动单元不是整个分子链而是链段，高分子链重心的位移是通过链段的相继跃迁实现的。形象地说，这种流动类似蚯蚓的蠕动。这种流动不需要预先产生整个分子链那样大小的孔穴，而只要链段大小的孔穴就可以了。显然链段越短，越容易流动，流动温度较低。柔性高分子链段短，故容易流动，刚性高分子由于其链段很长，甚至整个链是一个链段，故流动很困难，需要很高的温度，有时甚至没达到流动温度就已分解。

② 流动黏度大 流体流动阻力的大小以黏度值表征。高聚物熔体的黏度通常比小分子液体大，原因在于高分子链很长，熔体内部能形成一种拟网状的缠结结构。这种缠结不同于硫化等化学交联，而是通过分子间作用力或几何位相物理结点形成的。在一定的温度或外力的作用下，可发生“解缠结”，导致分子链相对位移而流动。

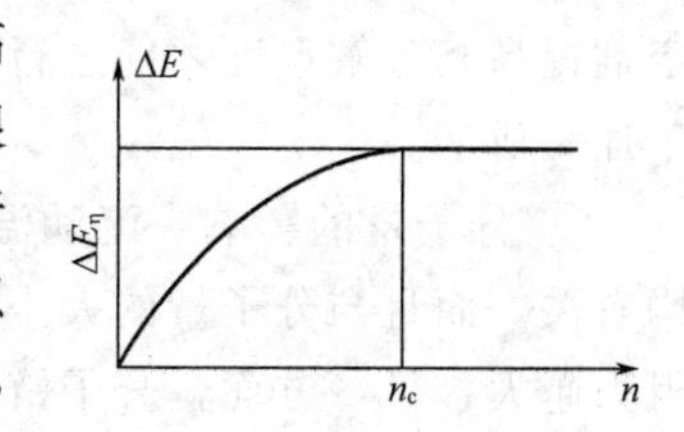

图 2-1-23 流动活化与碳链中碳原子数的关系

由于高聚物熔体内部存在这种拟网状结构以及大分子的无规热运动，使整个分子的相对位移比较困难，所以流动黏度比小分子液体大得多。

③ 流动中伴随高弹形变 小分子液体流动时所产生的形变是完全不可逆的，而高聚物流动过程中所发生的形变中有一部分是可逆的。因为高聚物的流动并不是高分子链之间简单的相对滑移，而是各个链段分段运动的总结果。在外力作用下，高分子链不可避免地要顺着外力方向有所伸展，发生构象改变，这就是说，在高聚物黏性流动的同时，必然会伴随一定量的高弹形变，这部分高弹形变显然是可逆的。当外力消失后，高分子链又将自发地卷曲起

来，因而，整个形变必将恢复一部分。这种流动过程如图 2-1-24 所示。

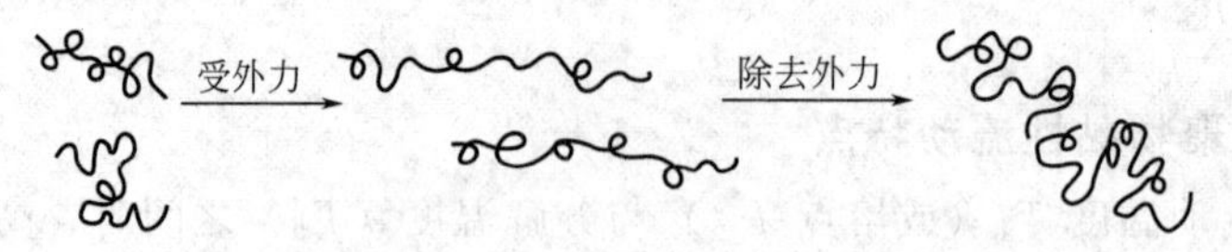

图 2-1-24 高聚物流动时构象改变示意图

高弹形变的恢复过程进行得快或慢，一方面与高分子链本身的柔顺性有关，即柔顺性高则形变恢复得快；另一方面与高聚物所处的温度等流动条件有关，温度高，形变也恢复得快。

由于高聚物熔体有以上特点，其流动规律往往与小分子液体的流动规律即牛顿流动定律不相符合。

(2) 影响高聚物流动温度的因素

高聚物流动温度 T_f 是决定加工工艺条件的重要参数。对于非结晶性高聚物，加工温度必须高于 T_f；对于结晶性高聚物，加工时要达到黏流态，温度不仅要高于结晶部分的熔点 T_m，也要高于无定形部分的流动温度 T_f，即加工温度视 T_f 和 T_m 大小而定。现分别说明影响流动温度 T_f 的几个因素。

① 分子结构的影响　分子链的柔顺性对影响很大。链的柔顺性好，内旋转的位垒低，流动单元链段就短。按照高分子流动的分段跃迁机理，链段长度短，流动所需的孔穴较小；反之，如果链较刚硬，链段长度大，流动所需孔穴较大。孔穴的大小又与温度有关。温度升高，分子热运动能量增加，液体中的孔穴也随着增加和膨胀。所以，分子链越柔顺，流动温度越低；分子链越刚硬，流动温度越高。

分子间作用力的大小也影响高聚物的 T_f。这是由于黏性流动是分子与分子之间相对位置发生变化的过程。如果分子之间相互作用力很大，则必须在较高的温度下才能克服分子间的相互作用而产生相对位移。因此，极性较强的高聚物黏流温度较高。例如聚丙烯腈由于极性过强，以致它的流动温度远在分解温度之上，使腈纶纺丝不能采用熔融法，只能用溶液法。又如，聚氯乙烯也由于分子间作用力较强，只能通过加入增塑剂降低黏流温度并加入稳定剂提高其分解温度才能进行加工成型。而聚苯乙烯，分子间作用力较小，黏流温度低，易于加工成型。

② 分子量的影响　流动温度 T_f 是整个高分子链开始运动的温度。它不仅与高聚物的结构有关，而且与分子量的大小有关。一方面分子量越大，可能形成的物理结点越多，内摩擦阻力越大；另一方面，分子链越长，分子链本身的无规热运动阻碍着整个分子向某一方向的定向运动。所以，分子量越大，位移运动越不易进行，黏流温度就要提高。从加工成型角度来看，不希望成型温度高。因此，在不影响制品基本性能要求的前提下，适当降低分子量是很必要的。应当指出，由于高聚物分子量的多分散性，所以实际非晶高聚物没有明晰的流动温度，而往往是一个较宽的软化区域，在此温度区域内均可进行成型加工。

③ 外力大小及外力作用时间　外力增大，有利于强化链段在外力作用方向上的热运动，促进分子链重心有效地发生位移。因此，有外力时，即使在较低的温度下，聚合物也可以发生流动。例如，对于聚砜、聚碳酸酯等比较刚硬的高分子，由于它们的黏流温度较高，一般都采用较大的注射压力来降低加工温度，以便于成型。但不能过分增大压力，如果超过临界压力，将导致熔体破裂，制品表面不光洁。

延长外力作用时间，同样能促进分子重心的位移，使流动温度降低。

④ 增塑剂　在高聚物中加入增塑剂，可以使高分子链之间的距离增大，相互作用力减小，分子间容易相对位移，流动温度下降。

2.1.4.2　高聚物熔体的弹性

高聚物熔体是一种高弹性流体。它在流动时，不但有切应力，而且还有法向应力。当流线收敛时，沿流动方向有速度梯度，则还存在拉伸应力。这些力都会产生弹性形变，所以在高聚物流体中存在着三种基本形变，即能量耗散形变或黏性流动、贮能弹性或可回复弹性形变和破裂。

聚合物熔体在流动时，由于大分子构象的变化，产生可回复的弹性形变，因而发生了弹性效应。典型的弹性效应例子就是聚合物熔体在挤出时的出模膨胀（见图 2-1-25）。这种现象对低分子流体来说是没有的。弹性形变的回复不是瞬间完成的，因为聚合物熔体弹性形变的实质是大分子长链的弯曲和延伸，应力解除后，这种弯曲和延伸部分的回复需要克服内在的黏性阻滞。因此，在聚合物加工过程中的弹性形变及其随后的回复，对制品的外观、尺寸，对产量和质量都有重要影响。

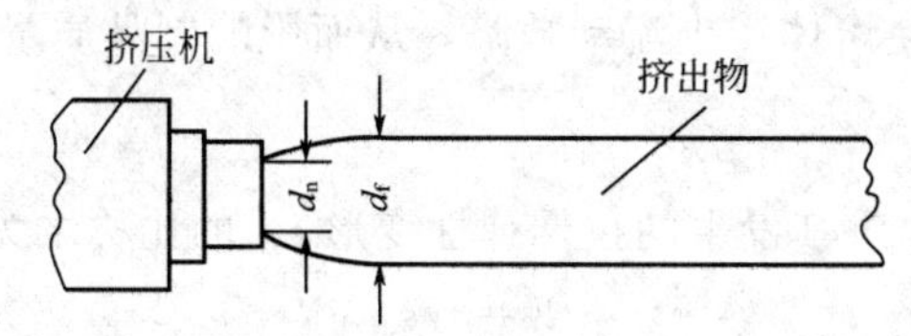

图 2-1-25　挤出塑料时的出模膨胀现象

d_n—出口部分口模的内径；d_f—挤出物膨胀后的直径；d_f/d_n—出模膨胀比

聚合物熔体随着所受应力不同而表现的弹性也有剪切和拉伸等的区别。

（1）剪切弹性

物料所受剪切应力 τ，对其发生的剪切弹性变形 γ_R（亦称可以回复的剪切变形）的比称为剪切弹性模量 G

$$G=\frac{\tau}{\gamma_R} \tag{2-1-20}$$

绝大多数聚合物熔体的剪切模量在定温下都是随应力的增大而上升的。在应力低于 10^6 Pa 时剪切弹性模量为 $10^3 \sim 10^6$ Pa。当应力继续增大时，熔体模量有上升的趋势，即高聚物熔体往往出现应变硬化的情况。几种热塑性塑料的剪切弹性模量和剪切应力的关系见图 2-1-26。

温度、压力和相对分子质量对聚合物熔体的剪切弹性模量的影响都很有限，影响比较显著的是相对分子质量分布。相对分子质量分布宽的具有较小的模量和大而缓的弹性回复，相对分子质量分布窄的则相反。

如前述，聚合物熔体在受有应力时，黏性和弹性两种变形都有发生。两种之中以哪一种占优势，这在成型过程中应当加以考虑。作为一种粗略的估计：凡是变形经历的时间大于"松弛时间"（定义为聚合熔体受到应力作用时，表观黏度对弹性模量的比值，即 η_a/G 的体系，则黏性变形将占优势。聚合物熔体在受到应力作用的过程中，一方面有分子被拉直和分子线团被解缠，另一方面又有已被拉直的分子在发生卷曲和缠结，它是一个动态过程。如果

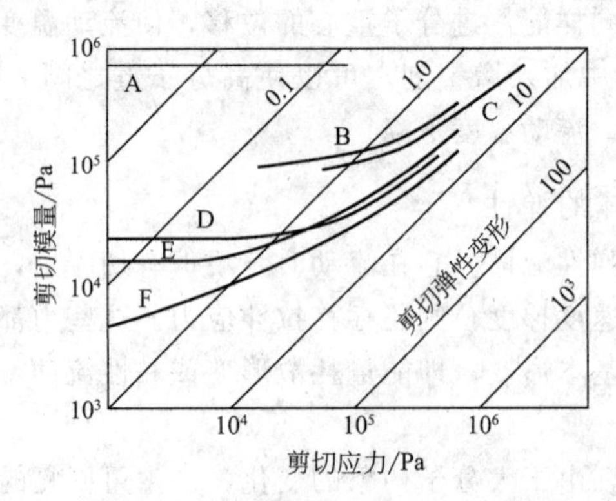

图 2-1-26　几种塑料在大气压下的剪切弹性

A—尼龙 66(285℃)；B—尼龙 11(220℃)；C—甲醛共聚物(200℃)

D—低密度聚乙烯(190℃)；E—聚甲基丙烯酸甲酯(230℃)；F—乙丙共聚物(230℃)

在时间上允许分子重新卷曲和缠结进展得多一些，则最后变形中弹性变形部分势必退居次要地位。因为黏性变形部分没有回复的可能，而弹性变形部分则可以回复。应该注意的是，尽管弹性变形很小，但仍能使熔体产生流动缺陷，从而影响制品质量，甚至出现废品。

(2) 拉伸弹性

物料所受拉伸应力 σ，对其发生的拉伸弹性变形 ε_R 的比称之为拉伸弹性模量 E。

$$E=\sigma/\varepsilon_R \tag{2-1-21}$$

聚合物熔体的 E 在单向拉伸应力低于 1MPa 时，等于剪切弹性模量的 3 倍，拉伸弹性变形的最高限值约为 2。

成型过程中，决定熔体由拉伸应力引起的变形是黏性还是弹性占优势的依据仍然是松弛时间。

聚合物熔体在锥形流道中流动时是受有拉应力的，故体系必然同时存在着拉伸变形和剪切变形，而且其效果将是叠加性质的。拉伸弹性变形和剪切弹性变形一样，是一个动态过程。所以在较长的锥形流道中流动时，弹性变形部分会逐渐松弛，致使在出模膨胀中由拉伸弹性形变贡献部分减少。这一情况自然也适用于一切具有拉伸变形的其他成型过程。若熔体在截面不变的通道内流动时是不存在拉伸变形的，此时出模膨胀与拉伸弹性形变无关。

熔体中弹性是剪切弹性还是拉伸弹性仍可以用松弛时间来区别。具体的方法是根据熔体在成型中所经历的过程分别求出剪切和拉伸的松弛时间，在弹性变形中占优势的将是松弛时间数值较大的一种。根据大量实验结果证明：如果两种应力都不超过 10^3Pa，则两种松弛时间近似相等，应力较大时，拉伸松弛时间总是大于剪切松弛时间，其程度与聚合物的性质有关。

2.2　任务 2　ABS 板材的挤出成型

2.2.1　任务简介

通过本任务的实施使学生加深理解单螺杆挤出机的挤出机理；并通过 ABS 板材的挤出，了解挤出板材需要控制的工艺条件，了解挤出板材常见的缺陷及改进方法；比较管材与板材成型方法及工艺因素的控制的异同点。

2.2.2 知识准备

2.2.2.1 高聚物熔体的黏度

(1) 剪切黏度

高聚物的流动和变形都是在受有应力的情况下得以实现的。重要的应力有剪切、拉伸和压缩应力三种。三种应力中，剪切应力对高聚物的成型最为重要，因为成型时高聚物熔体或分散体在设备和模具中流动的压力降、所需功率以及制品的质量等都受到它的制约。拉伸应力在高聚物成型中也较重要，经常是与剪切应力共同出现的，例如吹塑中型坯的引伸，吹塑薄膜时泡管的膨胀，塑料熔体在锥形流道内的流动以及单丝的生产等等。压缩应力一般不是很重要，可以忽略不计。但这种应力对聚合物的其他性能却有一定的影响，例如熔体的黏度等，所以在某些情况下应给予考虑。

液体在平直管内受剪切应力而发生流动的形式有层流和湍流两种。层流时，液体主体流动是按许多彼此平行的流层进行的，同一流层之间的各点速度彼此相同，但各层之间的速度却不一定相等，而且各层之间也无可见的扰动。如果流动速度增大且超过临界值时，则流动转变为湍流。湍流时，液体各点速度的大小和方向都随时间而变化，此时流体内会出现扰动。层流和湍流的区分是以雷诺准数（Re）为依据。对流体而言，凡 $Re<2100\sim2300$，均为层流，当 $Re=2300\sim4000$ 时，为过渡流；当 $Re>4000$ 时则为湍流。由于聚合物流体的黏度大，流速低，在成型中其 $Re<10$，一般为层流。而高聚物分散体的雷诺准数通常较大，但也不会大于 2300，因此其流动也应为层流。但必须指出，在少数情况下有例外，因为有时由于切应力过大则可能出现弹性湍流，此时不仅要用雷诺准数，而且要用弹性雷诺准数来判断流动类型。

描述流体层流的最简单规律是牛顿流动定律。该定律称：当有剪切应力 τ（N/m^2 或 Pa）于定温下施加到两个相距为 dr 的流体平行层面并以相对速度 dv 运动（见图 2-2-1），则剪切应力与剪切速率 dv/dr 之间呈直线关系，即

$$\tau=\eta\frac{dv}{dr}=\eta\dot{\gamma} \tag{2-2-1}$$

式中，η 为比例常数，称为切变黏度系数或牛顿黏度，简称黏度，单位为 Pa·s。黏度是流体的一种基本特性，依赖于流体的分子结构和外界条件。以 τ 对 $\dot{\gamma}$ 作图得到流动曲线图，牛顿型流体的流动曲线，是通过原点的直线，该直线与横坐标轴的夹角 θ 的正切值是牛顿黏度值（图 2-2-2）。

$$\eta=\frac{\tau}{\dot{\gamma}}=\tan\theta$$

事实上，真正属于牛顿流体的只有低分子化合物的液体或溶液。聚合物熔体除聚碳酸酯和偏二氯乙烯-氯乙烯共聚物等少数几种与牛顿流体相近似外，绝大多数都只能在剪切应力很小或很大时表现为牛顿流体。在成型过程中，通常对聚合物流体所施加的剪切应力都不是很大或很小，所以它表现的流动行为与牛顿流体的流动行为不相符合。聚合物分散体在成型过程中的流动行为也不是牛顿流体。

凡流体的流动行为不遵从牛顿流动定律的，均称为非牛顿型流体。非牛顿型流体流动时

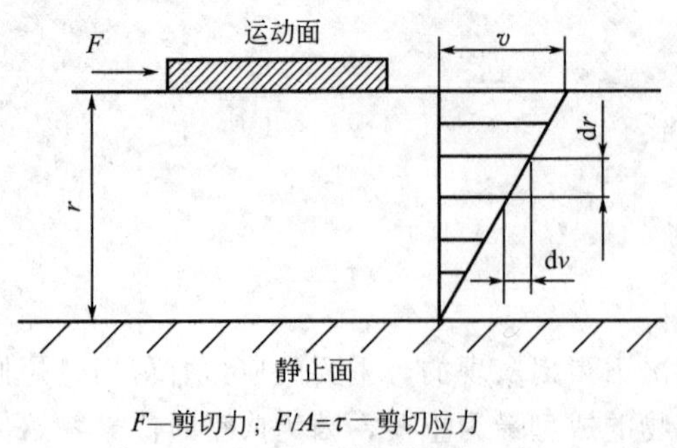

图 2-2-1 剪切流动示意图

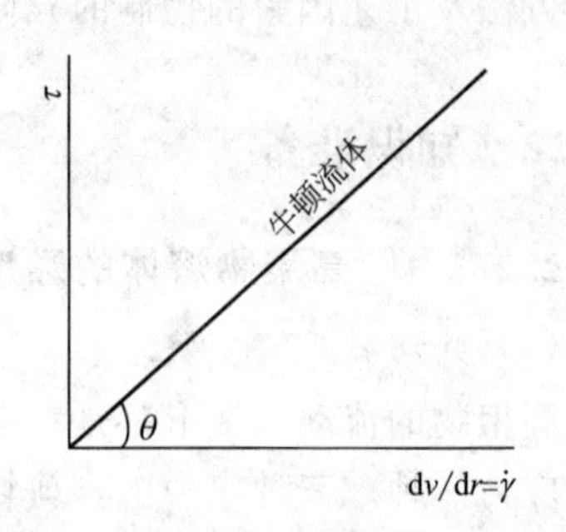

图 2-2-2 牛顿流体的流动曲线

剪切应力和剪切速率的比值（剪切黏度）不再称为黏度而称为表观黏度，用 η_a 表示。表观黏度在一定温度下并不是一个常数，可随剪切应力、剪切速率而变化，甚至有些还随时间而变化。如果不考虑聚合物熔体的弹性，可将非牛顿流体分为两个系统。

① 黏性系统 这一系统在受到外力作用而发生流动时的特性是其剪切速率只依赖于所施加剪切应力的大小，根据其剪切应力和剪切速率的关系，又可分为宾哈流体、假塑性流体和膨胀性流体三种。

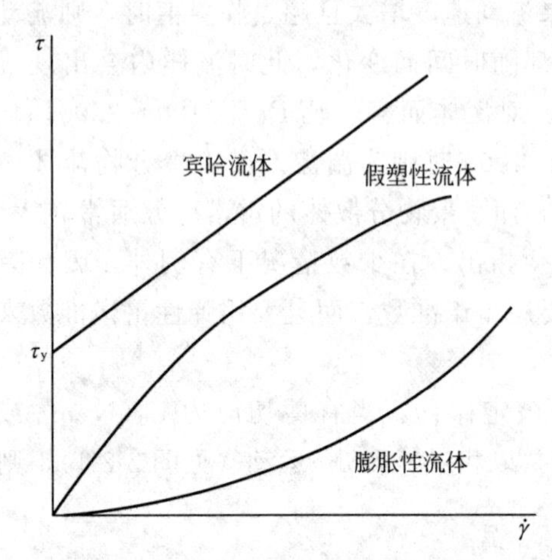

图 2-2-3 非牛顿流体的流动曲线

a. 宾哈流体 这种流体与牛顿流体相同，其剪切应力和剪切速率的关系表现为直线。不同的是它的流动只有当剪切应力高至一定值 τ_y 后才发生塑性流动（图 2-2-3）。使流体产生流动的最小应力 τ_y 称为屈服应力。宾哈流体的流动方程为

$$\tau-\tau_y=\eta_P\frac{dv}{dr}=\eta_P\dot{\gamma} \tag{2-2-2}$$

式中，η_P 称为刚度系数，等于流动曲线的斜率。应力小于 τ_y 时材料完全不流动。$\dot{\gamma}=0$，$\eta_P=\infty$。当 $\tau<\tau_y$ 时，实际上是固体材料，当 $\tau>\tau_y$ 时，立刻呈现流动行为，具有一定黏度。宾哈流体所以有这种行为，是因为流体在静止时形成了凝胶结构。外力超过 τ_y 时这种三维结构即受到破坏。牙膏、油漆、润滑脂、钻井用的泥浆、下水污泥、聚合物在良溶剂中的浓溶液和凝胶性糊塑料等属于或接近宾哈流体。

b. 假塑性流体 这种流体是非牛顿流体中最为普通的一种，它所表现的流动曲线是非直线的（图 2-2-3），但并不存在屈服应力。流体的表观黏度随剪切应力的增加而降低。大多数聚合物的熔体，也是塑料成型中处理最多的一类物料，以及所有聚合物在良溶剂中的溶液，其流动行为都具有假塑性流体的特征。从工程角度讲，在给定范围内，剪切应力与剪切速率的关系可用指数定律来描述，即

$$\tau=K\left(\frac{dv}{dr}\right)^n=K\dot{\gamma}^n \tag{2-2-3}$$

式中，K 与 n 均为常数（$n<1$）；K 是这种流体稠度的一种量度，流体黏稠性越大时 K 值就越高；n 是判定流体与牛顿流体的差别程度的，n 值离整数 1 越远时流体的非牛顿性就越强，$n=1$ 时流体即为牛顿流体。

假塑性流体的黏度随剪切应力或剪切速率的增加而下降的原因与流体分子的结构有关。对聚合物溶液来说，当它承受应力时，原来由溶剂化作用而被封闭在粒子或大分子盘绕空穴内的小分子就会被挤出，这样，粒子或盘绕大分子的有效直径即随应力的增加而相应地缩小，粒子或盘绕大分子间接触或碰撞的概率减小，从而使流体黏度下降。对聚合物熔体来说，造成黏度的原因在于熔体中大分子彼此之间的缠结。当缠结的大分子承受应力时，缠结点被解开，同时还沿着流动的方向规则排列，因此就降低了黏度。缠结点被解开和大分子规则排列的程度是随应力的增加而加大的。显然，这种大分子解缠学说也可用于说明聚合物熔体黏度随剪切应力增加而降低的原因。

表示假塑性流体流动行为的指数函数还可用另一种形式表示

$$\frac{\mathrm{d}v}{\mathrm{d}r}=\dot{\gamma}=k\tau^{m} \tag{2-2-4}$$

式中，k 与 m 也是常数（$m>1$）。k 称为流动度或流动常数，k 值越小时表明流体越黏稠，也越不易流动。k 与 K 的关系为

$$K=\left(\frac{1}{k}\right)^{n} \tag{2-2-5}$$

m 所指的意义和 n 一样，但 m 不等于 n 而是等于 $1/n$。

按前述表观黏度的定义知

$$\eta_{\mathrm{a}}=\frac{\tau}{\dot{\gamma}} \tag{2-2-6}$$

则

$$\eta_{\mathrm{a}}=K\dot{\gamma}^{n-1} \tag{2-2-7}$$

又 $\dot{\gamma}=k\tau^{m}$，则有

$$\eta_{\mathrm{a}}=k^{-\frac{1}{m}}\dot{\gamma}^{\frac{1-m}{m}} \tag{2-2-8}$$

用指数函数式（2-2-4）描述聚合物熔体流动行为时，式中的 m 值一般在1.5～4的范围内变化，但当剪切速率增高时，某些聚合物的 m 值可达至5。平均相对分子质量相同的同一种聚合物，其相对分子质量分布幅度大的流动性对所施加应力的敏感性大。

几种热塑件塑料的表观黏度与剪切应力的关系见图2-2-4。

c. 膨胀性流体　这种流体的流动曲线也不是直线（图2-2-3），而且也不存在屈服应力，但与假塑性流体不同的是它的表观黏度会随剪切应力的增加而上升。膨胀性流体的流动行为也可用式（2-2-3）或式（2-2-4）来描述，只是式中的常数 $n>1$，$m<1$。属于这一类型的流体大多数是固体含量高的悬浮液，处于较高剪切速率下的聚氯乙烯糊塑料的流动行为就很接近这种流体。膨胀性流体所以有这样的流动行为，多数解释是：当悬浮液处于静态时，体系中由固体粒子构成的空隙最小，其中流体只能勉强充满这些空间。当施加

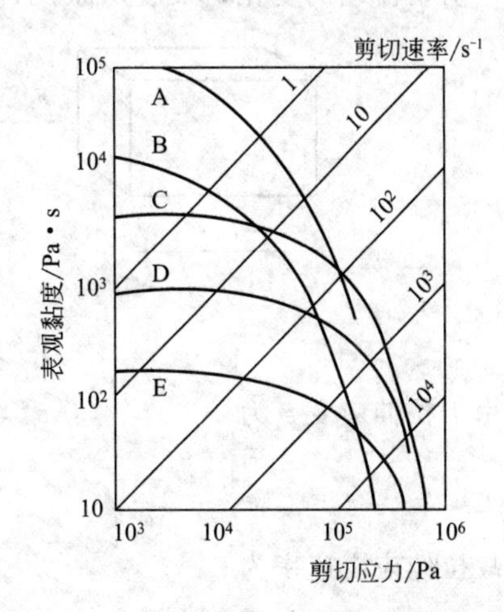

图2-2-4　表观黏度与剪切应力的关系

A—低密度聚乙烯（170℃）；B—乙丙共聚物（230℃）；C—聚甲基丙烯酸甲酯（230℃）；D—甲醛共聚物（200℃）；E—尼龙66（285℃）

于这一体系的剪切应力不大时，也就是剪切速率较小时，流体就可以在移动的固体粒子间充当润滑剂，因此，表观黏度不高。但当剪切速率逐渐增高时，固体粒子的紧密堆砌就次第被破坏，整个体系就显得有些膨胀，此时流体不再能充满所有的空隙，润滑作用因而受到限制，表观黏度就随着剪切速率的增长而增大。

② 有时间依赖性的系统　属于这一系统的流体，其剪切速率不仅与所施加的剪切应力的大小有关，而且还依赖于应力施加时间的长短。当所施加的应力不变时，这种流体在恒温下的表观黏度会随着所施加应力的持续时间而逐渐上升或下降，上升或下降到一定值后达到平衡不再变化。这种变化是可逆的，因为流体中的粒子或分子并没有发生永久性的变化。表观黏度随剪切应力持续时间下降的流体称为摇溶性（或触变性）流体，与此相反的则称为震凝性流体。二者中摇溶性流体较为重要。属于摇溶性流体的有某些聚合物的溶液，如涂料和油墨等；属于震凝性流体的有某些浆状物，如石膏的水溶液等。关于这种系统的流动机理问题还研究得不够透彻，目前认为与假塑性和膨胀性流体极为相似，所不同的是在流动开始后需一定时间以达到平衡。尽管有些学者已对高分子材料的触变机理作了探讨，并提出了触变结构模型，建立了触变动力学方程，但其求得到实质性的解，还有一定距离。

将非牛顿流体按以上方法分类，仅仅是为了分析方便和便于读者理解。事实上，在塑料成型过程中所遇到的同一聚合物的溶体和分散体，在不同条件下常会分别具有以上几种流体的流动行为。

(2) 拉伸黏度

如果引起高聚物熔体的流动不是剪切应力而是拉伸应力时，仿照式（2-2-2）即有拉伸黏度

$$\lambda=\frac{\sigma}{\dot{\varepsilon}} \tag{2-2-9}$$

式中，$\dot{\varepsilon}$ 为拉伸应变速率；σ 为拉伸应力或真实应力，是以拉伸时真正断面积计算的。拉伸流动的概念可由图 2-2-5 来说明，一个流体单元由位（a）变至位（b）时，形状发生了不同于剪切流动的变化，长度从原长 l_0 变至 $l_0+\mathrm{d}l$。

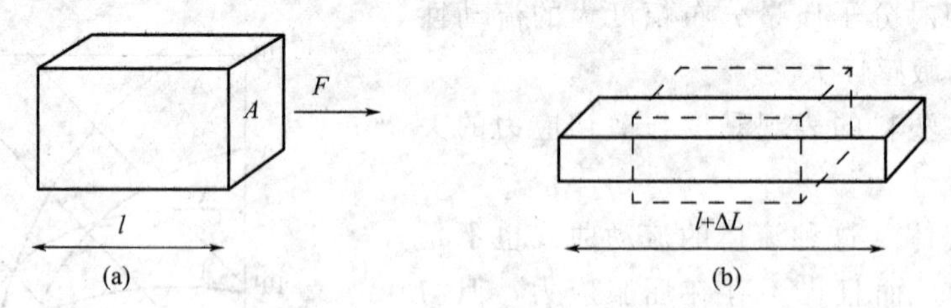

图 2-2-5　拉伸流动示意图

由于拉伸应变 ε 为

$$\varepsilon=\int_{l_0}^{l}\frac{\mathrm{d}l}{l}=\ln\frac{l}{l_0} \tag{2-2-10}$$

故拉伸应变速率为

$$\dot{\varepsilon}=\frac{\mathrm{d}\varepsilon}{\mathrm{d}t}=\frac{\mathrm{d}\left(\ln\frac{l}{l_0}\right)}{\mathrm{d}t}=\frac{1}{l}\times\frac{\mathrm{d}l}{\mathrm{d}t} \tag{2-2-11}$$

由此可见，剪切流动是与拉伸流动有区别的，前者是流体中一个平面在另一个平面上的

滑动，而后者则是一个平面两个质点间的距离拉长。此外，拉伸黏度还随所拉应力是单向、双向等而异，这是剪切黏度所没有的。

假塑性流体的 η_a 随 $\dot{\gamma}$ 增大而下降，而拉伸黏度则不同，有降低、不变、升高三种情况。这是因为拉伸流动中，除了由于解缠结而降低黏度外，还有链的拉直和沿拉伸轴取向，使拉伸阻力、黏度增大。因此，拉伸黏度随 ε 的变化趋势，取决于这两种效应哪一种占优势。低密度聚乙烯、聚异丁烯和聚苯乙烯等支化聚合物，由于熔体中有局部弱点，在拉伸过程中形变趋于均匀化，又由于应变硬化，因而拉伸黏度 λ 随拉伸应变速率增大而增大；聚甲基丙烯酸甲酯、ABS、聚酰胺、聚甲醛、聚酯等低聚合度线形高聚物的 λ 则与 ε 无关；高密度聚乙烯、聚丙烯等高聚合度线形高聚物，因局部弱点在拉伸过程中引起熔体的局部破裂，所以 λ 随 ε 增大而降低。应指出的是，聚合物熔体的剪切黏度随应力增大而大幅度降低，而拉伸黏度随应力增大而增大，即使有下降其幅度也远比剪切黏度小。因此，在大应力下，拉伸黏度往往要比剪切黏度大100倍左右，而不是像低分子流体那样 $\lambda=3\eta$。由此可以推断，拉伸流动成分只需占总形变的1%，其作用就相当可观，甚至占支配地位，因此拉伸流动不容忽视。在成型过程中，拉伸流动行为具有实际指导意义，如在吹塑薄膜或成型中空容器型坯时，采用拉伸黏度随拉伸应力增大而上升的物料，则很少会使制品或半制品出现应力集中或局部强度变弱的现象。反之则易于出现这些现象，甚至发生破裂。几种热塑性塑料的拉伸应力-拉伸黏度的实测数据见图2-2-6。图中A为低密度聚乙烯（170℃），B为乙丙共聚物（230℃），C为聚甲基丙烯酸甲酯（230℃），D为聚甲醛（200℃），E为尼龙66（285℃）。图中所用塑料均为指定产品，数据仅供参考。

(3) 温度和压力对黏度的影响

对流体黏度起作用的因素有温度、压力、施加的应力和应变速率等。后两者对黏度的关系已经论及，这里仅讨论前两者对黏度的影响。

① 温度对剪切黏度的影响　温度与流体剪切黏度（包括表观黏度）的关系可用式（2-1-12）表示

$$\eta=\eta_0 e^{a(T_0-T)} \tag{2-2-12}$$

式中，η 为流体在 T℃时的剪切黏度；η_0 为某一基准温度 T_0 时的剪切黏度；e为自然对数的底；a 为常数。从实验知，式（2-2-12）中的 a，在温度范围不大于50℃时，对大多数流体来说都是常数，超出此范围则误差较大。

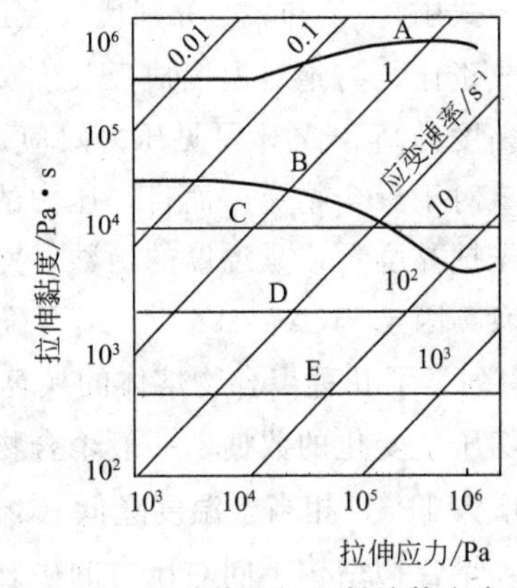

图2-2-6　几种热塑性塑料熔体在常压下的拉伸黏度与拉伸应力的关系

如果将式（2-2-12）用于剪切黏度对剪切应力（或剪切速率）有敏感性的流体时，则该式只有当剪切应力（或剪切速率）保持恒定时才是准确的。

式（2-2-12）虽然对高聚物的熔体、溶液和糊都适用，但是必须指出，当用于聚合物糊时，应以在所涉及温度范围内聚合物没有发生溶胀与溶解的情况为准。

常用热塑性塑料熔体在恒定剪切速率下的表观黏度与温度的关系见表2-2-1。

② 压力对剪切黏度的影响　一般低分子的压缩性不很大，压力增加对其黏度的影响不大。但是，聚合物由于具有长链结构和分子链内旋转，产生空洞较多，所以在加工温度下的压缩性比普通流体大得多。聚合物在高压下（注塑成型时受压达35～300MPa）体积收缩较大，分子间作用力增大，黏度增大，有些甚至会增加十倍以上，从而影响了流动性，在没有

表 2-2-1 几种常用热塑性塑料熔体在恒定剪切速率下的表观黏度与温度的关系

聚合物	T_1/℃	T_1 与 $10^3 s^{-1}$ 下的黏度 η_1/kPa·s	T_2/℃	T_2 与 $10^3 s^{-1}$ 下的黏度 η_2/kPa·s	黏度对温度的敏感性 η_1/η_2
高压聚乙烯	150	0.4	190	0.23	1.7
低压聚乙烯	150	0.31	190	0.24	1.3
软聚氯乙烯	150	0.9	190	0.62	1.45
硬聚氯乙烯	150	2	190	1	2.0
聚丙烯	190	0.18	230	0.12	1.5
聚苯乙烯	200	0.18	240	0.11	1.6
聚甲醛(共聚物)	180	0.33	220	0.24	1.35
聚碳酸酯	230	2.1	270	0.62	3.4
聚甲基丙烯酸甲酯	200	1.1	240	0.27	4.1
聚酰胺-6	240	0.175	280	0.08	2.2
聚酰胺-66	270	0.17	310	0.049	3.5

注：上表所列聚合物均为指定的产品，数据仅供参考。

可靠的依据情况下，将低压下的流变数据用在高压场合是不正确的。

黏度与压力的关系如下

$$\eta_p = \eta_{p_0} e^{b(p-p_0)}$$

式中，η_p 和 η_{p_0} 分别代表在压力 p 和大气压 p_0 下的黏度。b 为压力系数，b 与空洞体积成正比，与绝对温度成反比。b 值约为 $2.07\times10^{-1}Pa^{-1}$，这表明压力增大 $6.9\times10^7 Pa$，则黏度升高 35%，可见压力效应是显著的。

对于聚合物流体而言，压力的增加相当于温度的降低。在处理熔体流动的工程问题时，首先把黏度看成是温度的函数，然后再把它看成是压力的函数，这样可在等黏条件下得到一个换算因子 $-(\Delta T/\Delta p)_\eta$，即可确定出产生同样熔体黏度所施加的压力相当的温降。表 2-2-2 中列举了几种聚合物熔体的换算因子 $-(\Delta T/\Delta p)_\eta$，恒熵下温度随压力的变化和恒熔下温度随压力变化的数据。一般聚合物熔体的 $-(\Delta T/\Delta p)_\eta$ 值约为（3～9）$\times10^{-7}$℃/Pa，即压力增大 1Pa，相当于温度降低（3～9）$\times10^{-7}$℃/Pa。

聚合物结构不同对压力的敏感性也不同。一般情况带有体积庞大的苯基的高聚物，分子量较大、密度较低者其黏度受压力的影响较大。还应指出：即使同一压力下的同一聚合物熔体，如果在成型时所用设备的大小不同，则其流动行为也有差别，因为尽管所受压力相同，所受剪切应力仍可以不同。

表 2-2-2 聚合物熔体的 $-(\Delta T/\Delta p)_\eta$ 值

聚合物	$-(\Delta T/\Delta p)_\eta\times10^7$	$-\partial T(\partial T/\partial p)_s\times10^7$	$-\partial T(\partial T/\partial p)_v\times10^7$
聚氯乙烯	3.1	1.1	16
聚酰胺-66	3.2	1.2	11
聚甲基丙烯酸甲酯	3.3	1.2	13
聚苯乙烯	4.0	1.5	13
高密度聚乙烯	4.2	1.5	13

续表

聚合物	$-(\Delta T/\Delta p)_{\eta}\times10^{7}$	$-\partial T(\partial T/\partial p)_{s}\times10^{7}$	$-\partial T(\partial T/\partial p)_{v}\times10^{7}$
共聚聚甲醛	5.1	1.4	14
低密度聚乙烯	5.3	1.6	16
聚有机硅氧烷	6.7	1.9	9
聚丙烯	8.6	2.2	19

③ 温度和压力对拉伸黏度的影响　温度和压力对流体拉伸黏度的影响与对剪切黏度的影响相同，故不再赘述。

2.2.2.2　板材挤出成型的工艺流程

日常生活中通常以厚度区分板材、片材和薄膜。厚度小于0.25mm的称为薄膜；厚度为0.25～1mm的称为片材；厚度大于1mm的称为板材。

塑料板材和片材的生产方法很多，如挤出、压延、浇注、层压、流涎等，由于挤出成型具有设备简单、生产成本低、制品抗冲击强度高等优点而被广泛采用。挤出成型的塑料板材宽度一般为1～1.5m，最宽可达4m。可通过挤出成型板材和片材的塑料品种有PVC、PE、PP、ABS、HIPS、PC、PA、POM、CA等，其中以前四种塑料的板材和片材最为多见。

板材的挤出工艺流程如图2-2-7所示，包括原料的准备、塑化成型、压光、裁边、牵引、切割等过程。

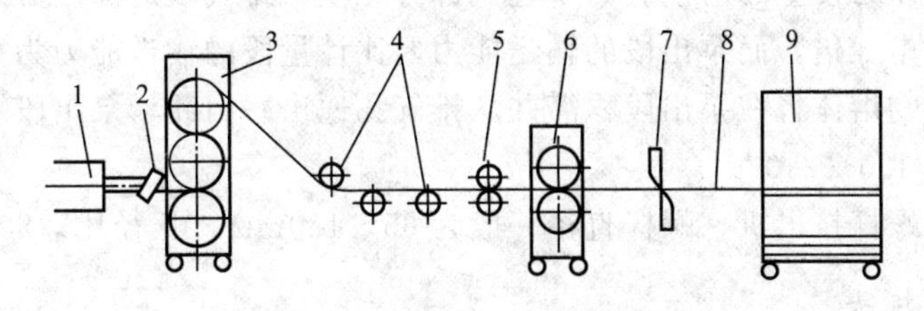

图2-2-7　板材挤出工艺流程

1—挤出机；2—狭缝机头；3—三辊压光机；4—导辊；5—切边装置；6—二辊牵引机；7—切割装置；8—塑料板；9—卸料装置

2.2.2.3　板材挤出成型用设备

(1) 挤出机

挤板用的挤出机一般是排气式单螺杆或双螺杆挤出机。

排气式挤出机是因其工作的特殊性能而得名，这个特殊性能是指挤出过程中，挤出机能够通过排出原料中的气体（包括空气、水蒸气和挥发物气体），从而达到保证塑料制品质量的目的。与其他挤出机相比，它突出的优点是在挤出含有水分、溶剂的树脂时，不用对原料进行干燥处理，直接投入机筒就能挤出生产。

排气式挤出机的核心零件是螺杆，它可连续从聚合物中抽出挥发物，为此挤出机在其料筒上设置一个或多个排气孔以便挥发物逸出。

图2-2-8是一根典型的两阶排气式挤出机螺杆，它至少有5个不同几何形状的功能段。头三段为加料、压缩和计量，与通用螺杆相同。在计量段之后，用排气段相接以迅速解除压缩，其后便是迅速压缩和泵出段。

为了排气良好，有两个重要的功能要求：一是排气孔下聚合物的压力为零，二是排气孔

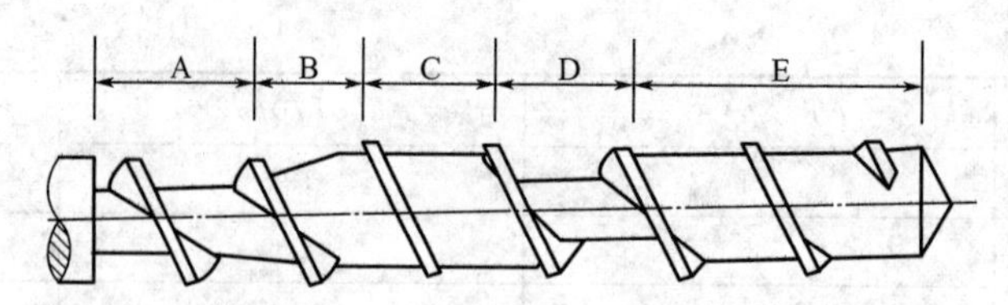

图 2-2-8 两阶排气式挤出机螺杆

A—加料段；B—压缩段；C—计量段；D—排气段；E—泵出段

的聚合物是完全熔化的。

要求零压力是避免聚合物熔体从排气孔逸出。

要求完全熔化聚合物有几个原因。如果聚合物在计量段没有完全熔化，排气孔和加料口之间的密封不好，就不能达到所要求的真空度，影响挥发物的排出。另一原因是挤出机的排气是受扩散过程控制的，而扩散系数对温度有颇大的依赖性。如果聚合物低于熔点，扩散则在极低的速率下进行。因此，聚合物温度应在熔点以上，以增大扩散速率，从而也提高了排气效率。所以聚合物应处于熔融态，扩散系数则随熔体温度的升高而增大。此外，聚合物处于熔融态，表面可以更新，这对排气过程有颇大增进。表面更新的程度对螺杆设计有重要作用，多螺纹、大螺距的排气段将增进排气效率。所以，为求高排气效率，聚合物进入计量段应在较高温度下并完全熔化。

零压力可用保证排气段的螺槽只为聚合物部分充填来实现。当螺槽未全部充填，至少在沿螺槽方向就没有压力发生的可能。为了达到部分充填，排气段的深度必须比计量段的深度大得多，一般至少是 3 倍，而泵出段的输送能力要比计量段的输送能力为大。如果泵出段的输送量不够，聚合物熔体将在泵出段积滞并从排气孔逸出。因此，泵出段螺槽深度与计量段深度之比，一般取 1.5～2.0。

通常选用的单螺杆挤出机，螺杆直径一般为 65～150mm，长径比＞20。

(2) 板材挤出机头

挤出板材和片材的机头分为管模机头和扁平机头两大类。

管模机头就是挤管机头，将挤出的管坯用刀割开、展平、定型即可得到板（片）材。管模机头结构简单、物料流动均匀，比较适合发泡板材和片材的生产，在发泡聚苯乙烯和发泡聚乙烯片材的生产中普遍使用。

扁平机头主要有支管式、鱼尾式、衣架式和分配螺杆式机头等。

支管式机头口模是用一根带缝的直圆管与矩形流道组成。聚合物熔体从中间部分进入，经过圆管分配腔而从狭缝流出片状流体。如果熔体从中心到支管末端的压力降比较大，通过安缝（模唇）挤出的片材则会出现中间较厚、两边较薄的情况。如果增大支管半径，这种厚薄不均的现象将会减小。通过口模内的流动分析，可以得到合理的支管半径。另外，在流道内设置扼流棒和对模唇间隙加以调节（参见图 2-2-9），即可得到厚度均匀的产品。但是，熔体在这种口模内的停留时间在中部和两侧相差很大，因而它不宜挤聚氯乙烯，而常用于聚烯烃和聚酯的挤出。

鱼尾式形机头如图 2-2-9 所示。聚合物熔体从中部进入并沿扇形扩展开来，再经模唇的调节作用而挤出。与直支管式口模相比，这种口模的流道没有死角，流道内的容积小而减小了熔体的停留时间。因此，这种口模对于熔体黏度高而热稳定差的聚合物（如聚氯乙烯）有较好的效果。但扇形的扩张角不能太大、片材宽度受到一定的限制。为使速率更均匀，在模

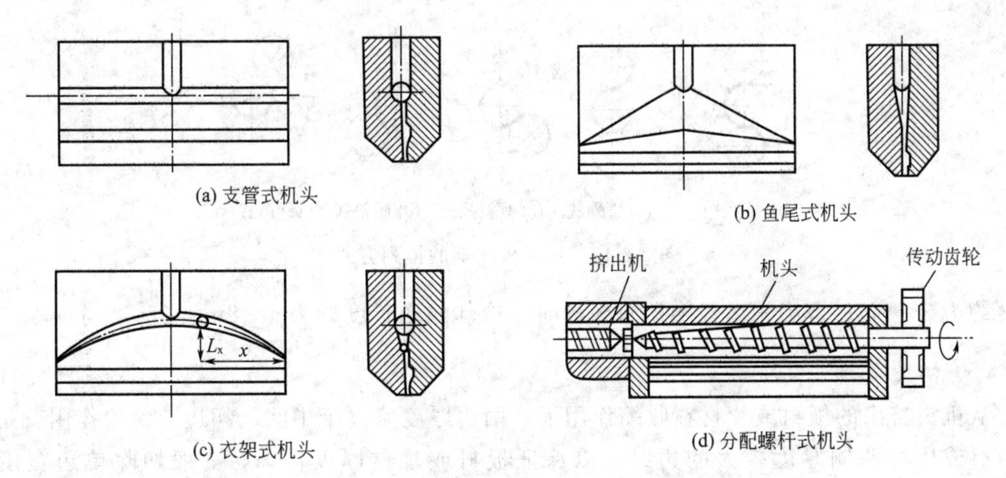

(a) 支管式机头 (b) 鱼尾式机头

(c) 衣架式机头 (d) 分配螺杆式机头

图 2-2-9 扁平机头

唇前加上弧形阻力块和扼流棒，熔体再经模唇挤出。

为了改进聚合物熔体在上述机头口模内的流动分布均匀性，将直支管式机头口模与鱼尾式形机头口模的优点结合在一起而构成了衣架式机头。这种机头的分配腔是由两根直径递减的圆管（即支管）与两块三角形平板间的狭缝构成像衣架的流通。从挤出机送来的柱塞状流体，通过两根支管的分流和三角形的“中高效应”而分布成片状熔体流，再经过扼流棒和模唇的调节作用，挤出物的流速更加均匀。最后经冷却即得片材。熔体在这种机头内的停留时间分布较一致，特别适于硬聚氯乙烯的挤出。

分配螺杆式机头相当于在支管式机头的支管内放入一根螺杆的扁平机头。螺杆靠单独的电动机驱动，使物料不停滞在支管内，并均匀地将物料分配在机头整个宽度上，从而获得厚度均匀的制品。改变螺杆转速，可以调整板材的厚度。分配螺杆机头的优点是基本上消除了物料在机头内停留的现象，使流动性差、热稳定性差的物料（如聚氯乙烯）厚板可以顺利挤出，同时生产的宽幅板材的横向物理性能没有明显的差异，延长了连续生产时间，容易调换产品品种和颜色。其主要缺点是螺杆结构复杂，制造较困难，物料随螺杆做圆周运动中，突然变直线运动，在制品表面上容易出现波纹形痕迹。

（3）三辊压光机

三辊压光机的作用是对从板机头挤出的板坯压光、热处理及冷却定型，同时还起一定的牵引作用，调节板材各点的速度一致，保证板材的平直。

三辊压光机通常由直径 200～450mm 的上、中、下三个中空辊组成，辊中带有夹套，可通入蒸汽、水、油等介质调节辊温。中间辊轴线固定，上、下两辊轴线可上下移动，以调整辊隙适应成型不同厚度板材和片材的需要。

三辊压光机中三辊的排列方式如图 2-2-10 所示，其中以（a）所示最为常见。三辊压光机工作时各辊的速度应保持同步，此外，为适应不同的压光要求，辊速还应具有较大的调节范围，速比多为 1∶20 左右，辊的最大圆周速度可达 2～8m/s。

（4）冷却输送辊

冷却输送辊通常由十几个直径为 50mm 左右的圆辊组成，安装在三辊压光机与牵引装置之间，对压光后的板材或片材进行冷却和输送。冷却输送辊的排列长度（称为冷却输送长度）取决于板材或片材的厚度以及塑料的导热性能。通常挤出 PVC 和 ABS 板材时冷却输送

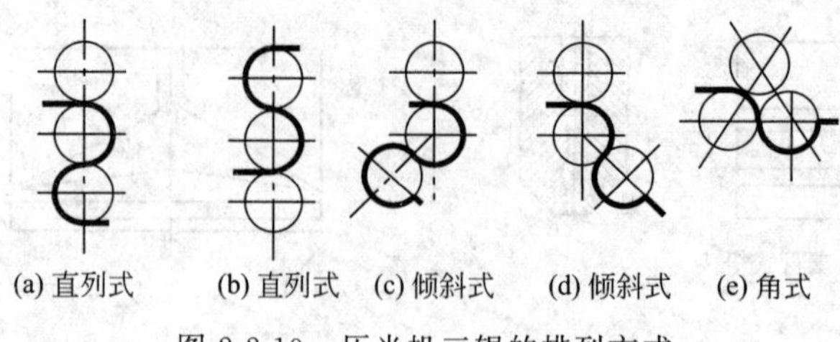

图 2-2-10　压光机三辊的排列方式

长度约为 3～6m；挤出聚烯烃类塑料板树时，冷却输送长度约为 4～8m。

(5) 切边装置

从机头挤出的板材或片材在收缩作用下，两边厚度略大于中间。切边装置的作用就是切除板材或片材两侧厚度较大的边缘，以保证板材或片材厚度均匀，一般切除单边宽度在 5～10mm。

(6) 牵引装置

经压光辊出来的板材在导辊的引导下进入牵引装置。牵引装置由两个辊筒组成。其中在下方的一个为主动钢辊，在上面的一个为包着橡胶的被动钢辊，两个辊靠弹簧压紧。牵引装置的作用是将板材均匀地牵引至切割装置，防止在压光辊处积料，而造成板材弯曲变形，并且将板材压光、压平。

为适应生产不同材料的板材，牵引辊的速度应可以无级调整，并且上下辊的间隙也可以调节。如在生产硬聚氯乙烯板材时，牵引装置应与三辊压光机同速，在生产聚乙烯板材时，牵引速度可稍高于压光机速度 2.5%左右，而在生产聚丙烯板材时，牵引速度应稍低于压光机的速度。

(7) 切断装置

切断装置的作用是将连续挤出的板材或片材切割成要求长度的成品板材或片材。切断方法有电热切、锯切和剪切。其中，锯切和剪切对软质、硬质的板材或片材均适用，是应用较广泛的两种切断方法。

2.2.2.4　ABS 的成型加工性能

ABS 是无定形聚合物，无明显熔点，熔融流动温度不太高，随所含三种单体比例不同，在 160～190℃范围具有良好的流动性，且热稳定性较好，在约高于 285℃时才出现分解现象，因此加工温度范围较宽。

ABS 熔体具有较明显的非牛顿性，提高成型压力可以使熔体黏度明显减小，黏度随温度升高也会明显下降。

ABS 吸湿性稍大于聚苯乙烯，吸水率约在 0.2%～0.45%之间，但由于熔体黏度不太高，故对于要求不高的制品，可以不经干燥，但干燥可使制品具有更好的表面光泽并可改善内在质量。在 80～90℃下干燥 2～3h，可以满足各种成型要求。

ABS 具有较小的成型收缩率，收缩率变化最大范围为 0.3%～0.8%，在多数情况下，其变化小于该范围。

ABS 可以采用注塑、挤出、真空、中空、压延、电镀等加工方法制造各种制品，挤出时螺杆长径比一般在 18～20 之间，压缩比为 2.5～3.0 之间。

2.2.3 任务实施

2.2.3.1 ABS板材挤出成型工艺条件的初步制定

ABS板（片）材的挤出成型生产用挤出机可用普通单螺杆挤出机、锥形双螺杆挤出机和排气式挤出机。如果采用排气式挤出机生产板（片）材，原料不用干燥处理。机头一般采用衣架式。

ABS板（片）材的挤出成型过程中一般须严格控制如下几个工艺参数：成型温度、模唇间隙、压光辊间距以及牵引速度等。

(1) 成型温度

① 料筒和机头温度　挤出机的料筒温度应根据所加工的塑料品种、挤出机的特性、机头结构形式而定，机头温度一般比料筒温度稍高5～10℃左右。机头温度过低，板材表面无光泽、易裂；机头温度过高，会使物料变色、分解、制品内有气泡。机头温度一般控制中间低两边高。ABS板（片）材挤出成型温度见表2-2-3。

表2-2-3　ABS板（片）材挤出成型温度

料筒温度/℃	160～165;165～175;175～185;185～190;195～200
连接部分温度/℃	170～190
机头温度/℃	中间185～195;两端205～215
三辊压光机温度/℃	上辊80～90;中辊90～100;下辊80～85

② 三辊压光机温度　三辊压光机是板与片材冷却、压光、定厚度的设备，其工艺条件直接影响板材外观质量。从机头挤出的板材温度较高，为使板材缓慢冷却，防止扳材产生内应力而翘曲，三辊压光机的三个辊筒要加热，并设置调温装置。辊筒温度过高会使板与片难以脱辊，表面产生横向条纹，辊筒温度过低，板不易紧贴辊筒表面，板材表面易产生斑点，无光泽。辊筒温度应高到足以使熔融料和辊筒表面完全紧贴。一般控制中辊温度最高，上辊温度稍低，下辊温度最低。

(2) 板（片）材厚度与模唇间隙及三辊间距的关系

① 板（片）材厚度与模唇间隙的关系　成型板（片）材，模唇间隙一般等于或稍小于板（片）材的厚度，物料挤出后膨胀，通过牵引达到板（片）材所要求的厚度，板（片）材厚度及均匀度除可调整机头温度外，还可通过调整机头阻力块，改变机头宽度方向各处阻力的大小，从而改变流量及板（片）材厚度。板（片）材厚度微调可调节模唇间隙，厚度调节幅度较大时，应当调节阻力调节块。为了获得厚度均匀的板（片）材，将模唇间隙调节成中间较小，两边较大。

② 板（片）材厚度与三辊间距的关系　三辊间距一般调节到等于或稍大于板（片）材厚度，主要考虑物料的热收缩。三辊间距沿板（片）材幅宽方向应调节一致。在三辊间距之间尚需有一定量的存料，否则当机头出料不匀时，就会出现缺料、大块斑等现象。存料也不宜过多，存料过多会将冷气带入板村而形成“排骨”状的条纹，影响制品质量。

板（片）材厚度还可以由三辊压光机转速来调节。板（片）材拉伸比不宜过大，否则会造成板（片）材单向取向，使纵向拉伸性能提高，横向拉伸性能降低，形成板（片）材的各向异性，影响板（片）材的质量。三辊速度一般控制到与挤出速度相适应，略快10%～25%。

(3) 牵引速度

牵引的目的是为了使板材从冷却辊出来后连续冷却，直到切割时，一直保持张紧状态。如果冷却时无张力，板材会变形；切割时无张力则切割不整齐，牵引张力与板材性能有密切关系。如果张力过大，板材形成冷拉伸，板材产生内应力，影响使用性能；如果张力过小，由于板材还未充分冷却，板材会变形不平整，牵引速度与挤出速度基本相等，比压光机的线速度快5%～10%。

2.2.3.2 观察与调整

由于塑料与设备上的差异，根据经验或资料初设的工艺条件通常没有达到最优值，因而在生产的过程中制品会出现各种形式的缺陷，针对这些缺陷，需要调整对应的工艺因素。表2-2-4列举了ABS板（片）材在生产中常见的异常情况、原因及处理方法，以便调整时加以参考。

表2-2-4 挤出板材或片材时常见的制品缺陷、产生原因及解决方法

缺陷类型	产生原因	解决方法
板、片材断裂	1.料筒或机头温度过低 2.模唇开度太小 3.牵引速度太快	1.提高料筒或机头温度 2.增大模唇开度 3.降低牵引速度
板、片材厚度不均匀	1.物料塑化不均匀 2.机头、口模温度不均匀 3.流动阻力不均匀 4.模唇开度不均匀 5.牵引速度不稳定 6.压光辊间距不均匀	1.通过料筒温度或机头温度 2.检修加热装置使机头、口模温度均匀 3.调节阻力棒位置 4.检修模唇位置调节装置 5.检修三辊压光机和牵引装置 6.调节压光辊间距
板、片材纵向存在连续线条纹路	1.模唇受损 2.口模内粘有杂质 3.压光辊表面受损	1.研磨抛光模唇表面 2.清理口模 3.更换压光辊辊筒
板、片材表面出现黑色或变色的线条斑点	1.成型温度过高 2.机头内有死角 3.杂质阻塞机头流道引起物料分解 4.压光辊表面有析出物黏结	1.降低机头、口模温度 2.去除机头死角 3.清理机头流道 4.清理压光辊并检查塑料配方
板、片材表面出现气泡	物料中水分或挥发分含量过高	对物料进行干燥
板、片材两面出现横向排骨状纹路	1.压光辊间堆料过多 2.压光温度不均匀 3.压光辊温度过高 4.压光辊压力过大	1.降低螺杆转速或通过压光辊及牵引转速 2.检修压光辊温度系统使辊温均匀 3.降低压光辊温度 4.增大压光辊间距
板、片材表面出现成簇横向抛物线状隆起	1.口模温度中间高，两侧低 2.螺杆转速太快 3.模唇开度不均匀 4.阻力棒调节不正常	1.检查加热装置，调节口模温度，使口模温度中间略低，两侧略高 2.降低螺杆转速 3.调节模唇位置调节装置 4.调节阻力棒位置
板、片材表面凹凸不平或光泽不好	1.机头、口模温度过低 2.压光辊表面粗糙度过大 3.压光辊温度过低 4.模唇流道过短 5.模唇表面粗糙 6.物料中水分含量过高 7.挤出速度过快、牵引速度慢，板、片材不能及时冷却	1.提高机头、口模温度 2.更换辊筒或抛光辊筒表面 3.提高压光辊温度 4.更换模唇、增大模唇流道长度 5.抛光模唇表面 6.干燥物料 7.调节螺杆转速和牵引速度，使两者相互适应

2.2.4　知识拓展

2.2.4.1　塑料熔体在简单管道中的流动

成型过程中，经常需要让塑料通过管道（包括模具中的流道），以便对它加热、冷却、加压和成型。通过管道时塑料的状态可以是流体或固体，但前者居多。

弄清塑料流体在流通内流动时的流率与压力降的关系，以及沿着流道截面上的流速分布是很重要的，因为这些对设计模具和设备、了解已有设备的工作性能以及进行制品和工艺设计都很有帮助，甚至成为一种设计依据。由于聚合物熔体流动的复杂性，目前只能对一些简单流道进行计算分析。它们是①圆形和狭缝形（即长方形，但其宽与高的比值须等于或大于10）截面的流道；②与①有联系的流道，如环隙形流道；③截面的形状是圆形与狭缝形的组合形状；④矩形、椭圆形和等边三角形截面的流道。前三种不论是对牛顿流体还是非牛顿流体都能从理论分析求得其计算公式，而第四种还只能对牛顿流体进行处理。

(1) 在圆形流通中的流动

在成型中所涉及的塑料流体大多都是塑料熔体和分散体，其黏度都很高，所以它们在流道内的流动基本上都属于层流。此外，流体还仅限于服从指数定律的流体且在等温条件下流动。最后，流动必须是稳态流动，即流动速度不因时间改变而变化。

当塑料熔体按上述条件在等截面圆形流道中流动时，所受到的剪切应力和真实剪切速率之间的关系可用式（2-2-4）来表示。此时，流速 v 却是随任意流动层的半径 r（见图 2-2-11）的增大而减小，中心处流速最大。即

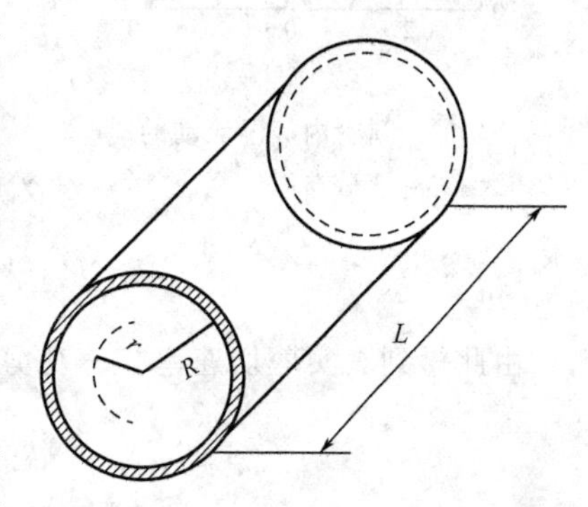

图 2-2-11　圆管中采用符号的几何意义

$$-\frac{\mathrm{d}v}{\mathrm{d}r}=k\tau^{m} \tag{2-2-13}$$

规定圆管的半径为 R，管长为 L，于是在任意半径 r 处的流层所受到的剪切应力为

$$\tau_{r}=\frac{\pi r^{2}P}{2\pi rL}=\frac{rP}{2L} \tag{2-2-14}$$

式中 P 代表圆管两端的压力降，对于一般流体，在管壁的流动速度为零，即 $v_{r=R}=0$，不过聚合物熔体由于在管壁处可能产生滑移，故流速不为零。但当此效应不明显时仍可以认为 $v_{r=R}=0$。将式（2-2-14）代入式（2-2-13）中，并积分得到流体在任意半径处的流速 v_r：

$$v_{r}=k\left(\frac{P}{2L}\right)^{m}\left(\frac{R^{m+1}-r^{m+1}}{m+1}\right) \tag{2-2-15}$$

上式既表示恒压下流体在圆管截面上各点的流动速度，同时也表现出压力降与流动速度的关系。图 2-2-12 是以 v_r/v_a（v_a 为平均流动速度）对 r/R 所做的图，图中四条曲线分别表示四种不同 m 值的流速分布情况。

流体在管内的体积流率 q 为

$$q=\int_{0}^{R}2\pi r v_{r}\,\mathrm{d}r$$

将式（2-2-15）代入上式积分得

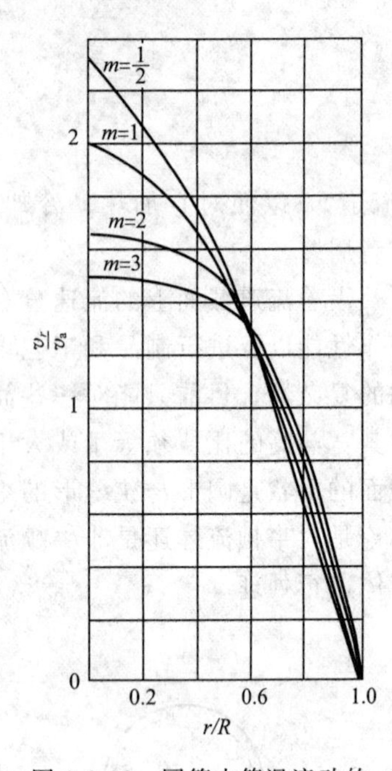

图 2-2-12 圆管内等温流动的流速分布图

$$q=\pi k\left(\frac{P}{2L}\right)^{m}\left(\frac{R^{m+3}}{m+3}\right) \tag{2-2-16}$$

通常书籍或资料上所载的由毛细管流变仪测出的聚合物熔体的流动曲线图，大多是最大剪切应力 $pR/2L$（也就是在管壁处的应力）和相应的牛顿剪切速率 $4q/\pi R^2$ 所作的图。所谓牛顿剪切速率就是将非牛顿流体看成牛顿流体时的剪切速率，也称为"表观剪切速率"。这样，如果要用这种图来求解式（2-2-15）、式（2-2-16）中的 k 值就必须经过换算。对于服从指数定律的流体在圆管内的流动，可以按以下方式来处理。

将式（2-2-16）重排得

$$\frac{4q}{\pi R^3}\times\frac{m+3}{4}=k\left(\frac{PR}{2L}\right)^{m} \tag{2-2-17}$$

与式（2-5-16）比较，管壁处的真实剪切速率

$$\dot{\gamma}_R=\frac{4q}{\pi R^3}\times\frac{m+3}{4} \tag{2-2-18}$$

引入表观剪切速率 $\dot{\gamma}'_R$ 与表观流动常数 k' 的概念，它的意义是

$$\dot{\gamma}'_R=\frac{4q}{\pi R^3}=k'\left(\frac{PR}{2L}\right)^{m} \tag{2-2-19}$$

由此得到真实剪切速率与表观剪切速率、真实流动常数与表观流动常数的关系

$$\dot{\gamma}_R=\frac{m+3}{4}\dot{\gamma}'_R=\frac{3n+1}{4n}\dot{\gamma}'_R \tag{2-2-20}$$

$$k=\frac{m+3}{4}k'=\frac{3n+1}{4n}k' \tag{2-2-21}$$

由此，在处理非牛顿流体的流动问题时，就可以进行剪切速率修正，或求出真实流动常数来进行进一步计算，从而保证结果更接近于真实。下面举例说明之。

例题：用内径为 2cm，长度为 8 cm 的口模挤出聚乙烯棒材，挤出温度 235℃。聚乙烯在 235℃的流动曲线见图 2-2-13，如果不计端末效应所引起的压力降，则当挤出速率为 50cm³/s 时，聚乙烯熔体进入口模时的压力为多少 MPa?

解：① 求指数函数中的 m 与 k 值。

由于挤出时的剪切速率约为 $10^2\sim10^3\text{s}^{-1}$，故在图 2-2-13 的这一区域内引出直线（图中虚线），在直线上取任意两点（0.207MPa，500 s^{-1}），（0.413MPa，3700 s^{-1}）

由于 $\dot{\gamma}'_a=k'\tau^m$ 则有 $\frac{(\dot{\gamma}'_a)_2}{(\dot{\gamma}'_a)_1}=\left(\frac{\tau_2}{\tau_1}\right)^m$

即 $\frac{3700}{500}=\left(\frac{0.413}{0.207}\right)^m$ 得 $m=2.73$

又

$k'_1=(\dot{\gamma}'_a)_1/\tau_1{}^m=500/(0.207)^{2.73}=3.68\times10^4$

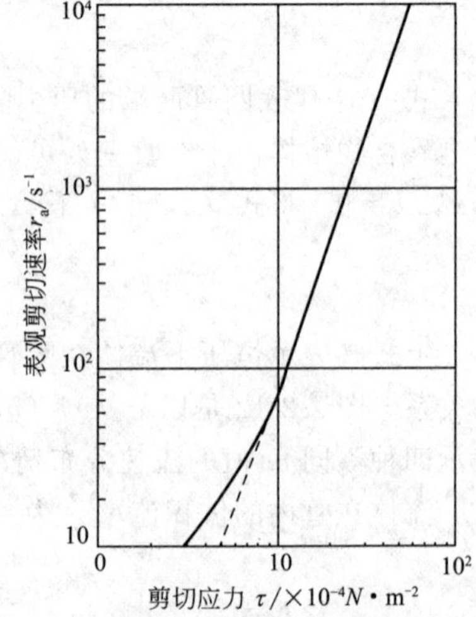

图 2-2-13 聚乙烯在 235℃的流动曲线

$$k'_2=(\dot{\gamma}'_a)_2/\tau_2{}^m=3700/(0.413)^{2.73}=4.14\times10^4$$

故　　$\overline{k'}=(k'_1+k'_2)/2=(3.68\times10^4+4.14\times10^4)/2=3.91\times10^4$

所以　　$k=(m+3)k'/4=(2.73+3)\times3.91\times10^4/4=5.60\times10^4$

② 求进入口模时的压力。

由于

$$q=\pi k\left(\frac{p}{2L}\right)^m\left(\frac{R^{m+3}}{m+3}\right)$$

则

$$p=\left[\frac{2^m L^m(m+3)q}{\pi k R^{(m+3)}}\right]^{\frac{1}{m}}$$

代入数据

$$p=\left[\frac{2^{2.73}\times0.08^{2.73}\times(2.73+3)\times50\times10^{-6}}{3.14\times5.60\times10^4\times0.01^{5.73}}\right]^{\frac{1}{2.73}}$$
$$=1.52\text{MPa}$$

考虑到大气压力，所以聚乙烯熔体进入口模的实际压力为

$$p_c=p+0.1=1.52+0.1=1.62\text{MPa}$$

(2) 在狭缝形流道内的流动

当符合指数定律的塑料流体在等温条件下在狭缝形流道中稳定流动时，如果狭缝宽度 W（见图 2-2-14）大于狭缝厚度 h 的 20 倍，则狭缝形流道两侧壁对流速的减缓作用可忽略不计。从分析可知，流速在沿狭缝形截面宽度中心线上各点最大，在上下两壁处为零。同理，流体所受到的剪切应力和真实剪切速率之间有如下关系

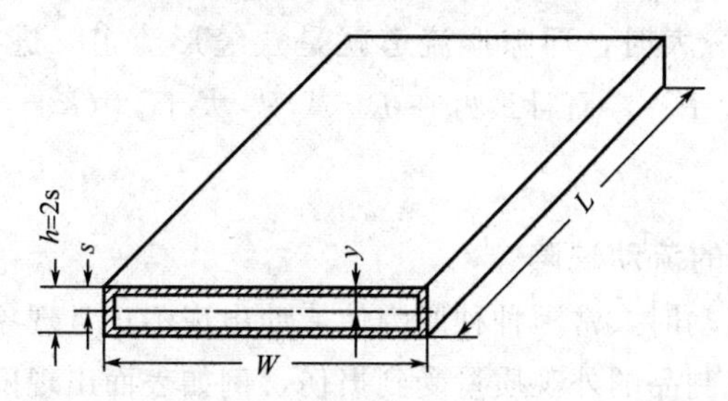

图 2-2-14　狭缝形导管中采用符号的几何意义

$$-\frac{dv}{dy}=k\tau^m \tag{2-2-22}$$

式中，y 表示狭缝截面上任意一点到中心线的距离。于是，距中心线 y 处而与中心层平行的流层所受到的剪切应力为

$$\tau=\frac{P}{L}y \tag{2-2-23}$$

代入式（2-2-22）并积分得

$$v_y=k\left(\frac{P}{L}\right)^m\left(\frac{1}{m+1}\right)\left[\left(\frac{h}{2}\right)^{m+1}-y^{m+1}\right] \tag{2-2-24}$$

又
$$q=\int_0^{\frac{h}{2}}2Wv_y\,dy$$

则：

$$q=kW\left[\frac{P}{L}\right]^{m}\frac{h^{m+2}}{2^{m+1}(m+2)} \tag{2-2-25}$$

将上式重排得

$$\frac{6q}{Wh^{2}}=\frac{3}{m+2}k\left[\frac{Ph}{2L}\right]^{m} \tag{2-2-26}$$

引入表观剪切速率 $\dot{\gamma}'_{w}$ 与表观流动常数 k''

$$\dot{\gamma}'_{w}=\frac{6q}{Wh^{2}}=k''\left[\frac{Ph}{2L}\right]^{m} \tag{2-2-27}$$

则有

$$\dot{\gamma}_{w}=\frac{m+2}{3}\dot{\gamma}'_{w} \tag{2-2-28}$$

和

$$k=\frac{m+2}{3}k'' \tag{2-2-29}$$

同时，把式（2-2-21）与式（2-2-29）联立求解得

$$k''=\frac{3(m+3)}{4(m+2)}k' \tag{2-2-30}$$

这样，由一般的流动曲线按前述例题求出 k' 和 m，再求出 k'' 和 k 后，亦可处理非牛顿流体在狭缝流道中的流动问题。当然也可事先对表观剪切速率进行非牛顿性改正，从而得到真实的流变曲线。

塑料流体在环隙形流道内流动时，如果环隙的半径（外径 R_0 和内径 R_i）很大，而其厚度（R_0 和 R_i 的差）却不大，则这种流动也可以按式（2-2-24）和式（2-2-25）进行计算。因为当 R_0 和 R_i 趋向无穷大时，环隙形流道就是狭缝形流道。进行计算时，上述两式中 $h=R_0-R_i$，$W=\pi(R_0+R_i)$，而且最好在 R_0 或 R_i 大于 $20(R_0-R_i)$ 的情况下，否则误差较大。

2.2.4.2 塑料熔体的流动缺陷

塑料流体在流道中流动时，常因种种原因使流动出现不正常现象或缺陷。这种缺陷如果发生在成型中，则常会使制品的外观质量受到损伤，例如表面出现闷光、麻面、波纹以至于裂纹等，有时制品的强度或其他性能也会劣变。当然，这些现象都是工艺条件、制品设计、设备设计和原料选择不当等所造成的。下面将简单地论述其中较为重要的原因。

(1) 管壁上的滑移

在分析聚合物流体在流道内的流动时，往往都有一个前提：贴近管壁一层的流动是不流动的（如水和甘油等低分子物在管道内的流动）。但是许多实验证明，塑料熔体在高剪切应力下的流动并非如此，贴近管壁处的一层流体会发生间断的流动，或称滑移。这样管内的整个流动就成为不稳定流动，即在熔体流程特定点上的质点加速度不等于零，或 $\partial v/\partial t\neq 0$。显然，这种滑移不仅会影响流率的稳定和在无滑移前提下的计算结果（通常比实际结果小5%左右），而且还说明了挤出过程中为何有时会发生挤出物出模膨胀不均、几何形状相同或相似以及仪器测定的同一种样品的流变数据不尽相同的原因。实验证明，滑移的程度不仅与聚合物品种有关，而且还与采用的润滑剂和管壁的性质有关。

(2) 端末效应

如前所述，不管是用哪种截面流道的流动方程，都只能用于稳态流动的流体，但是在流体由大管或贮槽流入小管后的最初一段区域内（见图 2-2-15 所示进口区），流体的流动不是稳态流动。这段管长 L_e，对聚合物熔体而言，根据实验确定大约等于 0.03～0.05ReD，Re 为雷诺准数，D 为管径。这一段管长内的压力降总比用式（2-2-16）算出的大，其原因在于：熔体由大管流入小管时，必须变形以适应在新的流道内流动。但聚合物熔体具有弹性，对变形具有抵抗能力，因此就须消耗适当的能量，即消耗适当的压力降来完成在这段管内的变形；其次，熔体各点的速度在大小管内是不同的，为调整速度，也要消耗一定的压力降。实验证明，在一般情况下，如果将式（2-2-16）中 L 改为（$L+3D$）来计算压力降，则由上面两种情况引起的压力降就可被包括在内。当然，也可用巴格利的方法进行严格的入口校正，读者可查阅有关资料，不再赘述。

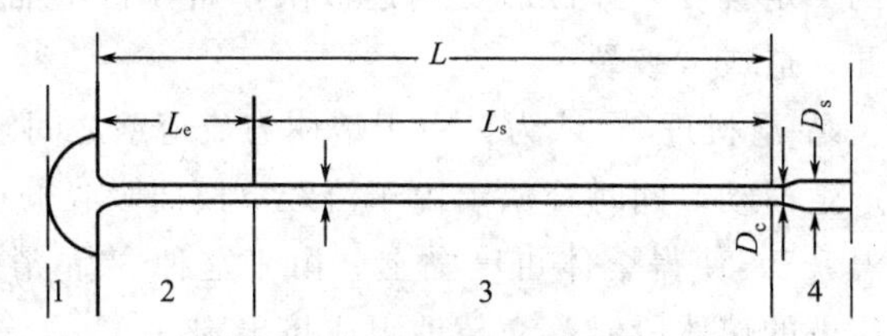

图 2-2-15 液体在圆管内流动分区图

1—大管或贮槽出口；2—小管进口区；3—小管稳态流动区；4—小管出口区

塑料熔体从流道流出时，料流有先收缩后膨胀的现象。如果是牛顿流体则只有收缩而无膨胀。收缩的原因除了物料冷却外，还由于熔体在流道内流动时，料流径向上各点的速度不相等，当流出流道后须自行调整为相等的速度。这样，料流的直径就会发生收缩，理论上收缩的程度可用式（2-2-31）表示

$$D_c/D=\sqrt{(m+2)/(m+3)} \tag{2-2-31}$$

式中，D_c 是料流在出口处的直径；D 为流道直径；m 为常数，其意义同指数定律中的 m 一致。对于牛顿流体，$m=1$，则 $D_c/D=0.87$，表明收缩率为 13%。如果是假塑性流体，则收缩率恒小于此值。由于后面紧接着料流发生膨胀，因此收缩现象常不易观察到。

挤出物的膨胀是由于弹性回复造成的。如果是单纯的弹性回复而且熔体组分均匀，温度恒定和符合流动规律，则这种膨胀可以通过复杂的计算求得。但是实际过程中这种情况极少。圆形流道中的聚合物熔体，其相对膨胀率约在 30%～100%之间。

(3) 弹性对层流的干扰

塑料熔体在成型过程中的雷诺准数通常均小于 10，故不应出现湍流。但事实却不尽然如此，因为它具有弹性，熔体在管内流动时，其可逆的弹件形变是在逐渐回复的。如果回复太大或过快，则流动单元的运动就不会限制在一个流动层，势必引起湍流，通常称为弹性湍流。弹性湍流的发生也有一定规律，对塑料熔体的剪切流动来说，只有当 γ_R（见式 2-1-29）的值超过 4.5～5 时才会发生。

(4) “鲨鱼皮症”

“鲨鱼皮症”是发生在挤出物表面上的一种缺陷。这种缺陷可自挤出物表面发生闷光起，变至表面呈现与流动方向垂直的许多具有规则和相当间距的细微棱脊为止。其起因有认为是

挤出口模对挤出物表面所产生的周期性张力，也有认为是口模对熔体发生时黏时滑的作用所带来的结果。根据研究得知：①这种症状不依赖于口模的进口角或直径，而且只能在挤出物的线速度达到临界值时才出现；②这种症状在聚合物相对分子质量低、相对分子质量分布宽，挤出温度高和挤出速率低时不容易出现；③提高口模末端的温度有利于减少这种症状，但与口模的光滑程度和模具的材料关系不大。

（5）熔体破碎

熔体破碎是挤出物表面出现凹凸不平或外形发生畸变或断裂的总称。发生熔体破碎的原因仍然是弹性，但是对其机理还没有完全了解清楚。有些现象还不能从分子结构观点加以解释，更谈不上对其预测和加以防范了。目前对其的解释是：在流动中，中心部位的聚合物受到拉伸，由于它的黏弹性在流场中产生了可回复的弹性形变，形变程度随剪切速率的增大而增大。当剪切速率增大到一定程度，弹性形变到达极限，熔体再不能够承受更大的形变了，于是流线发生周期性断开，造成“破裂”。

另一种解释仍然是“黏-滑机理”，认为：由于熔体与流道壁之间缺乏黏着力，在某一临界切应力以上时，熔体产生滑动，同时释放出由于流经口模而吸收的过量能量。能量释放后以及由于滑动造成的“温升”，使得熔体再度黏上。由于这种“黏-滑过程”，流线出现不连续性，使得有不同形变历史的熔体段错落交替地组成挤出物。

这些说法还有一些争论，没有争论的是：①熔体破碎只能在管壁处剪切应力或剪切速率达到临界值后才会发生。②临界值随着口模的长径比和挤出温度的提高而上升。③对大多数塑料来说，临界剪切应力约为10^5～10^6Pa。塑料品种和牌号不同，此临界值有所不同。④临界剪切应力随着聚合物相对分子质量的降低和相对分子质量分布幅度的增大而上升。⑤熔体破碎与口模光滑程度的关系不大，但与模具材料的关系较大。⑥如果使口模的进口区流线形化，常可以使临界剪切速度增大10倍或更多。⑦某些聚合物，尤其是高密度聚乙烯，显示有超流动区，即在剪切速率高出寻常临界值时挤出物并不出现熔体破碎的现象。因此，这些聚合物采用高速加工是可行的。

典型的熔体破碎例子见图2-2-16。在剪切速率$\dot{\gamma}$极低时，挤出物表面光滑（A），$\dot{\gamma}$逐渐增加，挤出物表面出现细纹（B）；进一步，出现粘连的螺峰（C）；当$\dot{\gamma}$再增大时，出现单个分离的螺峰（D）；随后出现振荡区，即螺峰与畸变相间。作用力大时为蜂，作用力小时为畸变（E）；经过振荡区后，畸变量大于螺峰量（F）；$\dot{\gamma}$足够高时，挤出物整体发生畸变（G）。

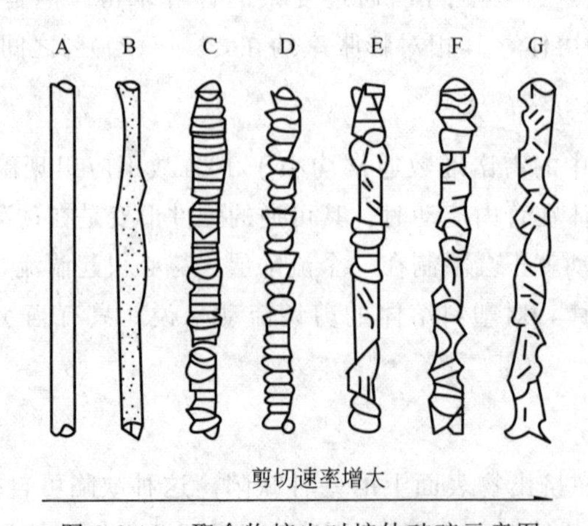

图2-2-16　聚合物挤出时熔体破碎示意图

2.3 任务3 LDPE吹塑膜的成型

2.3.1 任务简介

通过本任务的实施使学生掌握单螺杆挤出机的挤出机理；各种并通过LDPE吹塑膜的生产，了解吹塑需要控制的工艺条件，了解挤出吹塑成型常见的缺陷及改进方法；分析三种成型方法及工艺因素的控制的异同点。

2.3.2 知识准备

2.3.2.1 取向

(1) 取向单元

线形高分子具有高度的几何不对称性，它们的长度可能是宽度的几百、几千甚至几万倍。在外场作用下，高分子链沿外场方向作某种方式和某种程度的平行排列叫作取向。

非晶态高聚物的取向单元分两类：链段取向和分子链取向。链段取向时，链段沿外场方向平行排列，但分子链的排列可能是杂乱的。分子链取向时，整个分子链沿外场方向平行排列，但链段未必取向。高聚物的链段取向在高弹态——链段能自由运动但整个分子链的移动还很困难的状态时就能实现，而分子链的取向则只有在黏流态时才能进行。

取向过程是分子在外场作用下的有序化过程。外场除去之后，分子的热运动使分子趋向于无序化，即解取向。在热力学上解取向是自发过程，而取向必须依靠外场的帮助才能实现。因此高聚物的取向状态在热力学上是一种非平衡态。为了维持取向状态，必须在材料取向后把温度迅速降到玻璃化温度以下，使分子或链段的运动“冻结”起来之后才能撤去外场。这种“冻结”的取向状态不是热力学平衡状态，只有相对的稳定性。随着分子热运动的进行，终究要发生解取向。取向过程中取向快的单元，解取向也快，因而发生解取向时，链段先于分子链解取向。当温度足够低时，解取向过程进行得十分缓慢，则不易被觉察。

结晶高聚物中包括晶区和非晶区。晶区由晶片组成。就晶片本身而言，其中的链段或分子链彼此之间总是平行排列的。但是未取向结晶高聚物中，晶片的排列是无序的。因此对结晶高聚物来说：在外场作用下，除了发生非晶区的分子链或链段取向外，还有晶片的取向问题。

高聚物在通常条件下从熔融状态冷却结晶时，往往生成由折叠链晶片组成的球晶。在对结晶高聚物进行拉伸取向的过程中，球晶会经历弹性形变阶段和塑性形变阶段。在弹性形变阶段，球晶稍被拉长，但长短轴差别不大。在塑性形变的初始阶段，球晶被拉成细长椭圆形；到大形变阶段，球晶转变为带状结构。在球晶的外形变化中，内部晶片的重排机理有两种可能：一种可能是晶片发生倾斜、滑移、转动甚至破坏，部分折叠链被拉伸成伸直链，形成由沿外场方向取向的折叠链晶片和贯穿在晶片之间的伸直链组成的微丝结构（图2-3-1a）。另一种可能是原有的折叠链晶片被拉伸转化为伸直链晶体（图2-3-1b）。取向过程中的聚集态变化取决于结晶高聚物的类型和拉伸取向的条件（如温度、拉伸速度等）。在一般情况下，结晶高聚物取向后以微丝结构为主。

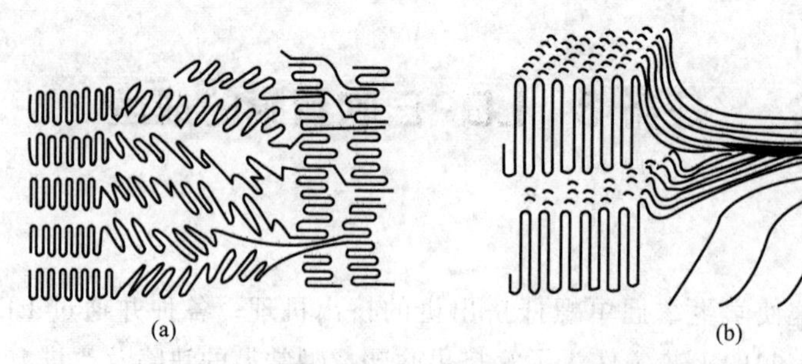

图 2-3-1 晶片在拉伸取向中的结构变化

结晶高聚物中晶片的取向在热力学上是稳定的，在晶体被破坏以前不可能发生解取向。

(2) 取向方式与取向高聚物的各向异性

按照外力作用的方式，高聚物的取向主要分单轴取向和双轴取向两大类。

单轴取向：材料只沿一个方向拉伸，长度增加，厚度和宽度减小。高分子链或链段倾向于沿拉伸方向排列（图 2-3-2a）。

双轴取向 材料沿两个互相垂直的方向拉伸，面积增加，厚度减小。高分子链或链段倾向于与拉伸平面平行排列。但在拉伸平面内分子的排列是无序的（图 2-1-1b）。

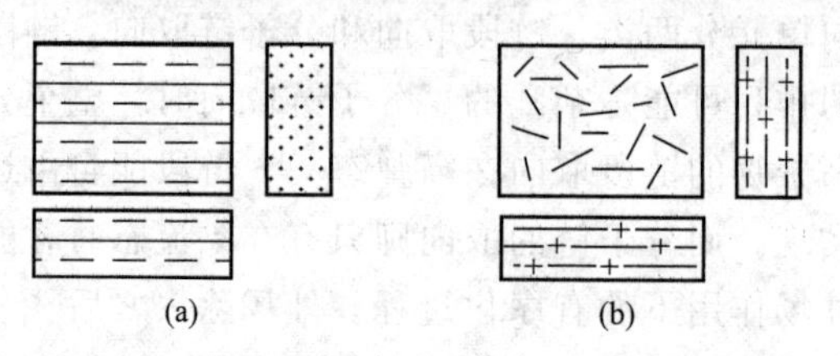

图 2-3-2 取向高聚物中分子链排列示意图

取向对材料性能最大的影响是造成材料的力学、光学和热性能的各向异性。造成各向异性的根本原因是沿高分子链方向原子之间以化学键连接，而在分子链之间以范德华力结合。材料未取向时，高分子链和链段的排列是无序的，因此呈各向同性。取向后，由于在取向方向上原子之间的作用力以化学键为主，而在与之垂直的方向上原子之间的作用力以范德华力为主，因此呈各向异性。

取向材料的力学各向异性表现为，取向方向上的模量、强度等比未取向时显著增大，而在垂直于取向的方向上，强度和模量降低。最直观的一个例子是目前广泛用作包扎绳的全同聚丙烯的单轴取向薄膜。这种薄膜在拉伸取向方向上（即包扎绳长度方向上）强度非常高，而在横方向上却十分容易撕开。对于只要求一维强度的纤维和薄膜，常常采用单向拉伸工艺来大幅度提高其拉伸强度。以尼龙为例，未取向时，拉伸强度为 70～80MPa，而经过拉伸取向的尼龙纤维，拉伸强度可高达 470～570 MPa。目前，一些研究工作者正在利用拉伸取向获得以伸直链晶体为主的超高模量和超高强度纤维。但是，高度取向的纤维弹性较差，出现僵硬现象。在实际应用中，要求使用的合成纤维既有高的强度，又有 10%～20%的弹性伸长。为了使纤维兼具高强度和适当的弹性，在加工中可以利用分子链取向和链段取向速度的不同，用慢的取向过程使整个高分子链得到良好的取向，以达到高强度，而后再用快的解取向过程使链段解取向，使纤维具有弹性。

高聚物经双轴拉伸后，在拉伸方向上的强度和模量均比未取向时高，但在未拉伸方向上强度下降。如果双轴拉伸时两拉伸方向上的拉伸比相同，则材料在拉伸平面内的力学性能差不多是各向同性的。一些要求二维强度高而平面内性能均匀的薄膜材料如电影胶卷片基、录音磁带和录像磁带等都是双轴拉伸薄膜。

取向与结晶虽然都与高分子的有序性有关，但是它们的有序程度不同。取向态是一维或二维有序的，而结晶态则是三维有序的。

（3）成型过程中的拉伸取向

聚合物的成型加工常常是在外场力的作用下进行的。比如热塑性塑料，在其玻璃化温度与熔点（或软化点）之间进行拉伸时，也会发生取向现象。显然，这些取向的单元，如果存在于制品中，则制品的整体就将出现各向异性。各向异性有时是在制品中特意形成的，如制造取向薄膜与单丝以及拉伸网格等，这样就能使制品沿拉伸方向的拉伸强度和抗蠕变性能得到提高；但在制造许多厚度较大的制品（如模压制品）时，又力图消除这种现象。因为制品中存在的取向现象往往是取向方向不一致，同时各部分的取向程度也有差别，这样会使制品在有些方向上的力学强度得到提高，而在另外一些方向上必会变劣，甚至发生翘曲或开裂。下面就热塑性塑料在拉伸过程中的取向现象进行简单的讨论。

成型过程中如果将聚合物分子设有取向的中间产品，在玻璃化温度与熔点之间的温度区域内，沿着一个方向拉伸，则其中的分子链段将在很大程度上沿着拉伸方向作整齐排列。也就是分子在拉伸过程中出现了取向。由于取向以及因取向而使分子链间吸引力增加的结果，拉伸并经迅速冷至室温后的制品在拉伸方向上的拉伸强度、抗蠕变等性能就会有很大的提高。例如聚苯乙烯薄膜的拉伸强度可由34MPa增至82MPa。假如制品厚度较小，则增加数值还可更高。对薄膜来说，既可以是单向拉伸（或称单轴拉伸），也可以是双向拉伸（或称双轴拉伸）。拉伸后的薄膜或其他制品，在重新加热时，将会沿着分子取向的方向（即原来的拉伸方向）发生较大的收缩。如果将拉伸后的薄膜或其他制品在张紧的情况下进行热处理，即在高于拉伸温度而低于熔点的温度区域内某一适宜的温度下加热若干时间（通常为几秒钟），而后急冷至室温，则所得的薄膜或其他制品的收缩率就降低很多。不是所有聚合物都适合拉伸取向的。目前已知能够拉伸并取得良好效果的有聚氯乙烯、聚对苯二甲酸乙二酯、聚偏二氯乙烯、聚甲基丙烯酸甲酯、聚乙烯、聚丙烯、聚苯乙烯以及某些苯乙烯的共聚物。

拉伸取向之所以要在聚合物玻璃化温度和熔点之间进行的原因是：分子在高于玻璃化温度时分子链段才具有一定的运动能力，这样，在拉应力的作用下，分子才能从无规线团中被拉伸应力拉开、拉直和在分子彼此之间发生移动。

实质上，聚合物在拉伸取向过程中的变形可分为三个部分。

① 瞬时弹性变形：这是一种瞬息可逆的变形，是由分子键角的扭变和化学键的伸长造成的。这一部分变形，在拉伸应力解除时，能全部恢复。

② 分子排直的变形：排直是分子中的链段运动使无规线团解开的结果，排直的方向与拉伸应力的方向相同。这部分的变形即所谓分子取向部分，是拉伸取向工艺要求的部分。它在制品的温度降到玻璃化温度以下后即行冻结而不能恢复。

③ 黏性变形：这部分的变形与液体的变形一样，是分子质心彼此滑动，也是不能恢复的。

当薄膜或其他制品在稍高于玻璃化温度进行快拉时，第一部分的弹性变形也就很快发生。而当第二部分的排直变形进行时，弹性变形就开始回缩。第三部分的黏性变形在时间上是一定落后于排直变形的。如果能在排直变形已相当大，而黏性变形仍然较小时就将薄膜或其他制品骤然冷却，这样就能在黏性变形较小的情况下取得排直变形程度较大的分子取向。假如将拉伸时的温度和骤冷所达到的温度均行提高，在这种情况下，即令拉伸保持不变，排直变形也相形见少。这是因为温度升高，黏性变形需要的松弛时间减小，黏性变形量变大。同时，在高温下，排直变形的松弛也要比在低温时多些。从这样的过程当然可以看出：拉伸取向是一个动态过程，一方面有分子被拉直，即分子无规线团被解开；而另一方面却又有分子在纠集成无规线团。

基于以上一些论述，可以扼要地将拉伸聚合物的情况归成几个通则。即：

① 在给定拉伸比（拉伸后的长度与原来长度的比）和拉伸速度的情况下，拉伸温度越低（不得低于玻璃化温度）越好。其目的是增加排直变形而减少黏性变形（见图 2-3-3）。

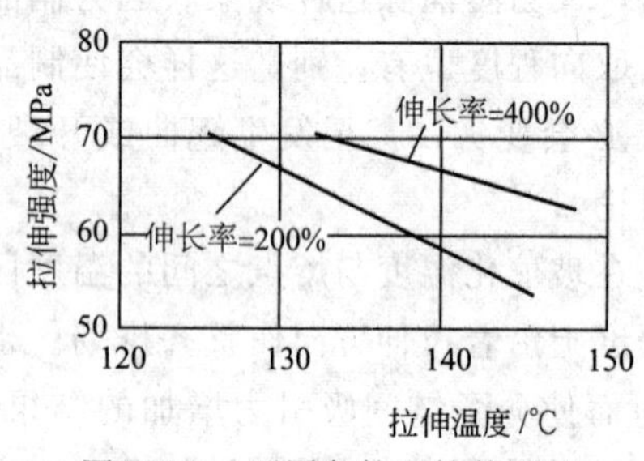

图 2-3-3 不同条件下拉伸聚苯乙烯薄膜的拉伸强度

② 在给定拉伸比和温度下，拉伸速度越大则所得分子取向的程度越高。

③ 在给定拉伸速度和温度下，拉伸比越大取向程度越高（见图 2-3-3）。

④ 不管拉伸情况如何，骤冷的速率越大，保持取向的程度越高。

在具体产品的拉伸取向过程中，对待无结晶倾向与有结晶倾向的聚合物是不同的。拉伸无结晶倾向的聚合物通常比较容易，只需按上述情况选择恰当的工艺条件即可。但尚需指出的有两点：①从实验结果证明，在相等的拉伸条件下，同一品种的聚合物，平均相对分子质量高的取向程度较相对分子质量低的要小。②拉伸过程有时是在温度梯度下降的情况下进行的。这样就可能使制品的厚度波动小些。因为在降温与拉伸同时进行的过程中，原来厚的部分比薄的部分降温慢，较厚的部分就会得到较大的黏性变形，从而减低了厚度波动的幅度。

如果拉伸取向的聚合物是有结晶倾向的，则对结晶在拉伸过程中的影响以及最后得到的产品中要不要使它含有结晶相等问题都需考虑。关于后一问题的回答是，制品中应该具有恰当的晶相。因为对具有结晶倾向的聚合物来说，如果由它制造的薄膜或单丝是属于无定形的，则在使用上并无多大价值，结晶而没有取向的产品一般性脆且缺乏透明性；取向而没有结晶或结晶度不足的产品具有较大的收缩性。如果是单丝，依然没有多大使用价值，而薄膜也只有用作包装材料。其中唯有取向而又结晶的在性能上较好，同时还具备透明性和收缩率小。控制结晶度的关键是最后热处理的温度与时间以及骤冷的速率。

结晶对拉伸过程的影响是比较复杂的。首先，要求拉伸前的聚合物中不含有晶相，这对某些具有结晶倾向的聚合物来说是困难的。例如聚丙烯等，因为它们的玻璃化温度部低至室温以下很多，即使是玻璃化温度较高的聚合物，例如聚对苯二甲酸乙二酯，如果在制造作为拉伸用的中间产品时的冷却不当，同样也含有晶相。含有晶相的聚合物，在拉伸时，不容易使其取向程度提高。因此在拉伸像聚丙烯这类聚合物时，为保证它们的无定形，拉伸温度应该定在它们结晶速率最大的温度以上和熔点之间，比如纯聚丙烯的结晶速率最大的温度约为150℃（工业用的有低至120℃的）；熔点为170℃（也有低至165℃的），所以拉伸温度即在150～170℃范围。因此，在对一种聚合物进行拉伸取向之前，应对该种聚合物的结晶行为有足够的了解。

其次，具有结晶倾向的聚合物，在拉伸过程中，伴有晶体的产生、结晶结构的转变（指拉伸前已存有晶相的聚合物）和晶片的取向。拉伸过程中的分子取向能够加速结晶的过程，这是晶体在较短时间（拉伸所需时间不长）就能够产生的缘故。加速的大小是随聚合物品种而异的。具有晶相的聚合物的拉伸，在拉伸中，会出现细颈区域（拉伸温度偏高时，可以没有这种现象），从而产生拉伸不均的现象，其原因在于细颈区的强度高。所以，如果在非细颈区没有完全变成细颈区时就进行次后的过程，则最终制品的性能即将因区而异，同时厚度的波动也大。如果拉伸时，在整个被拉的面上出现细颈的点不止一个，则问题更多。这些都是生产上应该重视的问题。拉伸时结晶结构转变的真相，现在还不很清楚，需要仔细的研究。实验证明，在拉伸取向时，晶体的c-轴是与拉伸方向一致的，但在挤出时则是a-轴与挤出方向一致，这是因为拉伸取向时已有晶体存在，而挤压时晶体尚不存在，晶体是后生的。

再次，具有结晶倾向的聚合物在拉伸时伴有热量产生，所以拉伸取向即使在恒温室内进行，如果被拉中间产品厚度不均或散热不良，则整个过程就不是等温的。由非等温过程制得的制品质量较差。因此，和前面所说无定形聚合物的拉伸取向一样，拉伸取向最好是在温度梯度下降的情况下进行。

热处理能够减少制品收缩，这在无结晶倾向的与有结晶倾向的两类聚合物中的本质上有些不同。对前者来说，热处理的目的在于使已经拉伸取向的中间制品中的短链分子和分子链段得到松弛，但是不能扰乱制品的主要取向部分。显然，扰不扰乱的界限是由温度来定的，所以热处理的温度应该定在能够满足短链分子和分子链段松弛的前提下尽量降低，以免扰乱取向的主要部分。对有结晶倾向的聚合物来说，如果按照以上所述进行考虑，当然不能说是错的，但是这样考虑毕竟是次要的。众所周知，结晶常能限制分子的运动。因此，这类聚合物中间制品的热处理温度和时间应定在能使聚合物形成的结晶度足以防止收缩的区城内。

2.3.2.2　挤出吹膜的工艺过程

塑料薄膜是最常见的塑料制品之一，它可用压延法、流延法和挤出法生产。挤出法生产薄膜又可分为平挤法和吹塑法两种。平挤法生产的薄膜厚度均匀、生产率高，是广泛应用的一种薄膜成型方法，但薄膜强度及透明度较差。吹塑法生产薄膜工艺简单、成本低，适于多种热塑性塑料的成型加工，所以，在薄膜生产中有重要地位。

用挤出吹塑法生产的薄膜厚度在0.01～0.25mm之间，展开宽度可达20m。能够采用吹塑法生产薄膜的塑料品种有PE、PP、PVC、PS、PA等，其中以前三类薄膜最为常见。

根据挤出时膜管引出方向的不同，吹塑薄膜的生产可分为上吹法、下吹法及平吹法（见图2-3-4）。上吹法应用最广，尤其适于PE、PVC宽幅薄膜的生产；下吹法一般与水冷方式相联系，常用于熔融黏度低的塑料以及PP、PA等需借助骤冷提高透明度的结晶型塑料的生产。平吹法采用的辅机结构简单，设备安装及操作都方便。但由于膜管上、下冷却不一致，膜管因自重下沉等原因造成薄膜厚度不均，因此，平吹法通常只用于幅宽在600mm以下的PE、PS、PVC薄膜的生产。

吹塑法生产薄膜的过程（如图2-3-4）可描述如下：塑料经挤出机塑化从环形狭缝式口模挤出成管坯，然后将一定量的压缩空气自机头下部进气口鼓入管内，使其径向膨胀，同时借助牵引辊对其进行纵向牵引，在冷却风环吹出的冷空气作用下逐步冷却定型，冷却后的膜管被人字板压成双层薄膜，经牵引辊等，最后被卷取装置卷起。牵引辊同时起到封存膜管内空气，保持膜管内压力恒定的作用。

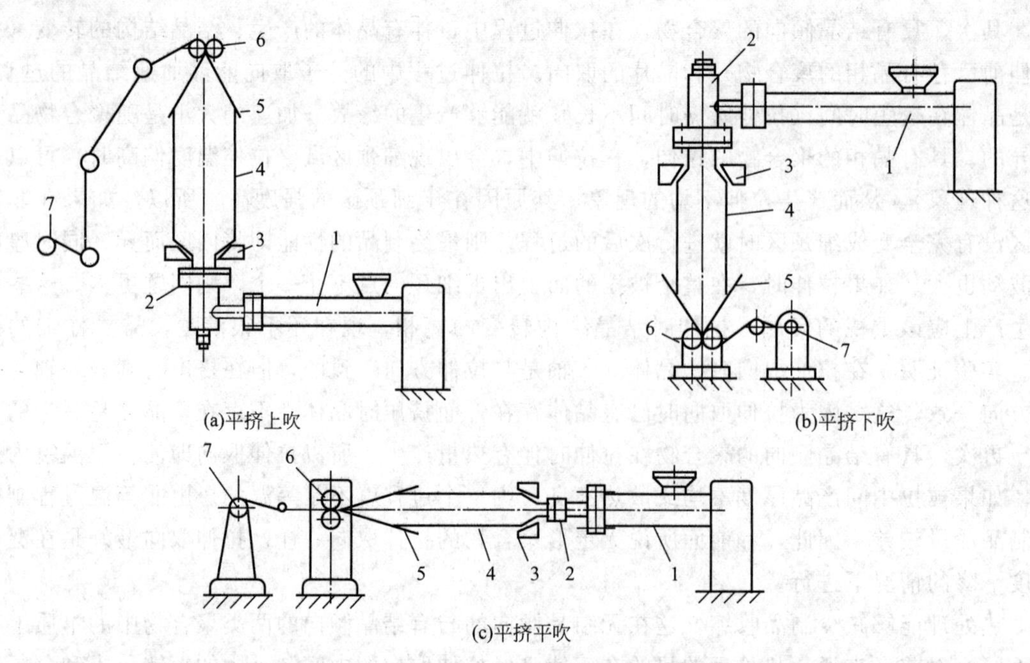

图 2-3-4　挤出吹塑类型

1—挤出机；2—机头；3—风环；4—管膜；5—人字板；6—牵引辊；7—卷取辊

2.3.2.3　挤出吹膜用设备

(1) 挤出机

生产挤出吹塑薄膜选用挤出机常为单螺杆挤出机，螺杆直径一般为 45～150mm，挤出机型号可由薄膜的折径和厚度尺寸而定。挤出机生产率由冷却速度和牵引速度控制。通常一种挤出机只适用于生产几种规格的薄膜。如选用不当，将影响产品质量及生产效率。螺杆直径、长径比与薄膜折径、薄膜厚度的关系见表 2-3-1。螺杆压缩比与原料种类之间的关系见表 2-3-2。

表 2-3-1　挤出机型号与薄膜尺寸

螺杆直径/mm×长径比	30×20	45×25	65×25	90×28	120×28	150×30
薄膜折径/$\times10^{-2}$mm	0.5～3	1～5	4～9	7～12	10～20	15～30
薄膜厚度/$\times10^{2}$mm	1～6	1.5～8	8.8～12	1～15	4～18	6～20

表 2-3-2　螺杆压缩比与原料种类

原料种类	压螺杆缩比	原料种类	螺杆压缩比
聚氯乙烯(粒)	3～4	聚丙烯	3～5
聚氯乙烯(粉)	3～5	聚苯乙烯	2～4
聚乙烯	3～4	聚酰胺	2～4

(2) 吹塑机头

吹塑机头使熔融物料在压力的作用下成为有一定厚度的膜管。它是决定薄膜厚度及外观质量的关键部件。吹塑薄膜用机头的结构形式很多，常见的为侧向进料的芯棒式机头、中心进料的十字机头、螺旋式机头（见图 2-3-5）、以及改进的旋转机头、与共挤出复合式机头等。目前除一些特殊产品生产个仍使用芯棒式机头和十字机头外，大部分采用螺旋线式机头。三种机头的特点及应用范围可参见表 2-3-3。

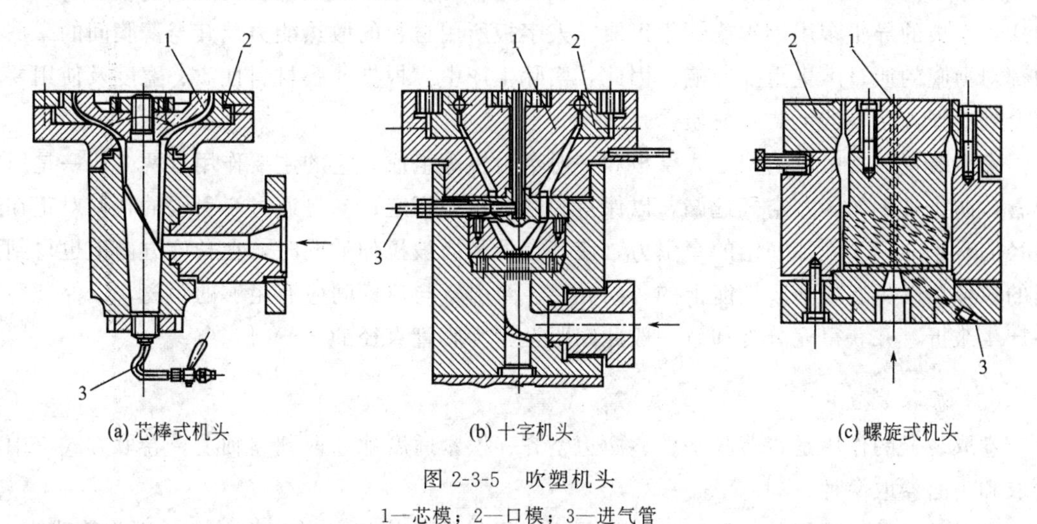

图 2-3-5　吹塑机头

1—芯模；2—口模；3—进气管

表 2-3-3　常用机头的特点及应用范围

机头类型	优点	缺点	应用范围
芯棒式机头	结构简单，制造方便，机头内不易存料，易拆装清理	芯棒易受侧向力而产生偏中现象，薄膜厚度不易控制，芯棒强度较低	主要用于热敏性塑料，如软 PVC 薄膜
十字机头	结构简单，出料均匀，薄膜厚度易控制	由于存在多个分流梭支架，薄膜中有多条熔接线，机头内存料多	主要用于成型 PE 窄膜
螺旋式机头	出料均匀、稳定，薄膜无熔接线，外观好，厚度易控制	结构较复杂，清理困难	应用范围广，可用于各种聚烯烃类薄膜

(3) 冷却定型装置

冷却定型装置虽然种类较多，但按其冷却部位大致可分为两类，即在膜管外面进行冷却的外冷系统和在膜管内表面进行冷却的内冷系统。外冷方式有水冷或（和）风冷，内冷方式多采用风冷。

国内采用的风冷装置主要是风环。风环分普通风环和双风口减压风环等形式。风环的作用在于将来自鼓风机的冷风均匀、定压、定量地输送到膜管周围，对其进行冷却。冷风的均匀性决定着薄膜厚度的均匀性，而冷却效率影响薄膜的生产速度。不管采用哪种形式的风环，只对膜管进行内或外的单面冷却，冷却效率总不够理想。国外已开发应用了内外双面冷却系统，冷却效率大大提高，薄膜的生产效率也成倍增加。

目前以水为介质进行的冷却仍应用较少，一般只在挤出吹塑 PP、PA 等种类塑料薄膜时有采用。

(4) 人字板及牵引装置

人字板是由两块板状结构物组成的人字形装置。两板间夹角可调，一般平吹法生产薄膜时，人字板夹角为 30°左右，上、下吹法生产薄膜时，其夹角为 40°左右。人字板的主要作用是稳定膜管，并将其逐渐压扁导入牵引辊，同时它还起到对薄膜进一步冷却的作用。

人字板的形式常见的有两类，即导辊式、抛光的硬木夹板式和抛光的不锈钢夹板式。导辊式人字板的导辊多用钢辊或铜辊组成。人字板所用材料的散热能力及其与薄膜间的摩擦系数都对薄膜的质量产生重要影响。因此，实际生产中应根据薄膜材料性质、宽度及使用要求等合理选择人字板的形式及材质。

牵引装置通常由牵引架、人字板和一对牵引辊等组成，它的主要作用有两个：一是压紧膜管，防止其中的压缩空气逸漏，以保持膜管内压力恒定；二是通过牵引辊的转动对正在进行径向吹胀的膜管施加一定的牵引力，使其在沿径向被拉伸的同时，在长度方向上也得到适当的拉伸，以免造成薄膜性能上的各向异性。牵引辊与口模间应有足够的距离，以保证薄膜不产生皱折，并获得充分冷却。一般此间距至少为膜管直径的3～5倍。

(5) 卷取装置

卷取装置的作用是将薄膜平整、两边整齐、松紧适度地卷取到卷轴上。卷取方式有中心卷取和表面卷取两种。

中心卷取是依靠驱动装置直接将力和速度提供给卷绕辊，卷绕辊转动，则将薄膜卷起。中心卷取时薄膜运动线速度随卷绕直径的增加而增大，因此，需加设张力调节机构，以保证薄膜运动速度与牵引速度同步。中心卷取对薄膜厚度无特殊要求。

表面卷取（又称摩擦卷取）时驱动装置首先将力和速度传给表面驱动辊，表面驱动辊与卷取辊接触，依靠两者间的摩擦力带动卷取辊卷取薄膜。表面卷取时。薄膜运动的线速度不随卷绕直径而变化，但当薄膜较薄时，表面驱动辊与卷取辊间的摩擦力可能对薄膜表面产生不良影响，因此、表面卷取通常用于厚型、宽幅薄膜的卷取。

(6) 切割装置

在人工上卷的情况下，一般用剪刀切割薄膜。在高速、自动化水平高的卷取情况下采用电动切割装置。对切割装置的要求是动作准确可靠，切断部分有利于上卷。目前普遍采用的切割装置有锯齿刀切割装置、闸刀切割装置、飞刀切割装置、电阻丝切割装置等，它们的工作原理这里不再详述。

2.3.2.4 LDPE的成型加工性能

低密度聚乙烯（LDPE）是聚乙烯塑料的一种，密度为0.91～0.925g/cm^3。用于吹塑聚乙烯薄膜一般选用熔融指数（*MI*）在2～6g/10min范围之间的聚乙烯原料。

2.3.3 任务实施

2.3.3.1 LDPE吹塑膜成型工艺条件的初步制定

(1) 挤出机温度

吹塑低密度聚乙烯（LDPE）薄膜时，挤出温度一般控制在160～170℃之间，且必须保证机头温度均匀。挤出温度过高，树脂容易分解，且薄膜发脆，尤其使纵向拉伸强度显著下降；温度过低，则树脂塑化不良，不能圆滑地进行膨胀拉伸，薄膜的拉伸强度较低，且表面的光泽性和透明度差，甚至出现像木材年轮般的花纹以及未熔化的晶核（鱼眼）。

(2) 吹胀比

吹胀比是吹塑薄膜生产工艺的控制要点之一，是指吹胀后膜泡的直径与未吹胀的管环直径之间的比值。吹胀比为薄膜的横向膨胀倍数，实际上是对薄膜进行横向拉伸，拉伸会对塑料分子产生一定程度的取向作用，吹胀比增大，从而使薄膜的横向强度提高。但是，吹胀比也不能太大，否则容易造成膜泡不稳定，且薄膜容易出现皱折。因此，吹胀比应当同牵引比配合适当才行，一般来说，低密度聚乙烯（LDPE）薄膜的吹胀比应控制在2.5～3.0为宜。

(3) 牵引比

牵引比是指薄膜的牵引速度与管环挤出速度之间的比值。牵引比是纵向的拉伸倍数，使薄膜在引取方向上具有定向作用。牵引比增大，则纵向强度也会随之提高，且薄膜的厚度变薄，但如果牵引比过大，薄膜的厚度难以控制，甚至有可能会将薄膜拉断，造成断膜现象。低密度聚乙烯（LDPE）薄膜的牵引比一般控制在4～6之间为宜。

(4) 露点

露点又称霜线，指塑料由黏流态进入高弹态的分界线。在吹膜过程中，低密度聚乙烯（LDPE）在从模口中挤出时呈熔融状态，透明性良好。当离开模口之后，要通过冷却风环对膜泡的吹胀区进行冷却，冷却空气以一定的角度和速度吹向刚从机头挤出的塑料膜泡时，高温的膜泡与冷却空气相接触，膜泡的热量会被冷空气带走，其温度会明显下降到黏流温度以下，从而使其冷却且变得模糊不清了。在吹塑膜泡上我们可以看到一条透明和模糊之间的分界线，这就是露点（或者称霜线）。

在吹膜过程中，露点的高低对薄膜性能有一定的影响。如果露点高，位于吹胀后的膜泡的上方，则薄膜的吹胀是在液态下进行的，吹胀仅使薄膜变薄，而分子拉伸取向程度低，这时的吹胀膜性能接近于流延膜。相反，如果露点比较低，则吹胀是在高弹态下进行的，此时，分子拉伸取向程度高，从而使吹胀膜的性能接近于定向膜。

2.3.3.2 观察与调整

由于塑料与设备上的差异，根据经验或资料初设的工艺条件通常没有达到最优值，因而在生产的过程中制品会出现各种形式的缺陷，针对这些缺陷，需要调整对应的工艺因素。表2-3-4列举了LDPE在吹膜生产中常见的制品缺陷、原因及处理方法，以便调整时加以参考。

表2-3-4 生产LDPE薄膜时常见的制品缺陷，原因及处理方法

缺陷类型	产生原因	解决办法
膜泡中有变色的斑点或破洞	1.加热温度过高，受热时间过长 2.机头口模存在死角致使物料分解	1.降低机头口模温度，提高挤出速度 2.改进机头，口模设计，消除死角
僵块超标	1.物料塑化不均 2.添加剂颗粒过大 3.*MI*相差过大的树脂混合	1.提高料筒温度或螺杆速度 2.研磨固体添加剂 3.改进配方
薄膜厚度不均匀	1.模口四周温度不均匀 2.模口间隙不均匀 3.膜泡冷却不均匀 4.冷凝线过高 5.膜泡抖动 6.挤出速度不稳定	1.检修模口加热器 2.调整模口间隙 3.调整风环方向 4.降低冷凝线 5.检查风环，调节风量 6.检查驱动装置及料斗下料装置

续表

缺陷类型	产生原因	解决办法
表面发毛,有僵条,花纹	1. 熔体温度过高 2. 物料中有杂质 3. 过滤网破裂	1. 降低料筒速度或螺杆转速 2. 清理杂质 3. 更换过滤网
膜泡冷凝线过高	1. 口模温度过高 2. 挤出速度过低 3. 风环	1. 提高口模温度 2. 提高挤出速度 3. 减少风量
膜泡偏离中心	1. 口模侧向力大 2. 模唇局部受损,模口间隙不均匀 3. 料筒温度过高 4. 风环风量不均匀	1. 校正芯棒位置 2. 修补模唇,调整模口间隙 3. 降低料筒温度 4. 调节风结构使风量均匀
膜泡呈葫芦状	1. 牵引辊过松 2. 风力不均或过大 3. 挤出速度不稳定 4. 牵引摆动或牵引速度不均匀	1. 拧紧牵引辊 2. 调节风环风量 3. 调整螺杆转速使稳定 4. 检修牵引装置
膜皱褶	1. 口模与人字板中心偏移 2. 人字板张开角度不恰当 3. 冷凝线过高或过低 4. 薄膜不均匀 5. 吹胀比过大 6. 膜泡到达夹辊处温度太低 7. 牵引辊两端压力不均匀 8. 受环境风的影响	1. 调整人字板位置 2. 调整人字板张开角 3. 调节成型温度,螺杆转速或风环风量 4. 调节模口间隙 5. 减少吹胀比 6. 减少风量或降低牵引辊速度 7. 调节牵引辊压力 8. 稳定环境气流
薄膜中有挂料线条纹	1. 口模定型区有杂质或分解物 2. 模唇表面划伤	1. 清理口模 2. 修理或更换口模
薄膜中有熔合线条纹	1. 口模压缩比小 2. 料筒与口模温度不协调 3. 不同 *MI* 的物料交替使用	1. 改进口模设计 2. 调整料筒及口模温度 3. 选用同一牌号树脂
薄膜中有线状条纹	1. 模套、模芯加工粗糙 2. 人字板、牵引辊上有脏物 3. 树脂中混有少量不同 *MI* 的树脂	1. 提高加工精度 2. 清理人字板和牵引辊 3. 改进配方
薄膜纵向开裂	1. 牵引比过大 2. 膜泡中存在纵向薄层	1. 降低牵引比,加大吹胀比 2. 调整口模间隙,清理或修整口模
薄膜中有水纹、云雾斑,并且表面粗糙	1. 物料温度过低或过高 2. 螺杆结构不合理或转速过高 3. 螺杆冷却不充分 4. 过滤网孔过大或层数不够 5. 物料水分含量过高 6. 树脂中夹杂有高分子量或分子量分布窄的难塑化物料	1. 调节料筒温度 2. 改进螺杆设计或提高螺杆转速 3. 加大冷却水通量 4. 改用小孔过滤网或增加网层 5. 干燥物料 6. 改进配方
薄膜开口	1. 成型温度过高 2. 膜泡冷却不好 3. 夹辊加持力过大	1. 降低成型温度特别是口模温度 2. 增大风环风量或降低挤出速度 3. 减少夹辊夹持力
断膜	1. 口模或连接器温度不合理 2. 熔体中混有杂质或分解物 3. 过滤网或口模堵塞 4. 断料 5. 牵引比过大 6. 厚薄不均或吹胀比过大	1. 调整口模或连接器温度 2. 清理口模或更换树脂 3. 清洗过滤网或口模 4. 检查料斗下料情况 5. 降低牵引速度 6. 调整薄膜厚度或减少吹胀比

续表

缺陷类型	产生原因	解决办法
卷绕不平整	1. 薄膜厚度不均匀 2. 有皱褶 3. 夹辊两端压力不平衡 4. 卷绕速度不均匀	1. 调整口模间隙 2. 按上述消除皱褶法处理 3. 调节夹辊两端压力 4. 调整卷曲装置
僵块超标	1. 物料塑化不均 2. 添加剂颗粒过大 3. *MI* 相差过大的树脂混合	1. 提高料筒温度或螺杆速度 2. 研磨固体添加剂 3. 改进配方
表面发毛,有僵条,花纹	1. 熔体温度过高 2. 物料中有杂质 3. 过滤网破裂	1. 降低料筒速度或螺杆转速 2. 清理杂质 3. 更换过滤网
膜泡冷凝线过高	1. 口模温度过高 2. 挤出速度过低 3. 风环	1. 提高口模温度 2. 提高挤出速度 3. 减少风量
薄膜透明度差	1. 物料塑化不充分 2. 冷凝线过低 3. 牵引速度过快 4. 吹胀比过小	1. 提高料筒温度或螺杆转速 2. 提高冷凝线高度 3. 提高牵引速度 4. 增大吹胀比
折痕开裂	1. 吹胀比与牵引比不匹配 2. 夹辊压力过高 3. 夹辊表面过硬 4. 夹辊处膜温过低	1. 调整吹胀比与牵引比 2. 降低夹辊压力 3. 改用软质夹辊 4. 提高口模温度,牵引速度或减少风量

2.3.4 知识拓展——平挤双向拉伸薄膜

利用挤出成型制造塑料薄膜也可不用环形口模的机头而用扁平机头。由扁平机头挤出（通称平挤）的挤出物经过冷却、碾光等所取得的薄膜不仅在厚薄公差上比吹塑薄膜小，生产率也高，而且在应用上也较广泛。但强度和透明度却较差，这是因为吹塑薄膜中的聚合物分子已在制造中获得纵横定向的结果。如果使用扁平机头再辅以适当的装置使所得薄膜中聚合物分子在纵横两向上发生恰当的定向，则薄膜性能就较为优越。

应该指出，虽然由平挤拉伸和吹塑所制出的薄膜都是双轴定向的，而且用前一种方法能使薄膜厚薄公差的控制容易和产率提高，但吹塑设备较简单，制品也较便宜，所以就生产方法和制品的应用来说，仍有其特定的地位。

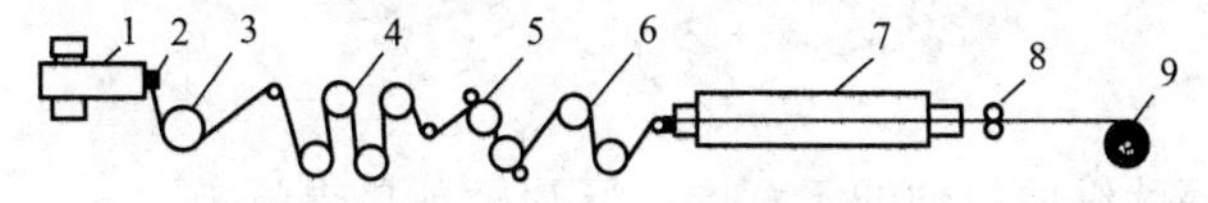

图 2-3-6 平挤拉伸法流程图

1—挤出机；2—口模；3—冷却辊；4—预热辊；5—纵向拉伸；6—冷却辊；7—横向拉伸；8—切边；9—卷取

图 2-3-6 所示为平挤拉伸法的一种装置。塑料熔体由扁平机头挤成厚片后（使用聚酯时，也有用计量泵将反应釜中合成的液状树脂送入窄缝形口模直接作成厚片的），被送至不同转速的一组拉伸辊上进行纵向拉伸。拉伸辊须预热使薄膜具有一定的温度（熔点以下），

拉伸比一般控制在 4∶1 至 10∶1 之间。经过纵向拉伸的薄膜再送至拉幅机上作横向拉伸。拉幅机主要由烘道、导轨和装置夹钳的链条组成。导轨根据拉伸要求而张有一定的角度，为了满足变更拉伸比，张角的大小可进行调整。准备作横向拉伸的薄膜由夹钳夹住而沿导轨运行，即可使被加热的薄膜强制横向拉伸。烘道通常采用热风对流和红外线加热，要求有精确的温度控制。薄膜离开拉幅机后即进行冷却、切边和卷取。

(1) 挤出机

挤出机除大小应符合规定要求外，还应保证挤出的物料塑化和温度均匀及料流无脉动现象，否则会给制品带来瑕疵或（和）厚薄不匀。

(2) 机头和口模

机头为中心进料的窄缝形机头，如图 2-3-7 所示。这种机头的结构特点是，模唇部分十分坚实或加有特殊装置，以克服塑料熔体形成的内压、防止模唇变形，以免引起制品厚度不均。口模的平直部分应较长，通常不小于 16mm。较长的理由在于增大料流的压力以提高薄膜质量，去除料流中的拉伸弹性，有利于制品厚度的控制。

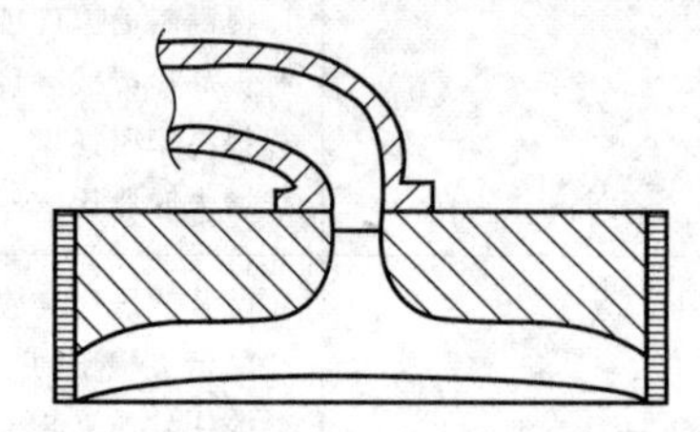
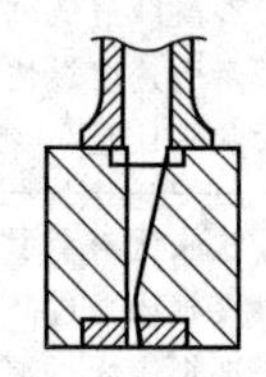

图 2-3-7　中心进料的窄缝形机头

(3) 厚片的冷却

用于双向拉伸的厚片应该是无定形的。工艺上为达到这一目的对结晶性聚合物（如聚酯、聚丙烯等）所采取的措施是在厚片挤出后立即实行急冷。急冷是用冷却转鼓进行的。冷却转鼓通常用钢制镀铬的，表面应十分光洁，其中有通道通入定温的水来控制温度，聚酯为 60～70℃。挤出的厚片在离开口模一短段距离（<15mm）后，引上稳速旋转和冷却的转鼓，并在一定的方位撤离转鼓。

口模与冷却转鼓最好是顺向排列。冷却转鼓的线速度与机头的出料速度大致同步而略有拉伸。若挤离口模的厚片贴于冷却转鼓后出现发皱现象，应仔细调整冷却转鼓与口模间的位置和挤出速率。

厚片厚度大致为拉伸薄膜的 12～16 倍。将结晶性聚合物制成完全不结晶的厚片是困难的。因此在工艺上允许有少量的结晶，使结晶度应控制在 5%以下。厚片的横向厚度必须严格保持一致。

(4) 纵向拉伸

图 2-3-8 为聚酯厚片纵向拉伸的示意图。厚片经预热辊筒 1、2、3、4、5 预热后，温度达到 80℃左右，接着在 6、7 两辊之间被拉伸。拉伸倍数等于两拉伸辊的线速比。拉伸辊温度为 80～100℃。温度过高会出现粘辊痕迹，影响制品表面质量，严重时还会引起包辊；温度过低则会出现冷拉现象，厚度公差增大，横向收缩不稳定，在纵横拉伸的接头处易发生脱夹和破膜现象。纵拉后薄膜结晶度增至 10%～14%。

纵拉后的薄膜进入冷却辊 7、8、9 冷却。冷却的作用一是使结晶迅速停止，并固定分子

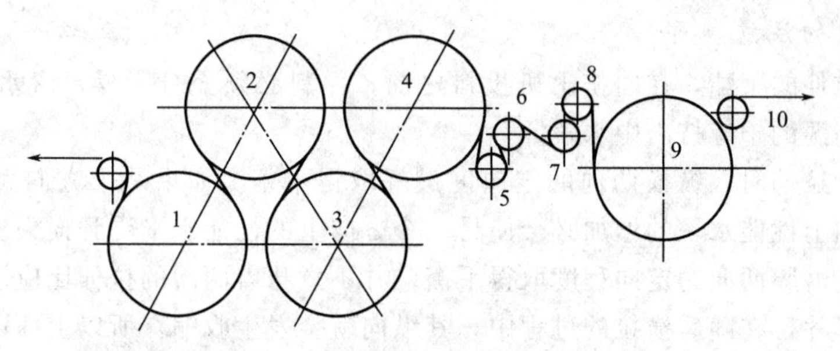

图 2-3-8　聚酯薄膜纵向拉伸示意图

的取向结构，二是张紧厚片，避免发生回缩。由于冷却后须立即进入横向拉伸的预热段，所以冷却辊的温度不宜过低，一般控制在塑料的玻璃化温度左右。

(5) 横向拉伸

纵拉后，厚片即送至拉幅机进行横向拉伸。拉幅机分预热段和拉伸段两个部分，如图2-3-9所示的前面两段。

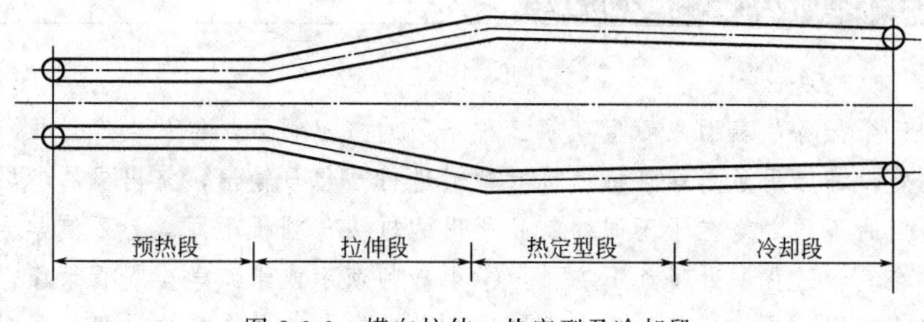

图 2-3-9　横向拉伸、热定型及冷却段

预热段的作用是将纵拉后的厚片重新加热到玻璃化温度以上。进入拉伸段后，导轨有10°左右的张角，使厚片在前进中得到横向拉伸。横拉倍数为拉幅机出口处宽度与纵拉后薄膜宽度之比。拉伸倍数一般较纵拉时小，约在2.5～4之间。拉伸倍数超过一定限度后，对薄膜性能的提高即不显著，反而易引起破损。横向拉伸后，聚合物的结晶度增至20%～25%。

(6) 热定型与冷却

热定型所采用的温度至少应比聚合物最大结晶速率温度高10℃。在进入热定型段之前拉伸的薄膜需先经过缓冲段。缓冲段宽度与拉伸段末端相同，温度只稍高于拉伸段。缓冲段的作用是防止热定型段温度直接影响拉伸段，以便拉伸段温度能够得到严格控制。为了防止破膜，热定型段宽度应稍有减小，因为薄膜宽度在热定型过程中升温时会有收缩，但又不能任其收缩，因此必须在规定限度内使拉伸薄膜在张紧状态下进行高温处理，即热定型。经过热定型的制品，其内应力得到消除，收缩率大为降低，机械强度和弹性也都得到改善。

热定型后的薄膜温度较高，必须冷却至室温，以免成卷后热量难以散失，引起薄膜的进一步结晶、解除定向与老化。最后所得制品的结晶度约40%～42%。

(7) 切边和卷取

冷却后的薄膜，经切边后即可由卷绕装置进行卷取。切边是必要的，由于薄膜是靠夹钳钳住边缘进行拉幅的，因此边缘总比其余部分厚。

(8) 操作时的注意事项

用于双向拉伸的聚酯，在向挤出机投料之前，原料必须充分干燥，含水量制在0.02%以下，以防在高温的塑炼挤出中水解。

对厚片进行拉伸时，纵横两向的定向度最好取得平衡。如果一个方向大于另一个方向时，则一个方向上性能水平的增加必会使另一个方向上的性能水平受到损失。在先纵拉后横拉的工艺中，使薄膜两向的定向程度取得平衡，并不意味着两向的拉伸比应该相等。因为先经纵向拉伸的厚片，在随后横拉的过程中，其纵向就会发生收缩，所以上面说横向拉伸比应该较纵向拉伸比小。生产时所用两向拉伸比都是实验确定的。

此外，纵向拉伸的厚片既会在横向拉伸时发生纵向收缩，则很难指望薄膜的中心与边缘两部分会取得相同的收缩。因此，就能造成薄膜成品的厚薄偏差。所以，挤出机所采用的厚片的中心厚度最好比它的边缘大15%左右，使最终薄膜的厚度偏差较小。

教学设计及教学方法

本模块的三个任务从表面上看生产了三种不同的挤出制品，但从生产过程与设备上看它们具有相同之处，都应用了单螺杆挤出机对塑料进行塑化与输出，挤出机的参数设置与操作是相同的；它们的不同之处在于不同的制品所用的机头与辅机不同。为了使学生最终能够操作这些设备，在教学过程中做了如下安排：①由教师演示或组织学生观看录像，了解生产过程与设备。在此期间学生应记录设备所设置的参数、设备的整个操作过程；同时思考参数设置的依据。②教师对整个产品生产过程、设备、机理进行讲解，使学生明确设备操作需要设置的参数与设置依据。③针对具体产品的生产，学生应提供设置参数的初值，复述设备的操作过程，在教师确认、监看的情况下方可实施操作。④对产品质量进行分析，并对常见缺陷提出改进措施。

在整个模块的教学过程中所涉及的教学方法有：讲授法、问题法、项目教学法、任务驱动教学法等。在整个教学过程中，各种方法相互穿插，教师通过讲授法给学生提供一个理论框架，同时教师能够有针对性地教学，有利于帮助学生全面、深刻、准确地掌握教材；运用任务驱动教学法可使学生的学习目标明确，学生主体性地位得到了凸显，符合素质教育和创新教育的发展趋势。

模块 3 热塑性塑料制品的注射成型

注射成型是热塑性塑料常用的一种成型方法。在本模块里，为了使学生很好地学习与应用注射成型的知识，将课程与实践内容分解为三个任务。其中任务 1 是本模块的基础，它主要介绍了注射成型用设备、注塑过程和工艺因素，完成了以 PP 为原料的制品的工艺条件的制定与调试；任务 2 介绍了完整的注塑工艺过程，并以 PC 为原料对整个工艺过程进行实践；任务 3 是学生独立实践的部分，要求学生根据原料（PA6）与塑件、模具的特点制定出制品生产的工艺过程与工艺条件。通过以上三个任务的实施，使学生掌握注射成型的工艺过程与工艺控制因素；基本具备常见塑料工艺条件的制定及塑件缺陷的分析与改进的能力。

3.1 任务 1　PP 塑件的注射成型

3.1.1　任务简介

通过视频、动画及教师介绍认识注射成型的设备、注塑过程、工艺因素；通过教师的操作了解注塑机的基本操作方法，了解试生产中塑件产生缺陷的原因及改进的方法，了解工艺因素对产品质量的影响。

3.1.2　知识准备

3.1.2.1　注射成型概述

注射成型又称注射模塑或简称注塑，是成型塑料制品的一种重要方法。几乎所有的热塑性塑料及多种热固性塑料都可用此法成型。用注射模塑可成型各种形状、尺寸、精度和满足各种要求的模制品。

注塑制品约占塑料制品总量的 20%～30%，尤其是塑料作为工程结构材料的出现，使注塑制品的用途从民用扩大到国民经济各个领域，并将逐步代替传统的金属和非金属材料的制品，包括各种工业配件、仪器仪表零件结构件、壳体等。在尖端技术中，也是不可缺少的。

注射模塑的过程是，将粒状或粉状塑料从注射机（见图 3-1-1）的料斗送进加热的料筒，经加热熔化呈流动状态后，由柱塞或螺杆的推动，使其通过料筒前端的喷嘴注入闭合塑模中。充满塑模的熔料在受压的情况下，经冷却（热塑性塑料）或加热（热固性塑料）固化后即可保持注塑模型腔所赋予的形样。打开模具取得制品，在操作上即完成了一个模塑周期。

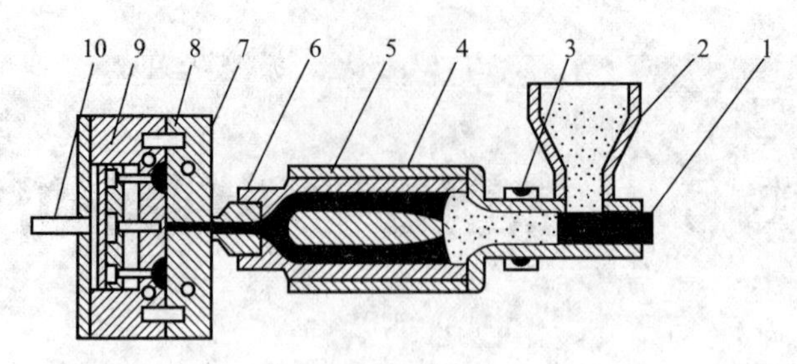

图 3-1-1　注射机和塑模的剖面图

1—柱塞；2—料斗；3—冷却套；4—分流梭；5—加热器；6—喷嘴；
7—固定模板；8—制品；9—活动模板；10—顶出杆

以后是不断重复上述周期的生产过程。

注射成型的一个模塑周期从几秒至几分钟不等，时间的长短取决于制品的大小、形状和厚度，注射成型机的类型以及塑料品种和工艺条件等因素。每个制品的质量可自 1g 以下至几十千克不等，视注射机的规格及制品的需要而异。

注塑具有成型周期短，能一次成型外形复杂、尺寸精确、带有嵌件的制品，对成型各种塑料的适应性强，生产效率高，易于实现全自动化生产等一系列优点，是一种比较经济而先进的成型技术，发展迅速，并将朝着高速化和自动化的方向发展。

注塑是通过注射机来实现的。注射机的类型很多，无论哪种注射机，其基本作用均为：①加热塑料，使其达到熔化状态；②对熔融塑料施加高压，使其射出而充满模具型腔。为了更好地完成上述两个基本作用，注射机的结构已经历了不断改进和发展。

最早出现的柱塞式注射机结构简单，是通过料筒和活塞来实现塑化与注射两个基本作用的，但是温度控制和压力控制比较困难。后来出现的单螺杆定位预塑注射机（图 3-1-2），由预塑料筒和注射料筒相衔接而组成。塑料首先在预塑料筒内加热塑化并挤入注射料筒，然后通过柱塞高压注入模具型腔。这种注射机加料量大，塑化效果得到显著改善，注射压力和速度较稳定，但是操作麻烦、结构比较复杂，所以应用不广。

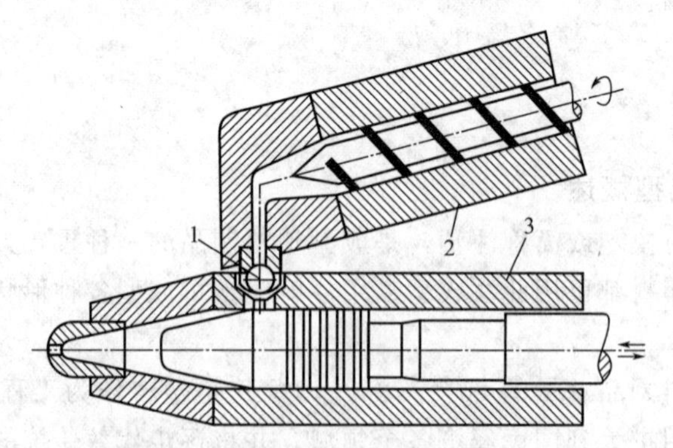

图 3-1-2　单螺杆定位预塑注射机结构示意图

1—单向阀；2—单螺杆定位预塑料筒；3—注射料筒

其后出现的移动螺杆式注射机，它是由一根螺杆和一个料筒组成的（图 3-1-3）。加入的塑料依靠螺杆在料筒内的转动而加热塑化，并不断被推向料筒前端靠近喷嘴处，因此螺杆在转动的同时就缓慢地向后退移，退到预定位置时，螺杆即停止转动。此时，螺杆接受液压油缸柱塞传递的高压而进行轴向位移，将积存在料筒端部的熔化塑料推过喷嘴

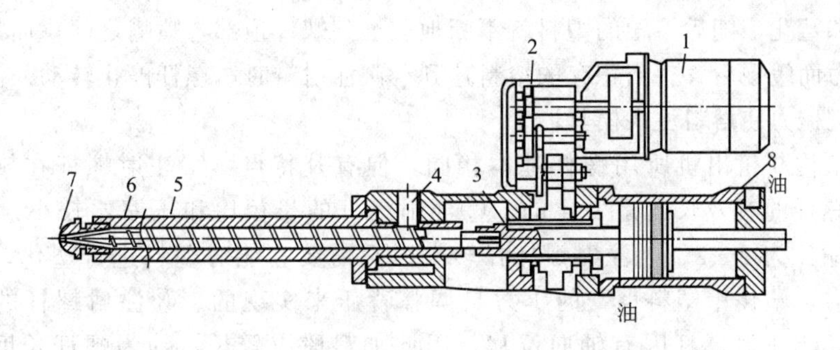

图 3-1-3 移动螺杆式注射机结构示意图

1—电动机；2—传动齿轮；3—滑动键；4—进料口；5—料筒；
6—螺杆；7—喷嘴；8—油缸

而以高速注射入模具。移动螺杆式注射机的效果几乎与预塑注射机相当，但结构简化，制造方便，与柱塞式注射机相比，可使塑料在料筒内得到良好的混合和塑化，不仅提高了模塑质量，还扩大了注射成型塑料的范围和注射量。因此，移动螺杆式注射机在注射机发展中获得了压倒性的优势。

目前工厂中，广泛使用的是移动螺杆式注射机，但还有少量柱塞式注射机。一般用于生产60g以下的小型制件，对模塑热敏性塑料，流动性差的各种塑料，中型及大型注射机则多用移动螺杆式。因此本章节内容也将以这两种设备和其成型热塑性塑料的工艺为限。

3.1.2.2 移动螺杆式注射机的结构

移动螺杆式注射机都是由注射系统、锁模系统和注塑模具三大部分组成的，现分述如下。

（1）注射系统

它是注射机最主要的部分，其作用是使塑料均化和塑化，并在很高的压力和较快的速度下，通过螺杆或柱塞的推挤将均化和塑化好的塑料注射入模具。注射系统包括：加料装置、料筒、螺杆（柱塞式注射机则为柱塞和分流梭）及喷嘴等部件。

1）加料装置　小型注射机的加料装置，通用与料筒相连的锥形料斗。料斗容量约为生产1～2h的用料量，容量过大，塑料会从空气中重新吸湿，对制品的质量不利，只有配置加热装置的料斗，容量方可适当增大。使用锥形料斗时，如塑料颗粒不均，则设备运转产生的振动会引起料斗中小颗粒或粉料的沉析，从而影响料的松密度，造成前后加料不均匀。这种料斗用于柱塞式注射机时，一般应配置定量或定容的加料装置。大型注射机上用的料斗基本上也是锥形的，只是另外配有自动上料装置。

2）料筒　为塑料加热和加压的容器，因此要求料筒能耐压、耐热、耐疲劳、抗腐蚀、传热性好，螺杆式注射机因为有螺杆在料筒内对塑料进行搅拌，料层比较薄，传热效率高，塑化均匀，一般料筒容积只需最大注射量的2～3倍。

料筒外部配有加热装置，一般将料筒分为2～6个加热区，使能分段加热和控制。近料斗一端温度较低，靠喷嘴端温度较高。料筒各段温度是通过热电偶显示和恒温控制仪表来精确控制的。料筒内壁转角处均应做成流线形，以防存料而影响制品质量。料筒各部分的机械配合要精密。

3）螺杆　螺杆是移动螺杆式注射机的重要部件。它的作用是对塑料进行输送、压实、塑化和施压。螺杆在料筒内旋转时，首先将料斗来的塑料卷入料筒，并逐步将其向前推送、压实、排气和塑化，随后熔融的塑料就不断地被推到螺杆顶部与喷嘴之间，而螺杆本身则因受熔料的压力而缓慢后移。当积存的熔料达到一次注射量时，螺杆停止转动。注射时，螺杆传递液压或机械力使熔料注入模具。

螺杆的结构与挤出机所用螺杆基本相同，但有其特点：①注射螺杆在旋转时有轴向位移，因此螺杆的有效长度是变化的。②注射螺杆的长径比和压缩比较小。一般 $L/D=16\sim20$，压缩比为 2～2.5。注射螺杆在转动时只需要它能对塑料进行塑化，不需要它提供稳定的压力，塑化中塑料承受的压力是调整背压来实现的。③注射螺杆的螺槽较深以提高生产率。④注射螺杆因有轴向位移，因此加料段应较长，约为螺杆长度的一半，而压缩段和计量段则各为螺杆长度的四分之一。典型的注射螺杆如图 3-1-4 所示。⑤为使注射时不致出现熔料积存或沿螺槽回流的现象，对螺杆头部的结构应该考虑。熔融黏度大的塑料，常用锥形尖头的注射螺杆，如图 3-1-5 所示。采用这种螺杆，还可减少塑料降解。对黏度较低的塑料，需在螺杆头部装一止逆环（如图 3-1-6 所示），当其旋转时，熔料即沿螺槽前进而将止逆环推向前方，同时沿着止逆环与螺杆头的间隙进入料筒的前端。注射时，由于料筒前端熔料的压力升高，止逆环被压向后退而与螺杆端面密合，从而防止物料回流。

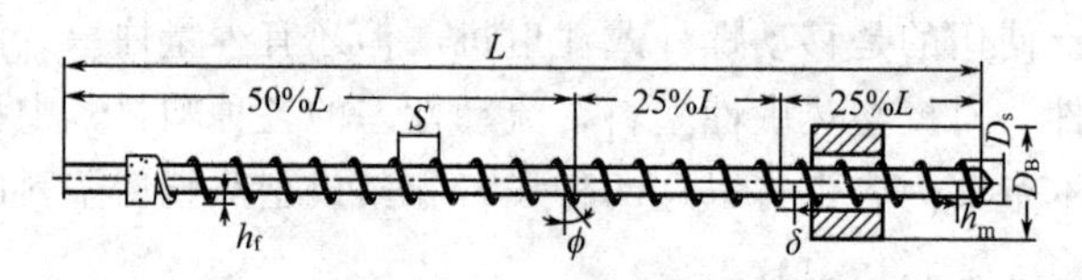

图 3-1-4　注射用螺杆

D_B—料筒外径；h_m—计量段螺槽深度；D_s—螺杆公称直径；L—螺杆总长度；ϕ—螺纹角；δ—径向间隙；S—螺距；L/D—长径比，$D=D_s$；h_F—进料段螺槽深度；h_f/h_m—压缩比

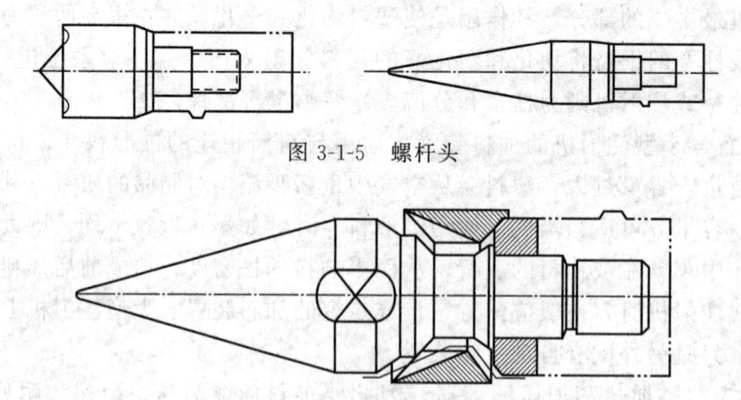

图 3-1-5　螺杆头

图 3-1-6　带止逆环的螺杆头

4）喷嘴　喷嘴是连接料筒和模具的过渡部分。注射时，料筒内的熔料在螺杆或柱塞的作用下，以高压和快速流经喷嘴注入模具。因此喷嘴的结构形式、喷孔大小以及制造精度将影响熔料的压力和温度损失，射程远近、补缩作用的优劣以及是否产生流涎现象等。目前使用的喷嘴种类繁多，且都有其适用范围，这里只讨论用得最多的三种。

① 直通式喷嘴 这种喷嘴呈短管状，如图 3-1-7 所示，熔料流经这种喷嘴时压力和热量损失都很小，而且不易产生滞料和分解，所以其外部一般都不附设加热装置。但是由于喷嘴体较短，伸进定模板孔中的长度受到限制，因此所用模具的主流道应较长。为弥补这种缺陷

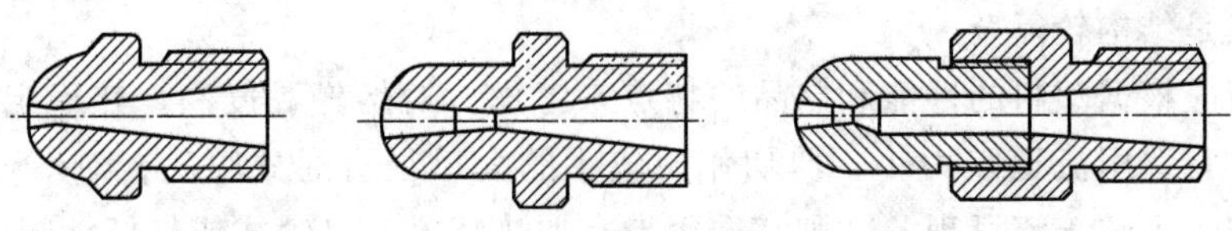

图 3-1-7 直通式喷嘴与延伸式喷嘴

而加大喷嘴的长度，成为直通式喷嘴的一种改进形式，又称为延伸式喷嘴。这种喷嘴必须添设加热装置。为了滤掉熔料中的固体杂质，喷嘴中也可加设过滤网。以上两种喷嘴适用于加工高黏度的塑料，加工低黏度塑料时，会产生流涎现象。

② 自锁式喷嘴 注射过程中，为了防止熔料的流涎或回缩，需要对喷嘴通道实行暂时封锁而采用自锁式喷嘴。自锁式喷嘴中以弹簧式和针阀式最广泛，见图 3-1-8，这种喷嘴是依靠弹簧压合喷嘴体内的阀芯实现自锁的。注射时，阀芯受熔料的高压而被顶开，熔料遂向模具射出。注射结束时，阀芯在弹簧作用下复位而自锁。其优点是能有效地杜绝注射低黏度塑料时的“流涎”现象，使用方便，自锁效果显著。但是，结构比较复杂，注射压力损失大，射程较短，补缩作用小，对弹簧的要求高。

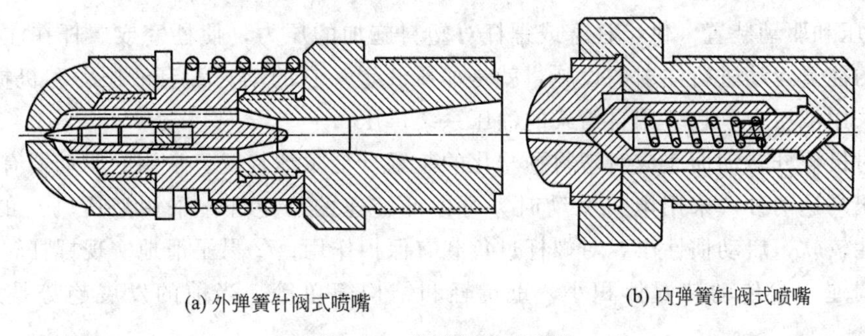

(a) 外弹簧针阀式喷嘴 (b) 内弹簧针阀式喷嘴

图 3-1-8 弹簧针阀式喷嘴

③ 杠杆针阀式喷嘴 这种喷嘴与自锁式喷嘴一样，也是在注射过程中对喷嘴通道实行暂时启闭的一种，其结构和工作原理见图 3-1-9，它是用外在液压系统通过杠杆来控制联动机构启闭阀芯的。使用时可根据需要使操纵的液压系统准确及时地开启阀芯，具有使用方便，自锁可靠，压力损失小，计量准确等优点。此外，它不使用弹簧，所以，没有更换弹簧之

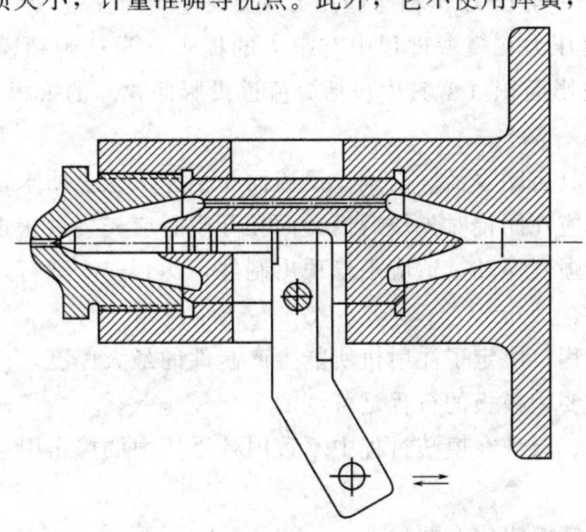

图 3-1-9 液控杠杆针阀式喷嘴

虑，主要缺点是结构较复杂。

选择喷嘴应根据塑料的性能和制品的特点来考虑。对熔融黏度高，热稳定性差的塑料，如聚氯乙烯，宜选用流道阻力小，剪切作用较小的大口径直通式喷嘴；对熔融黏度低的塑料，如聚酰胺，为防止流涎现象，则宜选用带有加热装置的自锁式或杠杆针阀式的喷嘴。形状复杂的薄壁制品宜选用小孔径、射程远的喷嘴；而厚壁制品则最好选用大孔径、补缩作用大的喷嘴。

除上述几种喷嘴外，还有供特殊用途的喷嘴。例如混色喷嘴，是为了提高柱塞式注射机使用颜料和粉料混合均匀性用的。该喷嘴内装有筛板，以增加剪切混合作用而达到混匀的目的。成型薄壁制品可使用点注式喷嘴，这种喷嘴的浇道短，与模腔直接接触，压力损失小，适于流动性较好的聚乙烯、聚丙烯等。喷嘴结构设计均应尽量简单和易于装卸。喷嘴孔的直径应根据注射机的最大注射量，塑料的性质和制品特点而定。喷嘴头部一般为半球形，要求能与模具主流道衬套的凹球面保持良好接触。喷孔的直径应比主流道直径小0.5～1mm，以防止漏料和避免死角，也便于将两次注射之间积存在喷孔处的冷料随同主流道赘物一同拉出。

5）加压和驱动装置　供给柱塞或螺杆对塑料施加的压力，使柱塞或螺杆在注射周期中发生必要的往复运动进行注射的设施，就是加压装置，它的动力源有液压力和机械力两种，大多数都采用液压力，且多用自给式的油压系统供压。

使注射机螺杆转动而完成对塑料预塑化的装置，是驱动装置。常用的驱动器有单速交流电机和液压马达两种。采用电机驱动时，可保证转速的稳定性。采用液压马达的优点有：①传动特性较软，启动惯性小，对螺杆过负载有保护作用；②易平滑地实现螺杆转数的无级及较大的调速；③传动装置体积小，重量轻和结构简单等。当前的发展趋势是采用液压马达。

（2）锁模系统

在注射机上实现锁合模具、启闭模具和顶出制件的机构总称为锁模系统。熔料通常以40～150MPa的高压注入模具，为保持模具的严密闭合而不向外溢料，要有足够的锁模力。锁模力F的大小决定于注射压力p和与施压方向成垂直的制品投影面积（A）的乘积，即$F \geqslant pA$。事实上，注射压力在模塑过程中有很大的损失，为达到锁模要求，锁模力只需保证大于模腔压力p和投影面积（A其中包括分流道投影面积）的乘积，即$F \geqslant pA$模腔压力通常是注射压力的40%～70%。

锁模结构应保证模具启闭灵活、准确、迅速而安全。工艺上要求，启闭模具时要有缓冲作用，模板的运行速度应在闭模时先快后慢，而在开模时应先慢后快再慢，以防止损坏模具及制件，避免机器受到强烈振动，适应平稳顶出制件，达到安全运行，延长机器和模具的使用寿命。

启闭模板的最大行程，决定了注射机所能生产制件的最大厚度，而在最大行程以内，为适应不同尺寸模具的需要，模板的行程是可调的。

模板应有足够强度，保证在模塑过程中不致因频受压力的撞击引起变形，影响制品尺寸的稳定。

常用的启闭模具和锁模机构有两种形式。

1）液压式　液压式是采用油缸和柱塞并依靠液压力推动柱塞作往复运动来实现启闭

和锁模的，如图 3-1-10 所示，其优点是：①与其他结构相比，移动模板和固定模板之间的开档较大；②移动模板可在行程范围内的任意位置停留，从而易于安装和调整模具以及易于实现调压和调速；③工作平稳、可靠，易实现紧急刹车等。但较大功率的液压系统投资较大。

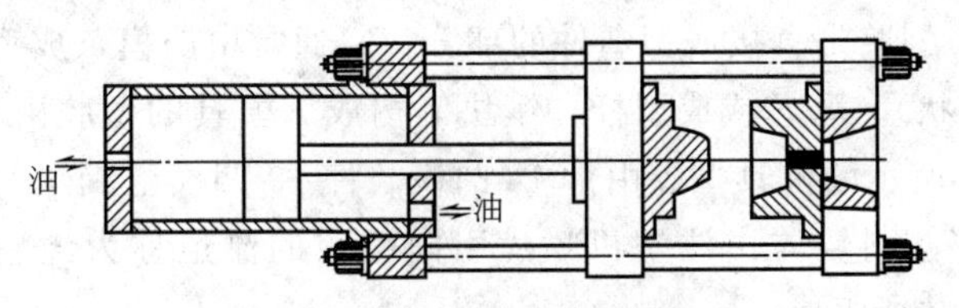

图 3-1-10 液压式锁模装置

2）液压-机械组合式 这种形式是由液压操纵连杆或曲肘撑杆机构来达到启闭和锁合模具的，如图 3-1-11 所示。

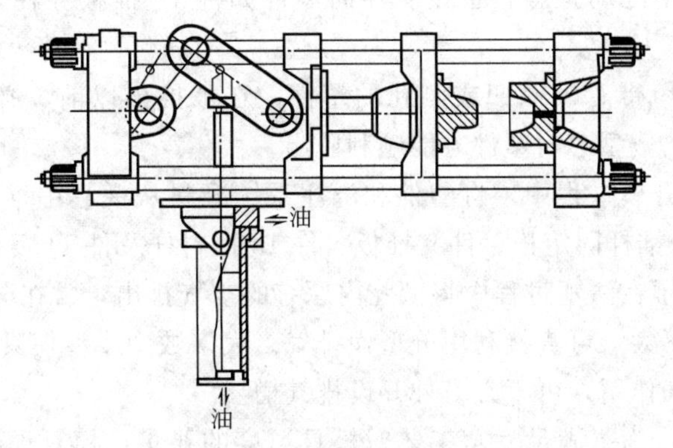

图 3-1-11 液压-机械组合式锁模装置

这种机构的优点是：①连杆式曲肘自身均有增力作用。当伸直时，又有自锁作用，即使撤除液压，锁模力亦不会消失。所以设置的液压系统只在操纵连杆或曲肘的运动，所需要的负荷并不大，从而节省了投资。②机构的运动特性能满足工艺要求，即肘杆推动模板闭合时，速度可以先快后慢，而在开模时又相反。③锁模比较可靠。其缺点是机构容易磨损和调模比较麻烦。但当前中小型注射机中所用的仍以这种机构占优势，关键在于成本较低。

上述两种锁模装置中都设有顶出装置，以便在开模时顶出模内制品。顶出装置主要有机械式和液压式两大类。

机械式顶出装置：利用设在机架上可以调动的顶出柱，在开模过程中，推动模具中所设的脱模装置而顶出制件的。这种装置简单，使用较广。但是，顶出必须在开模临终时进行，而脱模装置的复位要在闭模后才能实现。顶出柱和脱模装置均根据锁模机构特点而定，可放置在模板的中心或两侧。顶出距离则按制品不同可进行调节。

液压式顶出装置：依靠油缸的液压力实现顶出的。顶出力和速度都是可调的，但是顶出点受到局限，结构比较复杂。在大型注射机上常是两种顶出装置并用，通常在动模板中间放置顶出油缸，而在模板两侧设置机械式的顶出装置。

（3）注塑模具

注塑模具是在成型中赋予塑料以形状和尺寸的部件。模具的结构虽然由于塑料品种和性能、塑料制品的形状和结构以及注射机的类型等不同而可能千变万化，但是基本结构是一致的。凡注塑模具，均可分为动模和定模两大部分。注塑时动模与定模闭合构成型腔浇注系统，开模时动模与定模分离，通过脱模机构推出塑件。定模安装在注塑机的固定模板上，而动模则安装在注塑机的移动模板上。典型塑模结构如图 3-1-12 所示。根据模具上各个部件的作用，可细分为以下几个部分。

① 成型零部件　型腔是直接成型塑件的部分，它通常由凸模（成型塑件内部形状）、凹模（成型塑件外部形状）、型芯或成型杆、镶块等构成。模具的型腔由动模和定模有关部分联合构成。图 3-1-12 所示的模具型腔由件 18 凸模、件 19 凹模组成。

② 浇注系统　将塑料熔体由注塑机喷嘴引向型腔的流道称为浇注系统。它由主流道、分流道、浇口、冷料井所组成。

③ 导向部分　为确保动模与定模合模时准确对中而设导向零件。通常由件 3 导柱和件 2（15）导套或在动定模上分别设置互相吻合的内外锥面。有的注塑模具的推出装置为避免在推出过程中发生运动歪斜，也设有导向零件如件 14 推板导柱，使推出板保持水平运动。

④ 分型抽芯机构　带有外侧凹或侧孔的塑件，在被推出以前，必须先进行侧向分型，拔出侧向凸凹模或抽出侧型芯，塑件方能顺利脱出。

⑤ 推出机构　在开模过程中，将塑件和浇注系统凝料从模具中推出的装置。如图 3-1-12 中件 17 推杆和件 8 推杆固定板、件 9 推板、件 13 拉料杆及件 11 复位杆联合组成。

⑥ 排气系统　为了在注塑过程中将型腔内原有的空气排出，常在分型面处开设排气槽。但是小型塑件排气量不大，可直接利用分型面排气。大多数中小型模具的推杆或型芯与模具的配合间隙均可起排气作用，可不必另外开设排气槽。

⑦ 模温调节系统　为了满足注塑工艺对模具温度的要求，模具设有模温调节系统（一般在模具内开设水道）。成型时力求模温稳定、均匀。如图 3-1-12 所示的模具凸模和凹模均有冷却水道。

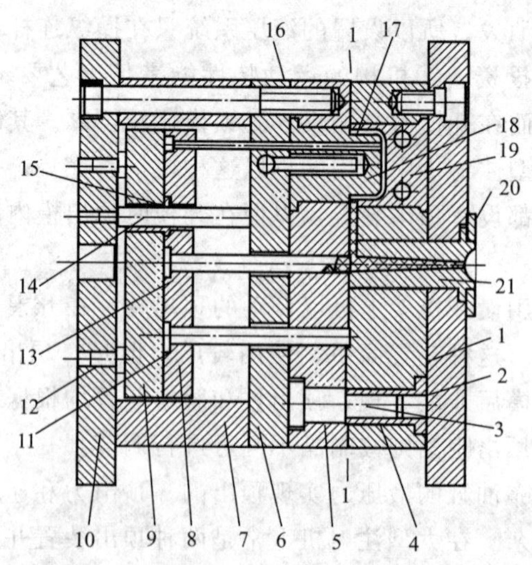

图 3-1-12　典型塑模结构图

1—定模固定板；2,15—导套；3—导柱；4—定模板；5—动模板；6—支承板；7—垫块；8—推杆固定板；9—推板；10—动模固定板；11—复位杆；12—限位钉；13—拉料杆；14—推板导柱；16—冷却水道；17—推杆；18—凸模；19—凹模；20—定位环；21—浇口套

3.1.2.3　注射过程

完整的注射过程表面上包括加料、塑化、注射入模、稳压冷却和脱模等几个步骤，但是实质上将其分为塑化、流动与冷却两个过程。

（1）塑化

塑化是指塑料在料筒内经加热达到流动状态并具有良好的可塑性的全过程。因此可以说塑化是注射成型的准备过程。生产工艺对这一过程的总要求是：在进入模腔之前应达到规定的成型温度并能在规定时间内提供足够数量的、温度均匀一致的熔融塑料，不发生或极少发生热分解以保证生产的连续进行。上述要求与塑料的特性、工艺条件的控制以及注射机的塑化结构均密切相关，而且直接决定着制件的质和量。有关用螺杆与料筒对塑料塑化的问题已在前一模块内讨论过，这里从略。

（2）流动与冷却

这一过程是指用螺杆的推动将具有流动性和温度均匀的塑料熔体注入模具开始，经型腔注满，熔体在控制条件下冷固定型，到制品从模腔中脱出为止的过程。这一过程经历的时间虽短，但熔体在其间所发生的变化却不少，而且这种变化对制品的质量有重要的影响。

熔料自料筒注入模腔需要克服一系列的流动阻力（包括熔料与料筒、喷嘴、浇注系统和型腔的外摩擦和熔体内部的摩擦），与此同时，还需要对熔料进行压实，因此，所用的注射压力应很高。

注射时，塑料在移动螺杆式注射机中，所遇的阻力共有两种：第一种是螺杆顶部与喷嘴之间的流体流动阻力，这一区域的长度不会很大，因为总料量仅略大于一次注射量，而且平均料温已达最佳值，黏度也较低，可用式（3-1-1）计算

$$\Delta p=\frac{2L}{R}\left[\frac{(m+3)q}{\pi kR^{3}}\right]^{\frac{1}{m}} \tag{3-1-1}$$

式中，R 为管的半径；q 为容积速率；k 为流动常数；m 为与牛顿流体差别程度的函数。

第二种是螺杆区塑料与料筒内壁之间的阻力。无论塑料是固体、半固体或熔体，其流动阻力均可用式（3-1-2）计算

$$F_{f}=\mu pA \tag{3-1-2}$$

式中，F_f 为摩擦阻力；μ 为塑料与料筒之间的摩擦系数；p 为塑料所受的压力；A 为塑料与筒壁接触的面积。

在螺杆式注射机内，因为塑料熔化较快，固体区不会很长（即 A 不会很大），同时压力（p）也不大，所以在固体区的阻力较小。而在流体和半固体区域中，接近筒壁处的塑料已熔化，使 μ 值显著降低，同时 A 值也不大，所以阻力是较小的。

塑料熔体进入模腔内的流动情况均可分为充模、压实、倒流和浇口冻结后的冷却四个阶段。在连续的四个阶段中，塑料熔体的温度将不断下降，而压力的变化则如图 3-1-13 所示。

① 充模阶段　这一阶段从柱塞或螺杆开始向前移动起，直至模腔被塑料熔体充满（从 0 至 t_1）为止。充模开始一段时间内模腔中只有一个大气压力，待模腔充满时，料流压力迅速上升而达到最大值 p_0。充模的时间与模塑压力有关。充模时间长，先进入模内的塑料，受到较多的冷却，黏度增高，后面的塑料就需要在较高的压力下才能进入塑模。

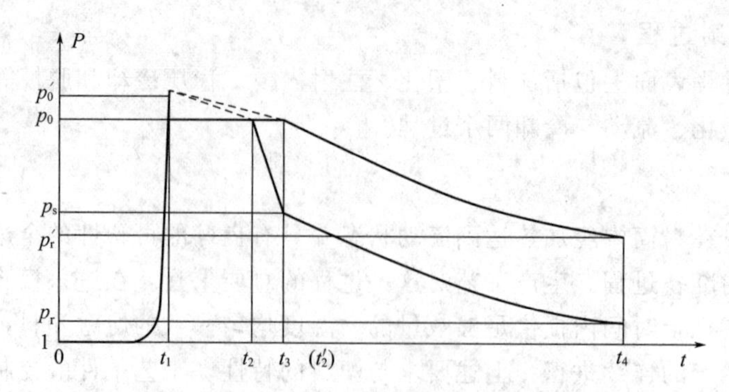

图 3-1-13 模塑周期中塑料压力变化图

p_0，p_0'—模塑最大压力；p_s—浇口冻结时的压力；p_r，p_r'—脱模时残余压力；t_1～t_4—各代表一定时间

反之，所需的压力则较小。在前一情况下，由于塑料受到较高的剪切应力，分子定向程度比较大。这种现象如果保留到料温降低至软化点以下，则制品中冻结的定向分子将使制品具有各向异性。这种制品在温度变化较大的使用过程中会出现裂纹，裂纹的方向与分子定向方向是一致的。而且，制品的热稳定性也较差，这因为塑料的软化点随着分子定向程度增高而降低。高速充模时，塑料熔体通过喷嘴、主流道、分流道和浇口时将产生较多的摩擦热而使料温升高，这样当压力达到最大值的时间 t_1 时，塑料熔体的温度就能保持较高的值，分子定向程度可减少，制品熔接强度也可提高。但是，如果模腔内有分割料流的型芯或嵌件时，若充模过快，则在型芯或嵌件的后部产生熔接强度较低的熔接痕，致使制品强度变劣。

② 压实阶段　这是指自熔体充满模腔时起至柱塞或螺杆撤回时（从 t_1 到 t_2）为止的一段时间。这段时间内，塑料熔体会因受到冷却而发生收缩，但因塑料仍然处于柱塞或螺杆的稳压下，料筒内的熔料会向塑模内继续流入以补充因收缩而留出的空隙。如果柱塞或螺杆停在原位不动，压力曲线略有衰减；由 p'_0 降至 p_0，如果柱塞或螺杆保持压力不变，也就是随着熔料入模的同时向前作少许移动，则在此段中模内压力维持不变，此时压力曲线即与时间轴平行。压实阶段对于提高制品的密度、降低收缩和克服制品表面缺陷都有影响。此外，由于塑料还在流动，而且温度又在不断下降，定向分子容易被冻结，所以这一阶段是大分子定向形成的主要阶段。这一阶段拖延愈长时，分子定向程度也将愈大。

③ 倒流阶段　这一阶段是从柱塞或螺杆后退时开始（从 t_2 到 t_3）的，这时模腔内的压力比流道内高，因此就会发生塑料熔体的倒流，从而使模腔内压力迅速下降，由 p_0 降至 p_s，倒流将一直进行到浇口处熔料冻结时为止。如果柱塞或螺杆后撤时浇口处的熔料已冻结，或者在喷嘴中装有止逆阀，则倒流阶段就不存在，也就不会出现 t_2～t_3 段压力下降的曲线。因此倒流的多少与有无是由压实阶段的时间所决定的。但是不管浇口处熔料的冻结是在柱塞或螺杆后撤以前或以后，冻结时的压力和温度总是决定制品平均收缩率的重要因素，而影响这些因素的则是压实阶段的时间。

倒流阶段既有塑料的流动，因此就会增多分子的定向，但是，这种定向比较少，而且波及的区域也不大。相反，由于这一阶段内塑料温度还较高，某些已定向的分子还可能因布朗运动而解除定向。

④ 冻结后的冷却阶段　这一阶段是指浇口的塑料完全冻结时起到制品从模腔中顶出时（t_3～t_4）为止。模腔内压力迅速下降，由 p_s 或 p_0 降至 p_r，模内塑料在这一阶段内主要是

继续进行冷却，以便制品在脱模时具有足够的刚度而不致发生扭曲变形。在这一阶段内，虽无塑料从浇口流出或流进，但模内还可能有少量的流动，因此，依然能产生少量的分子定向。由于模内塑料的温度、压力和体积在这一阶段中均有变化，到制品脱模时，模内压力不一定等于外界压力，模内压力与外界压力的差值称为残余压力。残余压力的大小与压实阶段的时间长短有密切关系。残余压力为正值时，脱模比较困难，制品容易被刮伤或破裂；残余压力为负值时，制品表面容易有陷痕或内部有真空泡。所以，只有在残余压力接近零时，脱模方较顺利，并能获得满意的制品。

应该指出，塑料自进入塑模后即被冷却，直至脱模时为止。如果冷却过急或塑模与塑料接触的各部分温度不同，则由于冷却不均就会导致收缩不均匀，所得制品将会产生内应力。即使冷却均匀，塑料在冷却过程中通过玻璃化温度的速率还可能快于分子构象转变的速率，这样，制品中也可能出现因分子构象不均衡所引起的内应力。

3.1.2.4　注射过程工艺条件的分析

生产优质注射制品所牵涉的因素很多。一般说来，当提出一件新制品的使用性能和其他有关要求后，首先应在经济合理和技术可行的原则下，选择最适合的原材料、生产方式、生产设备及模具结构。在这些条件确定后，工艺条件的选择和控制就是主要考虑的因素。注塑最重要的工艺条件是影响塑化流动和冷却的温度、压力和相应的各个作用时间。

（1）温度

注塑过程需要控制的温度有料筒温度、喷嘴温度和模具温度等。前两种温度主要是影响塑料的塑化和流动，而后一种温度主要是影响塑料的流动和冷却。

1）料筒温度　在设置料筒温度时应保证塑料塑化良好，能顺利实现注射又不引起塑料分解。由于塑料的传热能力较差，当塑料从料斗进入料筒时，不应给塑料过大的加热温差，否则会引起塑料的热降解，因此一般是从料斗一侧（后端）起，至喷嘴（前端）止，其温度是逐步升高，使塑料温度平稳上升达到均匀塑化的目的。由于螺杆式注射机料筒的前段主要是容纳已塑化好的熔料，因此前段的温度不妨略低于中段，以便防止塑料的过热分解。在明确料筒温度分布后，料筒温度的设置还应考虑以下几个方面。

① 物料的性质　每种塑料都具有不同的流动温度 T_f（对结晶型塑料则为熔点 T_m），因此，对无定形塑料，料筒中（末）段最高温度应高于流动温度 T_f，对结晶型塑料应高于熔点 T_m，但必须低于塑料的分解温度 T_d，故料筒最合适的温度范围应在 T_f 或 T_m～T_d 之间。对于 T_f～T_d 区间狭窄的塑料，控制料筒温度应偏低（比 T_f 稍高）；而对 T_f～T_d 区间较宽的塑料可适当高一些（比 T_f 高得多一些）。

同一种塑料，由于来源或牌号不同，其流动温度及分解温度是有差别的，这是由于平均相对分子质量和相对分子质量分布（分散度）不同所致。凡是平均相对分子质量高，分布较窄的塑料熔融黏度都偏高；而平均相对分子质量低，分布较宽的塑料熔融黏度则偏低。为了获得适宜的流动性，前者较后者应适当提高料筒温度。

玻璃纤维增强的热塑性塑料，随着玻璃纤维含量的增加，熔料流动性即降低，因此要相应地提高料筒温度。

其次还应考虑塑料的稳定性。由于塑料热降解机理十分复杂，而且随着外界条件的变化可以出现不同的形式。大抵温度愈高，时间愈长（即使是温度不十分高的情况下）时，降解的量就愈大。因此对热敏性塑料，如聚甲醛、聚三氟氯乙烯、聚氯乙烯等，在保证流动性的情况下尽量采用较低的料筒温度，同时还应控制塑料在加热料筒中停留的时间；而对稳定性较好的物料则可采用较高的料筒温度。

② 注射机类型　塑料在不同类型的注射机（柱塞式或螺杆式）内的塑化过程是不同的，因而选择料筒温度也不相同。柱塞式注射机中的塑料仅靠料筒壁及分流梭表面往里传热，传热速率小，因此需要较高的料筒温度。在螺杆式注射机中，由于有了螺杆转动的搅动，同时还能获得较多的摩擦热，使传热加快，因此选择的料筒温度可低一些。但在实际生产中，为了提高效率，利用塑料在移动螺杆式注射机中停留时间短的特点，可采用在较高料筒温度下操作；而在柱塞式注射机中，因物料停留时间长，易出现局部过热分解，宜采用较低的料筒温度。

③ 制件或模具结构　选择料筒温度还应结合制品及模具的结构特点。由于薄壁制件的模腔比较狭窄，熔体注入的阻力大，冷却快，为了顺利充模，料筒温度应高一些。相反，注射厚壁制件时，料筒温度却可低一些。对于形状复杂或带有嵌件的制件，或者熔体充模流程曲折较多或较长的，料筒温度也应高一些。

④ 塑件的使用性能　不同的塑件其使用性能就不同。如果对塑件的表面光洁度要求较高的，料筒温度就应提高；如果要求塑件各向性质接近（同性），就应降低塑件中的分子定向，就应采用较高的料筒温度；对有结晶倾向的塑料，料筒温度不同及熔料在这一温度下停留的时间不同，其结晶行为就不同，从而性能就有所差别。表 3-1-1 列出聚甲醛熔体在不同温度和停留时间下所保有的晶胚数量。

表 3-1-1　聚甲醛熔体晶胚数量与保持温度和时间的关系

熔体温度/℃	在熔融态停留的时间/s	1cm^3 中的晶胚数/$\times 10^6$ 个
190	10	181
190	60	115
200	10	150
200	60	14
210	10	119
210	60	25
220	10	5

⑤ 其他工艺条件　料筒温度决定与其他工艺条件是密切相关的。比如提高料筒（熔体）温度，有利于注射压力向模腔内的传递，注射系统的压力降减小，熔料在模具中的流动性增加，从而增大注射速率，减少熔化、充模时间，缩短注射周期。相反，当注射压力或塑化压力增大时，可适当降低料筒温度而获得相同的充模效果。

2）喷嘴温度　喷嘴温度通常略低于料筒最高温度，这是为了防止熔料在直通式喷嘴可能发生的“流涎”现象。喷嘴低温的影响可从塑料注射时所生的摩擦热得到一定的补偿。当然，喷嘴温度也不能过低，否则会造成熔料的早凝而将喷嘴堵死，或由于早凝料注入模腔影响制品的性能。

料筒和喷嘴温度的选择不是孤立的，与其他工艺条件间有一定关系。例如选用较低的注射压力时，为保证塑料的流动，应适当提高料筒温度。反之，料筒温度偏低就需要较高的注射压力。由于影响因素很多，一般都在成型前通过“对空注射法”或“制品的直观分析法”

来进行调整，以便从中确定最佳的料筒和喷嘴温度。

3）模具温度 模具温度对制品的内在性能和表观质量影响很大。模具温度的高低决定于塑料的结晶性、制品的尺寸与结构、性能要求，以及其他工艺条件（熔料温度、注射速度及注射压力、模塑周期等）。通常模温增高，使制品的定向程度降低（相应的顺着流线方向的冲击强度降低，垂直方向则相反），结晶度升高，有利于提高制品的表面光洁程度。但料流方向及与其垂直方向的收缩率均有上升，所需保压时间延长。

模具温度通常是凭通入定温的冷却介质来控制的，也有靠熔料注入模具自然升温和自然散热达到平衡而保持一定模温的。在特殊情况下，也有用电加热使模具保持定温的。不管采用什么方法使模具保持定温，对热塑性塑料熔体来说都是冷却，因为保持的定温都低于塑料的玻璃化温度或工业上常用的热变形温度，这样才能使塑料成型和脱模。

无定形塑料熔体注入模腔后，随着温度不断降低而固化，并不发生相的转变。模温主要影响熔料的黏度，也就是充模速率。如果充模顺利，采用低模温是可取的，因为可以缩短冷却时间，提高生产效率。所以，对于熔融黏度较低或中等的无定形塑料（如聚苯乙烯、醋酸纤维素等），模具的温度常偏低，反之，对于熔融黏度高的（如聚碳酸酯、聚苯醚、聚砜等），则必须采取较高的模温（聚碳酸酯 90～120℃，聚苯醚 110～130 ℃，聚砜 130～150℃），应该说明，将模温提高还有另一种用意，由于这些塑料的软化点都较高，提高模温可以调整制品的冷却速率使之均匀一致，以防制品因温差过大而产生凹痕、内应力和裂纹等缺陷。

结晶型塑料注入模腔后，当温度降低到熔点以下时即开始结晶。结晶速率受冷却速率的控制，而冷却速率是由模具温度控制的，因此模具温度直接影响制品的结晶度和结晶构型。模温高，冷却速率小，结晶速率可能大，因为一般塑料最大结晶速率都在熔点以下的高温一边。其次，模具温度高时还有利于分子的松弛过程，分子取向效应小。这种条件仅适于结晶速率很小的塑料，如聚对苯二甲酸乙二酯等，实际注塑中很少采用。因为模温高会延长成型周期和使制品发脆；模具温度中等时，冷却速率适宜，塑料分子的结晶和定向也适中，这是用得最多的条件。不过所谓模具温度中等，事实上不是一点而是一个区域，具体的温度仍然须由实验决定；模具温度低时，冷却速率大，熔体的流动与结晶同时进行，但熔体在结晶温度区间停留的时间缩短，不利于晶体或球晶的生长，使制品中分子结晶程度较低。如果所用塑料的玻璃化温度又低，如聚烯烃等，就会出现后期结晶过程，引起制品的后收缩和性能变化。此外，模具的结构和注塑条件也会影响冷却速率。例如提高料筒温度和增加制品厚度都会使冷却速率发生变化。由于冷却速率不同引起结晶程度的变化，对低密度聚乙烯可达 2%～3%，高密度聚乙烯可达 10%，聚酰胺可达 40%。即使是同一制件，其中各部分的密度也可能是不相同的。这说明各部分的结晶度不一样。造成这种现象的原因很多，但是主要是熔料各部分在模内的冷却速率差别太大。

（2）压力

注塑过程中的压力包括塑化压力和注射压力，并直接影响塑料的塑化和制品质量。

① 塑化压力（背压） 采用螺杆式注射机时，螺杆顶部熔料在螺杆转动后退时所受到的压力称为塑化压力，亦称背压，这种压力的大小可以通过液压系统中的溢流阀来调整。塑化压力（背压）的大小是随螺杆的设计、制品质量的要求以及塑料的种类等的不同而异的。如果这些情况和螺杆的转速都不变，则增加塑化压力将加强剪切作用会提高熔体的温度，但会

减小塑化的速率。增大逆流和漏流、增加驱动功率。此外，增加塑化压力常能使熔体的温度均匀、色料的混合均匀和排出熔体中的气体。除非可以用较高的螺杆转速以补偿所减少的塑化速率外，增加塑化压力就会延长模塑周期，因此也就导致塑料降解的可能性提高，尤其是所用的螺杆属于浅槽型的。操作中，塑化压力的决定应在保证制品质量的前提下越低越好，随所用塑料的品种而异，通常很少超过 2.0MPa。

注射聚甲醛时，较高的塑化压力（也就是较高的熔体温度）会使制品的表面质量提高，但有可能使制品变色、塑化速率降低和流动性下降。

对聚酰胺来说，塑化压力必须较低，否则塑化速率将很快降低，这是因为螺杆中逆流和漏流增加的缘故。如需增加料温，应采用提高料筒温度的办法。

聚乙烯的热稳定性高，提高塑化压力不会有降解危险，这在混料和混色时尤为有利。不过塑化速率仍然是要下降的。

② 注射压力　注射压力是以柱塞或螺杆顶部对塑料所施的压力（由油路压力换算来的）为准的。其作用是：克服塑料从料筒流向型腔的流动阻力、给予熔料充模的速率以及对熔料进行压实。这与制品的质和量有紧密联系，且受很多因素（如塑料品种、注射机类型、制件和模具结构以及工艺条件等）的影响，十分复杂，至今还未找到相互间的定量关系。从克服塑料流动阻力来说，流道结构的几何因素是首要的，在前面已讨论过。应该引起注意的是，在其他条件相同的情况下，柱塞式注射机所用的注射压力应比螺杆式的大。其原因是塑料在柱塞式注射机料筒内的压力损耗比螺杆式的多。

塑料流动阻力另一决定因素是塑料的摩擦系数和熔融黏度，两者越大时，注射压力应越高。同一种塑料的摩擦系数和熔融黏度是随料筒温度和模具温度而变动的。此外，还与是否加有润滑剂有关。

为了保证制品质量，对注射速率常有一定的要求，而对注射速率较为直接的影响因素是注射压力。就制品的力学强度和收缩率来说，每一种制品都有自己的最优注射速率，而且经常是一个范围的数值。这种数值与很多因素有关，常由实验确定。但是影响因素中最为主要的是制品壁厚。仅从定性的角度来说，厚壁的制件需要用低的注射速率，反之则高。一般说来，随注射压力的提高，制品的定向程度、重量、熔接缝强度、料流长度、冷却时间等均有增加，而料流方向的收缩率和热变形温度则有下降。型腔充满后，注射压力的作用在于对模内熔料的压实。压实时的压力在生产中有等于注射时所用注射压力的，也有适当降低的。注射和压实的压力相等，往往可使制品的收缩率减少，并使批量制品间的尺寸波动较小。缺点是可造成脱模时的残余压力较大和成型周期较长。对结晶性塑料来说，成型周期也不一定增长，因为压实压力大可以提高塑料的熔点（例如聚甲醛，如果压力加大 50MPa，其熔点可提高 9℃），脱模可以提前。

（3）时间（成型周期）

完成一次注塑过程所需的时间称成型周期，也称模塑周期。它包括以下几部分：

- 成型周期
  - 注射时间
    - 充模时间（柱塞或螺杆前进时间）
    - 保压时间（柱塞或螺杆停留在前进位置的时间）
  - 闭模冷却时间（柱塞后撤或螺杆转动后退的时间均包括在这段时间内）
  - 其他时间（指开模，脱模，涂拭脱模剂，安放嵌件和闭模等时间）

（保压时间、闭模冷却时间合称：总冷却时间）

成型周期直接影响劳动生产率和设备利用率。因此，生产中应在保证质量的前提下，尽量缩短成型周期中各个有关时间。

整个成型周期中，以注射和冷却时间最重要，对制品质量有决定性的影响。注射时间中的充模时间直接反比于充模速率，已在前面讨论过。生产中，充模时间一般约3～5s。

注射时间中的保压时间就是对型腔内塑料的压实时间，在整个注射时间内所占的比例较大，一般约20～120s（特厚制件可达5～10min）。在浇口处熔料封冻之前，保压时间对制品尺寸准确性有影响（保压时间不足，熔料会从膜腔中倒流，使模内压力下降，以致制品出现凹陷、缩孔）；若在之后，则无影响，前面已有说明。保压时间也有最优值，它依赖于料温、模温以及主流道和浇口的大小。如果主流道和浇口的尺寸以及工艺条件都正常，通常即以制品收缩率波动范围最小的压力值为准。

冷却时间主要决定于制品的厚度、塑料的热性能和结晶性能以及模具温度等。冷却时间的终点，应以保证制品脱模时不引起变形为原则。冷却时间一般约30～120s。冷却时间过长没有必要，不仅降低生产效率，对复杂制件还将造成脱模困难，强行脱模时甚至会产生脱模应力。成型周期中的其他时间则与生产过程是否连续化和自动化等有关。

3.1.2.5 注射机的操作规程

(1) 注射机开机前的准备工作

① 清理设备周围环境，清理工作台及设备内外杂物。

② 检查设备各控制开关等是否处于正确位置上。

③ 检查设备安全保护装置是否完好，尤其“紧急停止”是否有效可靠。

④ 检查模具及固定螺钉是否拧紧。

⑤ 检查各冷却水管路是否通畅。

⑥ 检查料斗内是否有异物。

(2) 注射机开机

① 合上机床总电源开关，检查设备是否漏电。按设定的工艺温度要求给机筒、模具进行预热，在机筒温度达到工艺温度时必须保温20min以上，确保机筒各部位温度均匀。

② 打开冷却水回路。

③ 点动启动油泵，未发现异常现象，方可正式启动油泵，再次检查安全门是否正常。

④ 手动启动螺杆转动，查看螺杆转动声响有无异常及卡死。

⑤ 对空注射一般每次不超过5s，连续两次注不动时，注意通知邻近人员避开危险区，清理喷嘴时，不准直接用手清理，以免发生烫伤。

⑥ 机床运行中发现设备响声异常、异味、火花、漏油等异常情况时，应立即停机。

注意：不允许两人或两人以上同时操作同一台注塑机。

(3) 停机注意事项

① 关闭料斗闸板，正常生产至机筒内无料或手动操作对空注射（预塑），反复数次，直至喷嘴无熔料射出。

② 若是生产具腐蚀性材料（如PVC），停机时必须将机筒、螺杆用其他原料清洗干净。

③ 注射座后退，模具处于开模状态。

④ 关闭冷却水管路，关闭机床总电源开关。

⑤ 清理机床，工作台及地面杂物等，保持工作场所干净、整洁。

3.1.2.6 PP的成型加工性能

PP的吸水率低，在水中浸泡一天，吸水率低于0.01%，因此加工前不必干燥处理。

PP的熔体接近非牛顿流体，黏度对温度敏感性小，对剪切速率敏感性较大。

PP属结晶类聚合物，成型收缩率大，一般可达1.6%～2%，对制品的精度影响较大，在具体设计模具和确定工艺条件时要注意。

PP在加工中易产生取向，造成不同方向上的性能差异，在成型中要引起注意。

PP制品对缺口较敏感，制品应避免出现尖角和缺口，以免引起应力集中。

PP在高温下对氧特别敏感，为防止加工中发生热降解，一般在树脂合成时即加入抗氧剂。PP熔体与铜接触会导致降解，应避免与铜接触或加入抗铜剂。

PP制品进行退火处理后，能消除残留的内应力，并改善冲击强度。

3.1.3 任务实施

3.1.3.1 PP注塑工艺参数的初步制定

对于注射成型的塑件，由于塑料原料、塑件结构及模具结构的差异，工艺参数的制定往往不是一次就能达到目标的，它需综合考虑各项影响因素，经过多次的试验、反复调整才能达到的，因此需要经过初步制定和试验调整两个步骤。

在初步制定工艺条件时，首先查找或测试塑料原料工艺性能和成型工艺范围（见表3-1-2），确定工艺过程，然后结合塑件与模具特点初步制定各工艺参数（见表3-1-3）。

表3-1-2 聚丙烯注塑工艺参数

工艺条件		数值	工艺条件	数值
料筒温度/℃	入口段	160～170	注塑时间/s	0～5
	中段	200～230	注塑周期/s	40～140
	出口段	180～200	注塑压力/MPa	70～120
	喷嘴	170～190	保压压力/MPa	50～70
模温/℃		40～80	背压压力/MPa	11.76～19.6

表3-1-3 塑料注塑成型工艺试验卡

塑料注塑成型工艺试验卡				
塑件图			零件名称	
			材料牌号	
			设备型号	
			模具类型	
			腔数	
			单件质量	
工艺过程	项目	初定	暂定	结果
成型前准备	干燥温度/℃			
	时间			

续表

工艺过程	项目		初定	暂定	结果
注射过程	温度/℃	料筒 1			
		料筒 2			
		料筒 3			
		喷嘴			
		模具			
	压力/MPa	一段			
		二段			
		三段			
	时间/s	充模时间			
		保压时间			
		闭模冷却时间			
		成型周期			
后处理	温度/MPa				
	时间/℃				

3.1.3.2 观察与调整

当注射机恒温时间到后，通常会采用对空注射法或直观分析法判断料筒及喷嘴温度合适。所谓对空注射法，是在喷嘴与模具主流道脱离的状态下，用低压注射，使熔融塑料自喷嘴孔中缓慢流出。用眼睛观察射出的料流，若无毛刺、变色、银丝、起泡且外观光滑，说明料筒及喷嘴温度合适。所谓直观分析法，就是通过熔体对空注射法试验以后，用初步选定的注射压力、注射时间、冷却时间及模具温度等工艺条件试生产得塑件后进行分析。若无毛刺、银丝、波纹、气泡、变色、溢边等缺陷，则表示料筒及喷嘴温度合适。

而压力的设置通常由欠注逐步过渡到满注，以防压力过大使塑件难以脱模。

在塑件试制的过程，由于工艺因素在初设时通常没有达到最优值，因而在试制的过程中制品会出现各种形式的缺陷，针对这些缺陷，需要调整对应的工艺因素。表 3-1-4 列举了注塑成型产生废品的类型、原因，在工艺因素调整时加以参考。

表 3-1-4 注射模塑的缺陷及其可能产生原因的分析

制品缺陷	产生的原因	
模腔未充满，制品缺料	1. 料筒、喷嘴及模具温度偏低 3. 料筒剩料太多 5. 流道或浇口太小，浇口数目不够，位置不当 7. 注射时间太短 9. 原料流动性太差	2. 加料量不够 4. 注射压力太低，注射速度太慢 6. 模腔排气不良 8. 浇注系统发生堵塞
制品溢边	1. 料筒、喷嘴及模具温度太高 3. 模具密封不严 5. 原料流动性太大	2. 注射压力太大，锁模力不足 4. 模腔排气不良 6. 加料量太多
制品有气泡	1. 塑料干燥不良，含有水分、单体、溶剂和挥发性气体 3. 注射速度太快 5. 模温太低，充模不完全	2. 塑料有分解 4. 注射压力太小 6. 从加料端带入空气

续表

制品缺陷	产生的原因	
制品凹陷	1.加料量不足 3.制品壁厚或壁薄相差大 5.注射压力不够 7.浇口位置不当	2.料温太高 4.注射及保压时间太短 6.注射速度太快
熔接痕	1.料温太低，塑料流动性差 3.注射速度太慢 5.模腔排气不良 7.模具设计或浇口位置开设不当	2.注射压力太小 4.模温太低 6.原料受到污染
制品表面有黑点及条纹	1.塑料有分解 3.塑料碎屑卡入柱塞和料筒间 5.模具排气不良 7.塑料颗粒大小不均匀	2.螺杆转速太快，背压太高 4.喷嘴与主流道吻合不好，产生积料 6.原料污染或带进杂质
制品翘曲变形	1.模具温度太高，冷却时间不够 3.浇口位置不当，数量不够 5.塑料中大分子定向作用太大	2.制品厚薄悬殊 4.顶出位置不当，受力不均匀
制品尺寸不稳定	1.加料量不稳 3.料筒和喷嘴温度太高 5.模具尺寸不准确	2.原料颗粒不均，新旧料混合比例不当 4.充模保压时间不够 6.模温不均匀
制品粘模	1.注射压力太高，注射时间太长 3.浇口尺寸太大和位置不当 5.顶出位置结构不合理	2.模具温度太高 4.脱模斜度太小，不易脱模
主流道粘模	1.料温太高 3.喷嘴温度太低 5.喷嘴孔径大于主流道直径 7.主流道斜度不够	2.冷却时间太短，主流道凝料尚未凝固 4.主流道无冷料穴且粗糙度差 6.主流道衬套弧度与喷嘴弧度不吻合
制件分层脱皮	1.不同塑料混杂 3.塑化不均匀	2.同一种塑料不同级别相混 4.原料污染或混入异物
制品褪色	1.塑料污染或干燥不够 3.注射压力太大，注射速度太快 5.流道、浇口尺寸不合适	2.螺杆转速太大，背压太高 4.料筒温度过高使塑料、着色剂或添加剂分解 6.模具排气不良
制品强度下降	1.塑料分解 3.熔接不良 5.塑料混入杂质 7.制品设计不当，有锐角缺口	2.成型温度太低 4.塑料潮湿 6.浇口位置不当 8.模具温度太低

3.1.4 知识拓展

3.1.4.1 热塑性塑料的工艺性能

塑料成型工艺性是指塑料在成型过程中表现出的特有性能，它影响着成型方法及工艺参数的选择和塑件的质量，并对模具设计的要求及质量影响很大。下面介绍热塑性的主要工艺性能和要求。

热塑性塑料成型的工艺性能除了前面介绍过的热力学性能和结晶性外，还包括流动性、收缩性、相容性、吸湿性和热稳定性。

(1) 流动性

塑料熔体在一定温度与压力作用下充填模腔的能力称为流动性，大多数塑料都是在熔融塑化状态下加工成型的，因此，流动性是塑料加工为制成品过程中所应具备的基本特性。塑料流动性的好坏，在很大程度上影响着成型工艺的许多参数，如成型温度、压力、模具浇注系统的尺寸及其他结构参数等。在设计塑件大小与壁厚时，也要考虑流动性的影响。

从分子结构来讲，流动的产生实质上是分子间相对滑移的结果。聚合物熔体的滑移是通过分子链运动来实现的。显然，流动性主要取决于分子组成、相对分子质量大小及其结构。只有线形分子结构而没有或很少有交联结构的聚合物流动性好，而体型结构高分子一般不产生流动。在聚合物中加入填料会降低树脂的流动性；加入增塑剂、润滑剂可以提高流动性。流动性差的塑料，在注射成型时不易充满型腔；当采用多个浇口时，塑料熔体的汇合处会因熔接不好而产生“熔接痕”。这些缺陷甚至会导致塑件报废。相反，若塑料的流动性太好，注射时易产生流涎和造成塑件溢边，成型的塑件容易变形。因此，成型过程中应适当控制塑料的流动性，以获得满意的塑料制件。

塑料的流动性采用统一的方法来测定。对于热塑性塑料的流动性，常用熔体流动速率指数，简称熔融指数来表示。其测定方法如图 3-1-14 所示，将被测塑料装在标准装置的塑化室 3 中，加热到使塑料熔融塑化的要求温度，然后在一定压力下使塑料熔体通过标准毛细管（直径为 $\phi 2.09$mm 的口模 4），在 10min 内挤出塑料的质量值即为要测定塑料的熔融指数。熔融指数的单位为 g/10min，通常用 *MI* 表示。熔融指数越大，塑料熔体的流动性越好。塑料熔体的流动性与塑料的分子结构和添加剂有关。在实际成型过程中可以通过改变工艺参数来改变塑料的流动性，如提高成型温度和压力、合理设计浇口的位置与尺寸、降低模腔表面粗糙度值等都能大大提高流动性。

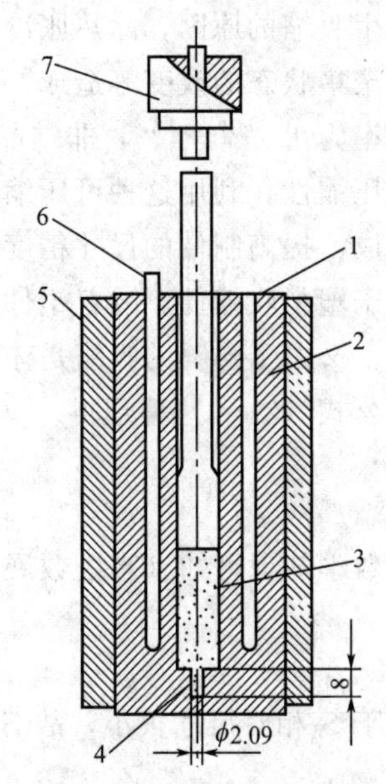

图 3-1-14　熔融指数测定仪结构示意图
1—温度计孔；2—料筒；3—塑化室；
4—口模；5—保温层；6—加热棒；
7—重锤和柱塞（重锤加柱塞共重 2160g）

为方便起见，在设计模具时，人们常用塑料熔体溢料间隙（溢边值）来反映塑料的流动性。所谓溢料间隙，是指塑料熔体在成型压力下不得溢出的最大间隙值。根据溢料间隙大小，塑料的流动性大致可划分为好、中等和差 3 个等级，它对设计者确定流道类型和浇注系统的尺寸、控制镶件和推杆等及模具孔的配合间隙等具有实用意义。表 3-1-5 所示为常用塑料的流动性与溢料间隙。

表 3-1-5　常用塑料的流动性与溢料间隙

溢料间隙/mm	流动性等级	塑料类型
≤0.03	好	尼龙、聚乙烯、聚丙烯、聚苯乙烯、醋酸纤维素
0.03～0.05	中等	改性聚苯乙烯、ABS、聚甲醛、聚甲基丙烯酸甲酯
0.05～0.08	差	聚碳酸酯、硬聚氯乙烯、聚砜、聚苯醚

(2) 收缩性

一定量的塑料在熔融状态下的体积总比其固态下的体积大，说明塑料在成型及冷却过程中发生了体积收缩，这种性质称为收缩性。影响塑料收缩性的因素很多，主要有塑料的组成及结构、成型工艺方法、工艺条件、塑件几何形状及金属镶件的数量、模具结构及浇口形状与尺寸等。收缩性的大小以单位长度塑件收缩量的百分比来表示，叫作收缩率。其公式如下

$$S=\frac{L_{m}-L}{L_{m}}\times 100\% \tag{3-1-3}$$

式中，S 为塑料的收缩率，%；L_{m} 为模具在室温时的型腔尺寸，mm；L 为塑件在室温时的尺寸，mm。

收缩率的测定应在标准试验模具里完成，一般用直径为 $\phi(100\pm0.3)$ mm、厚为 (4 ± 0.2) mm 的圆片模具或每边长 (25 ± 0.2) mm 的立方体模具，在适应该塑料所要求的工艺条件下进行塑模。

产生收缩的原因，除热胀冷缩外，往往是由于在聚合物固化过程中高分子堆砌密度的不同以及聚集状态的改变等造成。不同聚集状态的塑料其收缩率也不相同。一般结晶塑料制件的收缩率为 1.2%～4%，非结晶塑料制件的收缩率为 0.3%～1.0%。熔融状态的塑料有明显的可压缩性，利用这种可压缩性，成型时对塑料熔体施加压力，可以预防制件的凹痕和缩孔的形成，提高制件的尺寸精度。

由于塑料收缩性影响着塑件的尺寸精度，所以在设计模具时必须精确地考虑计算收缩率的大小。又由于塑料的收缩是体积收缩，所以模具各项尺寸均应考虑其收缩的补偿问题。

由公式（3-1-4）整理得

$$L_{m}=\frac{L}{1-S} \tag{3-1-4}$$

由数学知识可知（幂级数展开）

$$\frac{1}{1-S}=1+S+S^{2}+S^{3}+\cdots$$

由于 S 相对尺寸很小，故 S 的高次项可以忽略，因此

$$L_{m}=L(1+S) \tag{3-1-5}$$

式（3-1-5）是模具型腔尺寸计算时经常应用的基本公式。但对于收缩性较大的大型模塑件，则建议采用公式（3-1-4）。

(3) 热稳定性

热稳定性是指塑料在受热时性能上发生变化的程度。有些塑料在长时间处于高温状态下时会发生降解、分解和变色等现象，使性能发生变化。如聚氯乙烯、聚甲醛、ABS 塑料等在成型时，如果在料筒内停留时间过长，就会有一种气味释放出来，塑件颜色变深，所以它们的热稳定性就不好。因此，这类塑料成型加工时必须正确控制温度及周期，选择合适的加工设备或在塑料中加入稳定剂方能避免上述缺陷产生。

(4) 吸湿性

吸湿性是指塑料对水分的亲疏程度。据此塑料大致可以分为两种类型：第一类是具有吸湿或黏附水分倾向的塑料，例如聚酰胺、聚碳酸酯、ABS、聚苯醚。聚砜等；第二类是吸湿

或黏附水分倾向极小的材料，如聚乙烯、聚丙烯等。造成这种差别的原因主要是由于其组成及分子结构不同。如聚酰胺分子链中含有酰胺基—CO—NH—极性基因，对水有吸附能力；而聚乙烯类的分子链是由非极性基因组成，表面是蜡状，对水不具有吸附能力。材料疏松使塑料表面积增大，也容易增加吸湿性。

塑料因吸湿性、黏附水分，在成型加工过程中如果水分含量超过一定限度，则水分会在成型机械的高温料筒中变成气体，促使塑料高温水解，从而导致塑料降解、起泡、黏度下降，给成型带来困难，使制件外观质量及机械强度明显下降。因此，塑料在加工成型前，一般都要经过干燥，使水分含量（质量分数）控制在0.5%～0.2%以下。如聚碳酸酯，要求水分含量在0.2%以下，可用循环鼓风干燥箱在110℃温度下干燥12h以上，并要在加工过程中继续保温，以防重新吸潮。

(5) 相容性

相容性是指两种或两种以上不同品种的塑料，在熔融状态不产生相互分离的能力。如果两种塑料不相容，则混熔时制件会出现分层、脱皮等缺陷。

不同种塑料的相容性与其分子结构有一定关系，分子结构相似者较易相容，例如高压聚乙烯、低压聚乙烯、聚丙烯彼此之间的混熔等；分子结构不同时较难相容，例如聚乙烯和聚苯乙烯之间的混熔等。

塑料的相容性俗称为共混性。通过塑料的这一性质，可以得到类似共聚物的综合性能，它是改进塑料性能的重要途径之一。例如聚碳酸酯与ABS塑料相容，在聚碳酸酯中加入ABS能改善其成型工艺性。

塑料的相容性对成型加工操作过程有影响。当改用不同品种的塑料时，应首先确定清洗料筒的方法（一般用清洗法或拆洗法)。如果是相容性塑料，只需要将所要加工的原料直接加入成型设备中清洗即可；如果是不相容塑料，应更换料筒或彻底清洗料筒。

3.1.4.2 柱塞式注射机

柱塞式注射机的结构如图3-1-1所示，它与移动螺杆式注射机（图3-1-3）相比柱塞与分流梭替代了螺杆，因而少了驱动装置。由于结构的改变，使得塑料在料筒里的塑化也随改变，下面就两种注塑机的主要差别做一简单介绍。

(1) 柱塞与分流梭

柱塞与分流梭都是柱塞式注射机料筒内的重要部件。柱塞的作用是将注射油缸的压力传给塑料并使熔料注射入模具。柱塞是一根坚实、表面硬度很高的金属柱，直径通常为20～100mm。注射油缸与柱塞截面积的比例范围在10～20之间。注射机每次注射的最大注射容量是柱塞的冲程与柱塞截面积的乘积。柱塞和料筒的间隙应以柱塞能自由地往复运动又不漏塑料为原则。

分流梭是装在料筒前端内腔中形状颇似鱼雷体的一种金属部件。它的作用是使料筒内的塑料分散为薄层并均匀地处于或流过料筒和分流梭组成的通道，从而缩短传热导程，加快热传递和提高塑化质量。塑料在柱塞式注射机内升温所需的热量，主要是靠料筒外部加热器所供给。但塑料在料筒内的流动，通常都是层流流动，所受剪切速率不高，而且黏度偏大，再加上塑料的导热系数很低，这样，如果想通过提高料筒温度梯度来增加传热量，以达到塑化均匀，不仅会延长塑化时间，而且使靠近料筒部分的塑料容易发生热分解。装上分流梭后，可使料层变薄，这将有利于加热。再者，分流梭还可通过紧贴料筒壁起定位作用的筋条将料筒的热量迅速导入，使分流梭起到从内部对塑料加热的作用，从而使分布在通道内的薄层塑料内外两面受热，能够较快和均匀地升高温度。此外，在通道内，由于料层的截面积减小，熔料所受的剪切速率和摩擦热都会增加，使黏度得到双重下降，这对注射和传热都有利。有些注射机的分流梭内还装有加热器，这更有利于对塑料的加热。

(2) 料筒容积

柱塞式注射机的料筒容积比相同规格的螺杆式注射机大，约为最大注射量的 4～8 倍。容积过大时，塑料在高温料筒内受热时间较长，可能引起塑料的分解、变色，影响产品质量，甚至中断生产；容积过小时，塑料在料筒内受热时间太短，塑化不均匀。

(3) 塑化

① 热均匀性

由于塑料的导热性差，而且它在柱塞式注射机中的移动只能靠柱塞的推动，几乎没有混合作用。这些都是对热传递不利的，以致靠近料筒壁的塑料温度偏高，而在料筒中心的则偏低，形成温度分布的不均。此外，熔料在圆管内流动时，料筒中心处的料流速度必然快于筒壁处的，这一径向上速度分布的不同，将进一步导致注射机射出熔料各点温度的不均，甚至每次射出料的平均温度也不等。用这种热均匀性差的熔料成型的制品，其物理性能、力学性能也差。

现引入加热效率（E_h）的概念来分析柱塞式注射机内熔料的热均匀性。设料筒的温度为 T_w，塑料进入料筒的温度为 T_1。如果塑料在料筒内停留的时间足够长，则全部塑料的温度将上升到接近 T_w，并以 T_w 为温度上限，塑料温度上升的最大距程即为 $T_w - T_1$，这一距程将直接与塑料所获得的最大热量成比例。但是通常由喷嘴射出的塑料平均温度 T_2 总是低于 T_w 的，所以塑料实际温度上升的平均距程为 $T_2 - T_1$，而实际获得的热量也比例于这一距程。两距程的比例即为加热效率 E_h

$$E_h = \frac{T_2 - T_1}{T_w - T_1} \tag{3-1-6}$$

必须指出，如果塑料在料筒内停留的时间足够长而且还获得摩擦热，则 T_2 是会大于 T_w 的，这时 E_h 就大于 1。但是用柱塞式注射机注射熔融黏度不大的塑料时，这种现象是少有的。

已如前说，由喷嘴射出的塑料各点温度是不均的，它的最高温度极限为 T_w。现假定它的最低温度为 T_3（$T_3 \geqslant T_m$ 或 T_f），则 T_3 必然是高于 T_1 而低于 T_2 的。所以实际塑料温度分布范围应为 $T_3 \sim T_w$。在 T_w 固定的情况下，如果塑料温度分布范围越小，T_2 就愈高，E_h 就愈大，如图 3-1-15 所示。所以 E_h 不仅间接表示 T_2 的大小，同时还表示塑料的热均匀性。生产中，射出塑料的温度既不能低于它的软化点，又不能高于分解湿度，因此 T_2 的大小有一个范围。实践证明，E_h 值在 0.8 以上时，制品质量已可以接受。据此，当 T_2 已定，则 T_w 就不难确定。

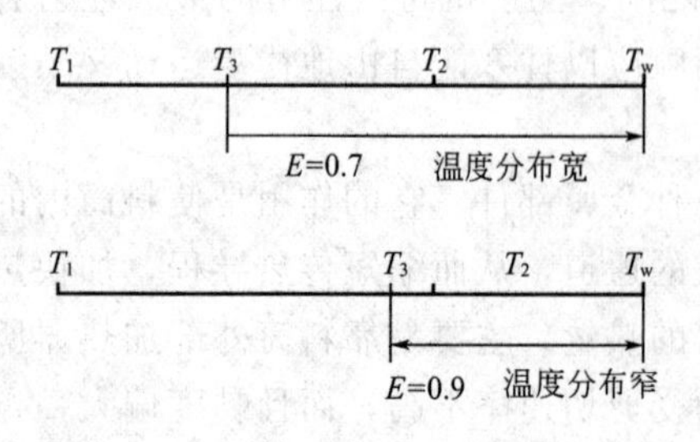

图 3-1-15　加热效率与温度均匀性的关系

T_1—塑料进入料筒的温度；T_2—熔料的平均温度；T_3—熔料的最低温度；T_w—料筒温度

显然，E_h 的大小依赖于料筒的结构、塑料在料筒内的停留时间和塑料的导热性能等，这种

关系可用函数表示如下

$$E_h = f\left[\frac{\alpha t}{(2a)^2}\right] \tag{3-1-7}$$

式中，α 为热扩散速率；t 为塑料在料筒内停留的时间；a 为受热的料层厚度。如果分流梭也作加热器用，则式（3-1-7）可变为

$$E_h = f\left[\frac{\alpha t}{a^2}\right] \tag{3-1-8}$$

② 塑化量　塑化量是指单位时间内注射机熔化塑料的质量。柱塞式注射机的塑化量 q_m 可用式（3-1-9）表示

$$q_m = K\frac{A^2}{V} \tag{3-1-9}$$

式中，A 为塑料的受热面积；V 为塑料受热的体积；K 为常数（以固定注射机、塑料、射出塑料的平均温度和 E_h 值为前提）。

就上式分析，如要提高塑化量 q_m，则增大 A 和减小 V 都有利，但在柱塞式注射机中，由于料筒的结构所限，增大 A 就必然加大 V。解决这一矛盾的方法是采用分流梭，兼用分流梭作加热器和改变分流梭的形状等。用相同的塑料而用不同的注射机注射时，如果将熔料射出的平均温度和加热效率都固定，则 K 值就可作为评定料筒设计优劣的标准。

图 3-1-16 表示出塑料在料筒内从加料口至喷嘴的温升曲线。由图可见，柱塞式注射机内，靠近料筒壁处塑料的温升较快，而料筒中心的塑料温升较慢，直到流经分流梭附近料温才迅速上升，并且逐渐减小塑料各点间的温差，但是最终料温仍低于料筒温度。在螺杆式注射机内，塑料升温速率开始较柱塞式机内靠近料筒壁的物料还慢（这是由于塑料在螺杆的作用下轴向位移较柱塞式注射机快），可是由于螺杆的混合和剪切作用，不仅可以提供大量的摩擦热，还能加速外加热的传递，再加上塑料的料层厚度薄从而使物料温升很快。如果剪切作用强烈时，在到达喷嘴前，料温就可能升至料筒温度，甚至超过料筒温度。

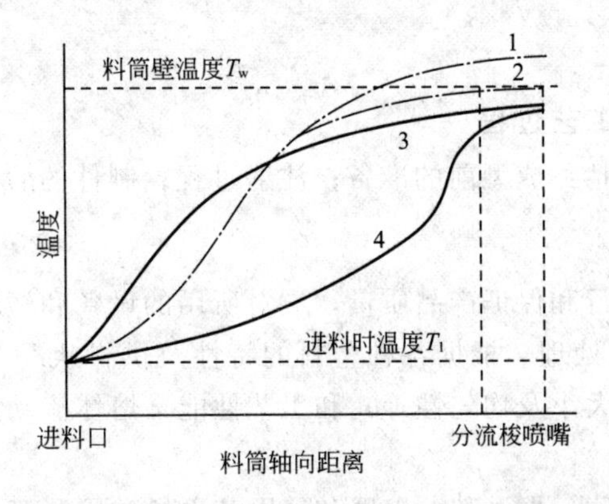

图 3-1-16　注射机料筒内塑料升温曲线

1—螺杆式注射机（剪切作用强烈时）；2—螺杆式注射机（剪切作用较平缓）；
3—柱塞式注射机（靠近料筒的物料）；4—柱塞式注射机（中心部分物料）

（4）料筒内的流动

塑料在柱塞式注射机中受压和受热时，首先由压力将粒状物压成柱状固体，而后在受热中，逐渐变成半固体以至熔体。所以料筒内的塑料自前至后共有三种状态或三个区段。这三

个区段在注射时的流动阻力是不同的。柱状固体在流动中的阻力可用所发生的压力降 Δp_s 表示

$$\Delta p_s = (1 - e^{-\mu L/D}) p_M \tag{3-1-10}$$

式中，e 为自然对数底数；μ 为粒状固体与管壁间的摩擦系数；L 为粒状固体在管内的长度；D 为管的直径；p_M 为推动粒状固体的压力，即注射压力。注射时，这段压力的损失最大，可高达料筒内压力总损失的 80%。半固体和熔融体的压力损失可采用式（3-1-11）计算

$$\Delta p = \frac{2L}{R}\left[\frac{(m+3)q}{\pi k R^3}\right]^{\frac{1}{m}} \tag{3-1-11}$$

式中，R 为管的半径；q 为容积速率；k 为流动常数；m 为与牛顿流体差别程度的函数。

从式（3-1-10）和式（3-1-11）两式可以看出：三种状态的压力损失都是随料筒直径加大而减小的。增大直径对塑化量是不利的，所以柱塞式注射机中塑料的流动和加热过程之间存在着矛盾。

3.2 任务 2　PC 塑件的注射成型

3.2.1 任务简介

通过 PC 注塑件的生产使学生了解完备的注塑成型的工艺过程及所包含的内容；了解并熟悉整个工艺过程的工艺条件的制定方法，加深理解试生产中塑件产生缺陷的原因及改进的方法。

3.2.2 知识准备

3.2.2.1 注射成型工艺过程

注射成型工艺过程包括：成型前的准备；注射过程；制件的后处理。

(1) 成型前的准备

为使注塑过程顺利进行和保证产品质量，应对所用的设备和塑料作好以下准备工作。

① 成型前对原料的预处理　根据各种塑料的特性及供料状况，一般在成型前应对原料进行外观（指色泽、粒子大小及均匀性等）和工艺性能（熔体流动速率、流动性、热性能及收缩率等）的检验。

有些塑料，如聚碳酸酯、聚酰胺、聚砜和聚甲基丙烯酸甲酯等，其大分子上含有亲水基团，容易吸湿，致使含有不同程度的水分。水分高过规定量时，轻则使产品表面出现银丝、斑纹和气泡等缺陷；重则引起原料在注射时产生降解，严重地影响制品的外观和内在质量，使各项性能指标显著降低。因此，注塑前对这类塑料应进行充分的干燥。不吸湿的塑料，如聚苯乙烯、聚乙烯、聚丙烯和聚甲醛塑料等，如果贮存运输良好，包装严密，一般可不予干燥。

对各种塑料的干燥方法，应根据其性能和具体条件进行选择。小批量生产用的塑料，大

多采用热风循环烘箱或红外线加热烘箱进行干燥；高温下受热时间长时容易氧化变色的塑料，如聚酰胺，宜采用真空烘箱干燥；大批量生产用的塑料，宜采用沸腾干燥或气流干燥，其干燥效率较高又能连续化。干燥所采用的温度，在常压时应选在100℃以上，如果塑料的玻璃化温度不及100℃，则干燥温度就应控制在玻璃化温度以下。一般延长干燥时间有利于提高干燥效果，但是对每种塑料在干燥温度下都有一最佳干燥时间，过多延长干燥时间效果不大。值得提出的是，应当重视已干燥塑料的防潮。

有些制品带有颜色，成型前还需添加色料或色母料并混合均匀，若原料是粉料还需造粒。

② 料筒的清洗　在初用某种塑料或某一注射机之前，或者在生产中需要改变产品、更换原料、调换颜色或发现塑料中有分解现象时，都需要对注射机（主要是料筒）进行清洗或拆换。

柱塞式注射机料筒的清洗常比螺杆式注射机困难，因为柱塞式料筒内的存料量较大而又不易对其转动，清洗时必须拆卸清洗或者采用专用料筒。

螺杆式注射机通常是直接换料清洗。为节省时间和原料，换料清洗应采取正确的操作步骤，掌握塑料的热稳定性、成型温度范围和各种塑料之间的相容性等技术资料。例如欲换塑料的成型温度远比料筒内存留塑料的温度高，而料筒内存留塑料的热稳定性较好时，应先将料筒和喷嘴温度升高到欲换塑料的最低加工温度，然后加入欲换料（也可以是欲换料的回料）并连续进行对空注射，直至全部存料清洗完毕时才调整温度进行正常生产。如欲换塑料的成型温度远比料筒内塑料的温度低，则应将料筒和喷嘴温度升高到料筒内塑料的最好流动温度后，切断电源，用欲换料在降温下进行清洗，如欲换料的成型温度高，熔融黏度大，而料筒内的存留料又是热敏性的，如聚氯乙烯、聚甲醛或聚三氟氯乙烯等，则为预防塑料分解，应选用流动性好，热稳定性高的聚苯乙烯或低密度聚乙烯塑料作过渡换料。

③ 嵌件的预热　为了装配和使用等要求，塑料制件内常需要嵌入金属制的嵌件。注射前，金属嵌件应先放进模具内的预定位置，成型后使其与塑料成为一个整体件。有嵌件的塑料制品，在嵌件的周围容易出现裂纹或导致制品强度下降，这是由于金属嵌件与塑料的热性能和收缩率差别较大的缘故。因此除在设计制件时加大嵌件周围的壁厚，以克服这种困难外，成型中对金属嵌件进行预热是一项有效措施。预热后可减少熔料与嵌件的温度差，成型中可使嵌件周围的熔料冷却较慢，收缩比较均匀，发生一定的热料补缩作用，以防止嵌件周围产生过大的内应力。

嵌件的预热需视加工塑料的性质和金属嵌件的大小而定。对具有刚性分子链的塑料，如聚碳酸酯、聚砜和聚苯醚等，其制件在成型中容易产生应力开裂，因此金属嵌件一般都应进行预热。容易为塑料熔体在模内加热的小型嵌件，则可不必预热。预热的温度以不损伤金属嵌件表面所镀的锌层或铬层为限，一般为110～130℃。对于表面无镀层的铝合金或铜嵌件，预热温度可提高到150℃左右。

④ 脱模剂的选用　脱模剂是使塑料制件容易从模具中脱出而敷在模具表面上的一种助剂。一般注射制件的脱模，主要依赖于合理的工艺条件与正确的模具设计。但是在生产上为了顺利脱模，采用脱模剂的也不少。常用的脱模剂有：硬脂酸锌，除聚酰胺塑料外，一般塑料均可使用；液体石蜡（又称白油），作为聚酰胺类塑料的脱模剂效果较好，除润滑作用外，还有防止制件内部产生空隙的作用；硅油，润滑效果良好，但价格昂贵，使用较麻烦（需要配制成甲苯溶液，涂抹在模腔表面，经加热干燥后方能显示优良的效果），使用上受到限制。

无论使用哪种脱模剂都应适量，过少起不到应有的效果；过多或涂抹不匀则会影响制件外观及强度，对透明制件更为明显，用量多时会出现毛斑或混浊现象。

(2) 制件的后处理——退火

注射制件经脱模或机械加工后，常需要进行适当的后处理，以改善和提高制件的性能及尺寸稳定性。制件的后处理主要指退火和调湿处理。

① 退火处理　由于塑料在料筒内塑化不均匀或在模腔内冷却速度不同，常会产生不均的结晶、定向和收缩，使制品存有内应力，这在生产厚壁或带有金属嵌件的制品时更为突出。存在内应力的制件在贮存和使用中常会发生力学性能下降，光学性能变坏，表面有银纹，甚至变形开裂。生产中解决这些问题的方法是对制件进行退火处理。

退火处理的方法是使制品在定温的加热液体介质（如热水、热的矿物油、甘油、乙二醇和液体石蜡等）或热空气循环烘箱中静置一段时间。处理的时间决定于塑料品种、加热介质的温度、制品的形状和模塑条件。凡所用塑料的分子链刚性较大，壁厚较大，带有金属嵌件，使用温度范围较宽，尺寸精度要求较高和内应力较大又不易自消的制件均需进行退火处理。但是，对于聚甲醛和氯化聚醚塑料的制件，虽然它们存有内应力，可是由于分子链本身柔性较大和玻璃化温度较低，内应力能缓慢自消，如制品使用要求不严时，可不必进行退火处理。退火温度应控制在制品使用温度以上 10～20℃，或低于塑料的热变形温度 10～20℃为宜。温度过高会使制品发生翘曲或变形；温度过低又达不到消除内应力的目的。退火时间视制品厚度而定，以达到能消除内应力为宜。退火处理时间到达后，制品应缓慢冷却至室温。冷却太快，有可能重新引起内应力而前功尽弃。退火的实质是：① 使强迫冻结的分子链得到松弛，凝固的大分子链段转向无规位置，从而消除这一部分的内应力；② 提高结晶度，稳定结晶结构，从而提高结晶塑料制品的弹性模量和硬度，降低断裂伸长率。

② 调湿处理　聚酰胺类塑料制件在高温下与空气接触时常会氧化变色。此外，在空气中使用或存放时又易吸收水分而膨胀，需要经过长时间后才能得到稳定的尺寸。因此，如果将刚脱模的制品放在热水中进行处理，不仅可隔绝空气进行防止氧化的退火，同时还可加快达到吸湿平衡，故称为调湿处理。适量的水分还能对聚酰胺起着类似增塑的作用，从而改善制件的柔曲性和韧性，使冲击强度和拉伸强度均有所提高。调湿处理的时间随聚酰胺塑料的品种、制件形状、厚度及结晶度大小而异。

3.2.2.2　PC 的成型加工性能

聚碳酸酯在成型中对水极为敏感，高温下微量水也会引起分解。因此，加工前一定要干燥处理，使含水量在 0.02%以下。具体干燥条件为：温度 110～120℃，时间 10～12h，料层厚度 30mm 以下。

聚碳酸酯属无定形聚合物，成型收缩率低。PC 制品不易带金属嵌件，如必须加入，应将嵌件预热到 200℃或更高。

聚碳酸酯的熔体黏度很高，可达 10^3～10^4 Pa·s；其熔体的流变性在低剪切速率下接近牛顿流体，应主要通过温度调节流动性，成型时的冷却、凝固和定型时间短。

聚碳酸酯的刚性大，在加工过程中易产生内应力，因此对成型工艺条件要严格控制。并要进行后处理，处理条件为 110～120℃，处理时间视厚度而定，厚度 20mm 以下 8h、厚度 20mm 以上 24h。

3.2.3　任务实施

(1) PC注塑工艺条件的初步制定

根据PC塑料的成型特性，PC制品在生产时需经历成型前准备、注射过程和后处理三个阶段，下面为各阶段查找的工艺资料，并根据资料完成塑料注塑成型工艺试验卡。

① 干燥：温度110～120℃，时间10～12h，料层厚度30mm以下。

② 注射过程：见表3-2-1。

表3-2-1　聚碳酸酯注塑工艺参数

工艺条件		数值	工艺条件	数值
料筒温度/℃	入口段	220～240	注塑时间/s	0～5
	中段	220～240	注塑周期/s	40～190
	出口段	240～280	注塑压力/MPa	100～180
	喷嘴	180～200	保压压力/MPa	40～60
模温/℃		90～100	背压压力/MPa	6～15

③ 后处理：110～120℃，处理时间视厚度而定，厚度20mm以下8h。

(2) 观察与调整

塑件在试制的过程中会出现各种形式的缺陷，需要调整对应的工艺因素，在工艺因素调整时可参考表3-1-4注塑成型产生废品的类型、原因。

3.2.4　知识拓展——注塑过程中的分子取向

用热塑性塑料生产制品时，只要在生产过程中存在着熔体流动，几乎都有聚合物分子取向的问题，不管生产方法如何变化，影响取向的外界因素以及因取向在制品中造成的后果基本上是一致的。因此，这里以出现取向现象较为复杂和工业上广泛应用的注塑法来说明。至于在其他方法（挤出、吹塑、压延等）中的情况则可类推。

图3-2-1是长条形注射模塑制品的取向情况。从图中可以看出，分子取向程度从浇口处起顺着料流的方向逐渐增加，达到最大点（偏近浇口一边）后又逐渐减弱。在下面一个图所示中心区与邻近表面的一层，其取向程度都不很高，取向程度较高的区域是在中心两侧（若从整体来说，则是中心的四周）而不到表层的一带。以上各区的取向程度都是根据实际试样

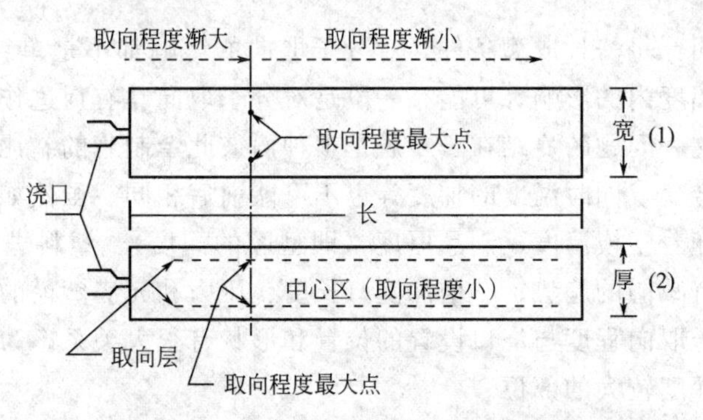

图3-2-1　长条形注射模塑制品中分子取向示意图

用双折射法测量的结果。

在没有说明取向现象为何在制品二维上各点有如此差别以前，应该明确下列两点：①分子取向是流动速度梯度诱导而成的，而这种梯度又是剪应力造成的；②当所加应力已经停止或减弱时，分子取向又会被分子热运动所摧毁。分子取向在各点上的差异应该是这两种对立效应的净结果。如何结合这两种效应于物料一点上来说明其差异，应对该点在模塑过程中的温度变化和运动的历史过程有所了解。把二者结合起来分析是很复杂的。

现以图 3-2-1 所示试样进行分析。当熔融塑料由料筒（使塑料熔化与加压的圆形导管）通向浇口而向塑模流入时，由于模具的温度比熔料的温度低，凡与模壁接触的一层都会冻结。导致塑料流动的压力在入模处应是最高，而在料的前锋应是最低，即为常压。由于诱导分子取向的剪应力是与料流中压力梯度成正比的，所以分子取向程度也是在入模处最高，而在料的前锋最低。这样前锋料在承受高压（承受高压应在塑料充满模腔之后）之前，与模壁相遇并行冻结时，冻结层中的分子取向就不会很大，甚至没有。紧接表层的内层，由于冷却较慢，因此当它在中心层和表层间淤积而又没有冻结的时间内是有机会受到剪应力的（在型腔为塑料充满之后），所以临近表层处，分子就会发生取向。

其次，再考虑型腔横截面上各点剪应力的变化情况。如果模壁与塑料的温度相等（等温过程），则模壁处的剪应力应该最大，而中心层应是最小。但从贴近模壁一层已经冻结的实际情况（非等温过程）来看，在型腔横截面上能受剪应力作用而造成分子取向的料层仅限于塑料仍处于熔融态的中间一部分。这部分承受剪应力最大的位置，是在熔态塑料柱的边缘，即表层与中心层的界面上。由此不难想到分子取向程度最大的区域应该如图所标示的区域，而越向中心取向程度应该越低。

再次，塑料注入型腔后，首先在横截面上堵满的位置既不会在型腔的尽头，也不会在浇口的四周，而是在这两者之间，这是很明显的。最先充满的区域，它的冻结层应是最厚（以塑料充满型腔的瞬时计），而且承受剪应力的机会也最多，因为在充满区的中间还要让塑料通过，这就是图 3-2-1 所示取向程度最大的地方。

以上论述虽属定性的，而且还不够完全，例如没有涉及黏度对温度和剪应力的依赖性等。但已足够说明分子取向是如何进行的。

制品中如果含有取向的分子，顺着分子取向的方向（也就是塑料在成型中的流动方向，简称直向）上的机械强度总是大于与之垂直的方向（简称横向）上的。收缩率也是直向大于横向的。例如高密度聚乙烯试样在直向上的收缩率为 0.03cm/cm，而在横向上只有 0.023cm/cm。以上是仅就单纯的试样来说的。在结构复杂的制品中，由取向引起的各向性能的变化往往十分复杂。

从种种试验结果说明：每一种成型条件，对分子取向的影响都不是单纯的增加或减小，也就是说一种条件在大幅度内的影响，可能有一段是对分子取向具有促进作用，而在另一段则又可能起抑制作用。这一问题的症结在于矛盾是多种而彼此牵制着的。比如在增加压力的过程中，塑料的黏度就会变，同时温度的梯度等也不可能前后相同。虽然如此，仍然可以给出若干粗略的通则：①随着塑模温度、制品厚度（即型腔的深度）、塑料进模时的温度等的增加，分子取向程度即有减弱的趋势；②增加浇口长度、压力和充满塑模的时间，分子取向程度也随之增加；③分子取向程度与浇口设置的位置和形状有很大关系，为减少分子取向程度，浇口最好设在型腔深度较大的部位。

如果所用的热塑性塑料还含有纤维状填料，则填料的取向作用见模块 4。

3.3 任务3 PA6注塑件的实践

3.3.1 任务简介

学生在PP注塑件、PC注塑件生产的基础上，通过学习PA6的成型加工性能，初步确定注塑成型的工艺过程、制定成型工艺条件，经教师审核完成塑件的生产，并对生产中产生缺陷的原因进行分析并制定改进方案。

3.3.2 知识准备——PA的成型加工性能

PA的吸水率比较大，加工前必须干燥，使含水量小于0.1%；另外，聚酰胺对氧敏感，高温上易氧化降解，为此常采用真空干燥，干燥条件为温度100～110℃，时间为10～12h。聚酰胺有明显的熔点，且熔点高，熔程较窄，因此加工温度较高。PA6为220～300℃、PA66为260～320℃、PA610为220～300℃、PA12为185～300℃。

聚酰胺的熔体黏度低，熔体的流动性好，其流体特性接近牛顿流体，对温度的敏感性较大；注塑中会有流涎现象，需采用自锁式喷嘴防止流涎。

聚酰胺高温下易氧化降解，超过300℃就会分解。在满足成型工艺的前提下，应避免采用过高的熔体温度，亦应避免在料筒内滞留过长时间。

聚酰胺成型时有结晶产生，成型收缩较大；结晶度高低受加工条件的影响较大。

聚酰胺制品成型后需进行调湿处理，以降低吸水对性能的影响，提高尺寸稳定性。调湿处理的条件为在水、熔化石蜡、矿物油或聚乙二醇中进行，温度高于使用温度10～20℃，时间30～60min。

聚酰胺在加工中易产生内应力，应进行退火处理；具体条件为缓慢升温到160～190℃，停留15min后，缓慢冷却即可。

3.3.3 任务实施

(1) PA6注塑工艺条件的初步制定

填写并完成表3-1-3。

(2) 观察与调整

填写并完成表3-1-4。塑件在试制的过程中会出现各种形式的缺陷，需要调整对应的工艺因素，工艺因素调整时可参考表3-1-4注塑成型产生废品的类型、原因。

本模块的三个任务，从表面上看是三种不同塑料的制品成型，实际是按成型工艺过程由

简单到复杂的安排。

任务1是PP塑件的注射成型，主要介绍了简单成型过程——注射过程，它是注射成型工艺过程的核心。这个任务的实施首先是通过教师演示或播放录像，让学生对整个过程有一个了解，同时学生需要认真观察整个操作过程，记录设置了哪些工艺参数，怎样设置的，思考参数设置的依据。然后由教师讲述整个过程所涉及的设备、原料、成型机理，使学生明确设备操作需要设置的参数与设置依据。最后教师带领学生进行生产操作，并对产品质量进行分析，对出现的缺陷提出改进措施。

任务2是PC塑件的注射成型，它包括了成型前准备、注射过程及产品的后处理。这个任务在实施时，重在巩固注射过程的知识，学生对这部分的参数设置需独立设置，然后交给教师审批。而对其他两个过程仍按教师先讲解、再示范的程序进行。最后学生在教师的指导下完成制品的生产，并对出现的缺陷进行分析，提出改进措施。

任务3是PA6注塑件的实践，则是由学生分组查找相关资料，经讨论独立确定工艺过程与工艺参数，在经教师审核后，在监管的情况下实施生产，并对出现的缺陷进行分析，提出改进措施。

在整个模块的教学过程中所涉及的教学方法有：讲授法、问题法、项目教学法、任务驱动教学法等。在整个教学过程中，各种方法相互穿插，教师通过讲授法给学生提供一个理论框架，同时教师能够有针对性地教学，有利于帮助学生全面、深刻、准确地掌握教材；运用任务驱动教学法可使学生的学习目标明确，学生主体性地位得到了凸显，符合素质教育和创新教育的发展趋势。

模块 4　热固性塑料制品的模压成型

模压成型是热固性塑料的传统成型方法，它以塑模的制造成本低、成型时塑料损耗少、模压带有纤维性填料的塑料制品时各向同性等优点而被广泛应用。在本模块里，为了使学生很好地学习与应用模压成型的知识，将课程与实践内容分解为三个任务。其中任务1是本模块的核心，它主要介绍了模压过程与工艺因素，模压过程工艺条件的制定方法；任务2是针对模压工艺过程中的物料的准备而设置的，主要学习预压压力、预热温度与时间的制定方法，同时对模压过程工艺条件制定进行实践；任务3是学生独立实践的部分，要求学生根据原料与模具的特点制定出制品生产的工艺过程与工艺条件。通过以上三个任务的实施，使学生掌握模压成型的工艺过程与工艺控制因素；基本具备常见塑料工艺条件的制定及塑件缺陷的分析与改进的能力。

4.1　任务1　壳体的模压成型

4.1.1　任务简介

如图4-1-1所示的壳体是用酚醛塑料模压成型的。由于该塑件的高度尺寸精度要求较高，为此需用不溢式压模直接模压成型。

为完成此项任务首先应了解模压设备液压机和不溢式压模的基本结构与操作方法，了解模压过程的工序与影响制品质量的工艺因素，了解根据塑料原料的工艺性能初步制定出成型工艺条件的方法。

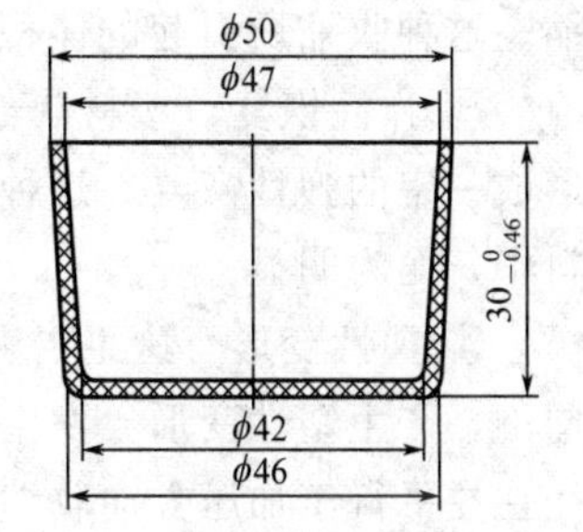

图4-1-1　壳体

4.1.2　知识准备

4.1.2.1　模压成型

模压成型又称压缩模塑或压制成型。这种成型方法是先将粉状、粒状或纤维状等塑料放入成型温度下的模具型腔中，然后闭模加压而使其成型并固化的作业。压缩模塑可兼用于热固性塑料和热塑性塑料。模压热固性塑料时，塑料一直是处于高温的，置于型腔中的热固性塑料在压力作用下，先由固体变为半液体，并在这种状态下流满型腔而取得型腔所赋予的形样，随着交联反应的深化，半液体的黏度逐渐增加以至变为固体，最后脱模成为制品。热塑性塑料的模压，在前一阶段的情况与热固性塑料相同，但是由于没有交联反应，所以在流满型腔后，须将塑模冷却使其固化才能脱模成为制品。由于热塑性塑料模压时模具需要交替地加热与冷却，生产周期长，因此热塑性塑料制品的成型以注射模塑法等更为经济，只有在模压较大平面的塑料制品时才采用模压成型。本节只着重讨论热固性塑料的模压成型。但是，这里必须指出，压缩模塑并不是热固性塑料的唯一成型方法，还可用传递和注射法成型等。

压缩模塑的主要优点是可模压较大平面的制品和利用多槽模进行大量生产，其缺点是生产周期长、效率低、不能模压要求尺寸准确性较高的制品，这一情况尤以一模多腔较为突出，主要原因是在每次成型时制品毛边厚度不易求得一致。

常用于压缩模塑的热固性塑料有：酚醛塑料、氨基塑料、不饱和聚酯塑料、聚酰亚胺等，其中以酚醛塑料、氨基塑料的使用最为广泛。模压制品主要用于机械零部件、电器绝缘件、交通运输和日常生活等方面。

4.1.2.2 热固性塑料的工艺性能

热固性塑料同热塑性塑料相比，具有制件尺寸稳定性好、耐热和刚性大等特点，所以在工程上应用十分广泛。热固性塑料的热力学性能明显不同于热塑性塑料，所以，其成型工艺性能也不同于热塑性塑料。其主要的工艺性能指标有收缩率、流动性、水分及挥发物含量、固化速度等。

(1) 收缩率

同热塑性塑料一样，热固性塑料也具有因成型加工而引起的尺寸减小。指标收缩率是用直径ϕ100mm、厚4mm的圆片试样来测定。它的计算方法与热塑性塑料收缩率相同。产生收缩的主要原因如下。

① 热收缩　这是因热胀冷缩而引起的尺寸变化。由于塑料是以高分子化合物为基础组成的物质。线胀系数比钢材大几倍甚至十几倍，制件从成型加工温度冷却到室温时，就会产生远大于模具尺寸收缩的收缩。这种热收缩所引起的尺寸减小是可逆的。收缩量大小可以用塑料线胀系数的大小来判断。

② 结构变化引起的收缩　热固性塑料的成型加工过程是热固性树脂在型腔中进行化学反应的过程，即产生交联结构。分子交联使分子链间距距离缩小，结构紧密，引起体积收缩。这种收缩所引起的体积减小是不可逆的，在进行到一定程度时不会继续产生。

③ 弹性恢复　塑料制件固化后并非刚性体，脱模时成型压力降低，体积会略有膨胀，形成一定的弹性恢复。这种现象会降低收缩率，在成型玻璃纤维和以布质为填料的热固性塑料中，尤为明显。

④ 塑性变形　这主要表现在制件脱模时，成型压力迅速降低，但模壁仍紧压着制件的周围，产生塑性变形。发生变形部分的收缩率比没有发生变形部分的收缩率大，因此，制件往往在平行于加压方向收缩较小，而垂直于加压方向收缩较大。为防止两个方向的收缩率向相差过大，可采用迅速脱模的办法补救。

影响热固性塑料收缩率的因素主要有原材料、模具结构、成型方法及成型工艺条件等。塑料中树脂和填料的种类及含量，会直接影响收缩率的大小。当所用树脂在固化反应中放出的低分子挥发物较多时，收缩率较大；放出低分子挥发物较少时，收缩率较小。

在同类塑料中，填料含量多，收缩率小；填料中无机填料比有机填料所得的塑件收缩小，例如以木粉为填料的酚醛塑料的收缩率，比相同数量无机填料（如硅粉）的酚醛塑料收缩率大（前者为0.6%～1.0%，后者为0.15%～0.65%）。凡有利于提高成型压力、增大塑料充模流动性、使制件密实的模具结构，均能减少制件的收缩率。例如，用压缩成型工艺模塑的塑件比注射成型工艺模塑的塑件收缩率小。凡能使制件紧密、成型前使低分子挥发物溢出的工艺因素，都能使制件收缩率减少，例如成型前对酚醛塑料的预热、加压等。

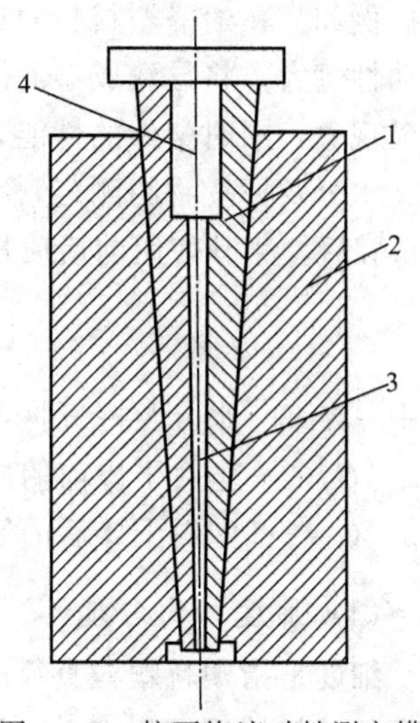

图 4-1-2　拉西格流动性测定模
1—组合凹模；2—模套；
3—流料槽；4—加料室

（2）流动性

流动性的意义与热塑性塑料流动性类同，是塑料在受热和受压下充满整个模具型腔的能力。它与塑料在黏流态下的黏度有密切关系。

关于塑料流动性的测定方法，目前大体有三种：①测流程法，在特定的模具中，于固定温度、压力及施压速率下，测定塑料在模具中的流动距离；②测流动时间法，从开始对模具加压至模具完全关闭所需的时间。流动性即以此时间表示；③流程时间测量法，将上两法结合起来，即用流动速度来表示流动性。三种方法中以①法最简单，故使用较多。在具体应用时，各国采用的模具并不完全相同，所定的标准也不一样。我国通用拉西格法（图 4-1-2）。

拉西格法是将一定量的被测塑料，在一定的温度和压力下，测定它从流料槽 3 中挤出的长度（只计算光滑部分，以 mm 计），即为拉西格流动性，其数值大则流动性好。每一品种塑料的流动性分为 3 个不同的等级，其适用范围见表 4-1-1。

表 4-1-1　热固性塑料流动性等级及应用

流动性等级	适宜成型方法	适宜制件
一级(拉西格流动性值 100～130mm)	压缩成型	形状简单,壁厚一般,无嵌件
二级(拉西格流动性值 131～150mm)	压缩成型	形状中等复杂
一级(拉西格流动性值 151mm 以上)	压缩、传递成型;拉西格值在 200mm 以上,可用于注射成型	形状复杂、薄壁、大件或嵌件较多的塑件

流动性过大容易造成溢料过多，填充不密实，塑件组织疏松，树脂与填料分头聚积，易粘模而使脱模和清理困难，产生早期硬化等缺陷；流动性过小则填充不足，不易成型，成型压力增大。影响热固性塑料流动性的主要因素有：

① 塑料原料。组成塑料的树脂和填料的性质及配比等对流动性都有影响。树脂分子支链化程度低，流动性好；填料颗粒小，流动性好；加入的润滑剂及水分、挥发物含量高时，流动性好。

② 模具及工艺条件的影响。模具型腔表面光滑，型腔形状简单，采用有利提高型腔压力的模具结构和适当的预热、预压、合适的模温等，都有利于提高热固性塑料的流动性。

（3）水分及挥发物含量

塑料中水分及挥发物的含量主要来自两方面：一是热固性塑料在制造中未除尽的水分或储存过程中由于包装不适当而吸收的水分；二是来自塑料中树脂制造时化学反应的副产物。

适当的水分及挥发物含量在塑料中可起增塑作用，有利于成型，有利于提高充模流动性。例如，在酚醛塑料粉中通常要求水分及挥发物含量为1.3%时合适；若过多，则会促使流动性过大，将导致成型周期增长，制件收缩率增大，易发生翘曲、变形，出现裂纹及表面粗糙现象，同时塑件的性能，尤其是电绝缘性能将会有所降低。

水分及挥发物的测定，是采用（5±0.2）g的试验用料，在烘箱中于100～105℃干燥30min后，测其使用前后质量差求得。计算公式为

$$X=\frac{G_b}{G_a}\times 100\% \tag{4-1-1}$$

式中 X——水分及挥发物含量的质量分数；

G_a——塑料干燥前的质量，g；

G_b——塑料干燥后的质量损失，g。

（4）细度与均匀度

细度是指塑料颗粒直径的大小，以毫米表示；均匀度是指颗粒间直径大小的差异程度。细度与塑料的比容积有关。颗粒越细，比容积就越大。颗粒小的塑料能提高制品的外观质量。在个别情况下，还能提高制品的介电和物理力学性能。颗粒太小的塑料并不是很好的，因为它在压制中所包入的空气不容易排出，这不仅会延长成型周期（空气的导热系数比塑料更小），甚至还会引起制品在脱模时起泡。

均匀度好的塑料，其比容积较一致，因此在预压或成型中可以来用容量法计量，在压制时受热也比较均匀，使制品质量有所提高，前后制品的性能也比较一致。均匀度差的，在运转、预压或自动压机中受机械的振动，常会使颗粒小的聚集在容器或料斗的底部，这样在生产制品时就会出现制品性能的前后不一致。

细度和均匀度通常是用过筛分析来衡量的。根据技术要求的不同，各种塑料常定有一定的指标。例如在生产酚醛塑料时，粉碎后的粒子不会是同一直径的，其粒度常是多分散性的。将这种塑料粉进行筛分，则在不同筛号有不同百分率的残留物。

（5）压缩率

压缩率是由下式定义的

$$压缩率=\frac{制品的相对密度}{塑料的表观相对密度}=\frac{塑料的表观比容积}{制品的比容积}$$

塑料的压缩率总是大于1。压缩率越大，所需模具的装料室也越大，这不仅耗费模具钢材，而且不利于压制时的加热。此外，压缩率越大，装料时带入模具中的空气就越多，如需排出空气，便会使成型周期增长。工业上降低压缩率的通用方法是预压。

（6）硬化速度

又称固化速度，它是指热固性塑料在压制标准试样［一般用直径为100mm，厚为（5±0.2）mm的圆片］时，使制品物理力学性能达到最佳位的速率，通常用“s/mm厚度”来表示，此值越小时，硬化速率就越大。

硬化速率依赖于塑料的交联反应性质，并在很大程度上决定于成型时的具体情况。采用预压、预热及提高成型温度和压力时均会使硬化速率增加。

硬化速率应有一适当的值，过小时会使成型周期增长，过大时又不宜用作压制大型或复杂的制品，因为在塑料尚未充满模具时即有硬化的可能。

塑料的硬化速率是通过一系列标准试样来确定的。试样压制的条件，除时间外，其他都

保持不变。各个试样系按逐次增加 10s 压成。压成后，检定各试样的某一性能指标，并绘出性能与压制时间的曲线。从曲线上即可确定最好的硬化时间，并从而标出硬化速率。

4.1.2.3　模压设备

(1) 液压机的类型与结构

液压机的作用在于通过塑模对塑料施加压力、开闭模具和顶出制品，压机的重要参数包括公称重力、压板尺寸、工作行程和柱塞直径。这些指标决定着压机所能模压制品的面积、厚度以及能够达到的最大模压压力。

模压成型所用压机的种类很多，但用得最多的是自给式液压机，重量自几千牛顿至几万牛顿不等。

液压机按其结构的不同又可分为很多类型，其中比较主要的是上动式液压机和下动式液压机。

① 上动式液压机　如图 4-1-3 所示。压机的主压筒处于压机的上部，其中的主压柱塞是与上压板直接或间接相连的。上压板靠主压柱塞受液压的下推而下行，上行则靠液压的差动。下压板是固定的。模具的阳模和阴模分别固定在上下压板上，依靠上压板的升降即能完成模具的启闭和对塑料施加压力等基本操作。制品的脱模是由设在机座内的顶出柱塞担任的，否则阴阳模即不能固定在压板上，以便在模压后将模具移出，由人工脱模。液压机的公称重力按下式计算

$$G=\frac{\pi D^2}{4}\times\frac{p}{1000} \tag{4-1-2}$$

式中，D 为主压柱塞直径，cm；p 为压机能够承受的最高液压（9.8×10kPa）。液压机的有效重力应该是公称重力减去主压柱塞的运动阻力。

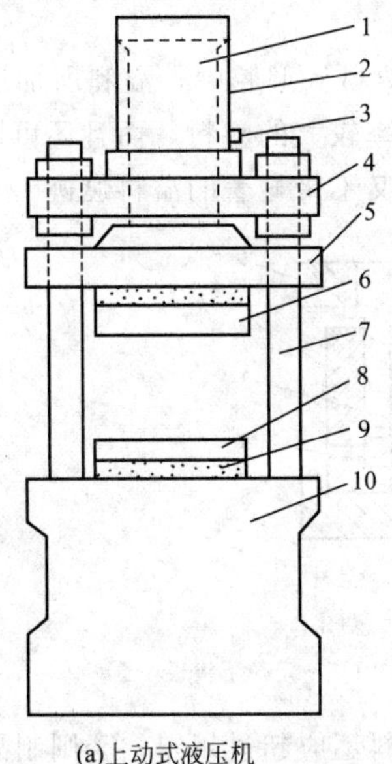

(a)上动式液压机

1—柱塞；2—压筒；3—液压管线；4—固定垫板；5—活动垫板；6—上压板；7—拉杆；8—下压板；9—绝热层；10—机座

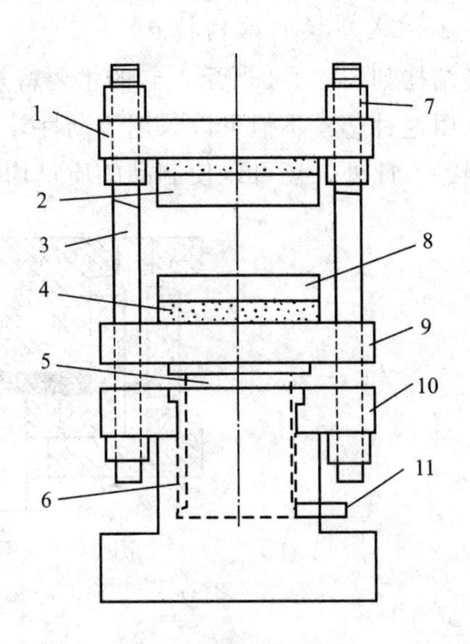

(b)下动式液压机

1—固定压板；2—上模板；3—拉杆；4—绝热层；5—柱塞；6—压筒；7—行程调节套；8—下模板；9—活动垫板；10—机座；11—液压管线

图 4-1-3　液压机

② 下动式液压机　如图 4-1-3 所示。压机的主压筒设在压机的下部，其装置恰好与上动式压机相反。制品在这种压机上的脱模一般都靠安装在活动板上的机械装置来完成。

(2) 液压机的操作规程

① 液压机操作者必须经过培训，掌握设备性能和操作技术后，才能独立作业。

② 作业前，应先清理模具上的各种杂物，擦净液压机杆上任何污物。

③ 液压机安装模具必须在断电情况下进行，禁止碰撞启动按钮、手柄和用脚踏在脚踏开关上。

④ 装好上下模具对中，调整好模具间隙，不允许单边偏离中心，确认固定好后模具再试压。

⑤ 液压机工作前首先启动设备空转 5min，同时检查油箱油位是否足够，油泵声响是否正常，液压单元及管道、接头、活塞是否有泄漏现象。

⑥ 开动设备试压，检查压力是否达到工作压力，设备动作是否正常可靠，有无泄漏现象。

⑦ 调整工作压力，不应超过设备额定压力的 90%，试压一件工件，检验合格后再生产。

⑧ 对于不同的液压机型材及工件，压装、校正时，应随时调整压机的工作压力和施压、保压次数与时间，并保证不损坏模具和工件。

⑨ 机体压板上下滑动时，严禁将手和头部伸进压板、模具工作部位；严禁在施压同时，对工作进行敲击、拉伸、焊割、压弯、扭曲等作业。

⑩ 液压机压机周边不得抽烟、焊割、动火，不得存放易燃、易爆物品。做好防火措施；液压机工作完毕，应切断电源、将压机液压杆擦拭干净，加好润滑油，将模具、工件清理干净，摆放整齐。

(3) 不溢式塑模的结构特点

塑模结构如图 4-1-4 所示，它的主要特点是不让塑料从型腔中外溢和所加压力完全落在塑料上。用这种塑模不但可以采用流动性较差或压缩率较大的塑料，而且还可以制造牵引度较长的制品。此外，还可以使制品的质量均匀密实而又不带显著的溢料痕迹。

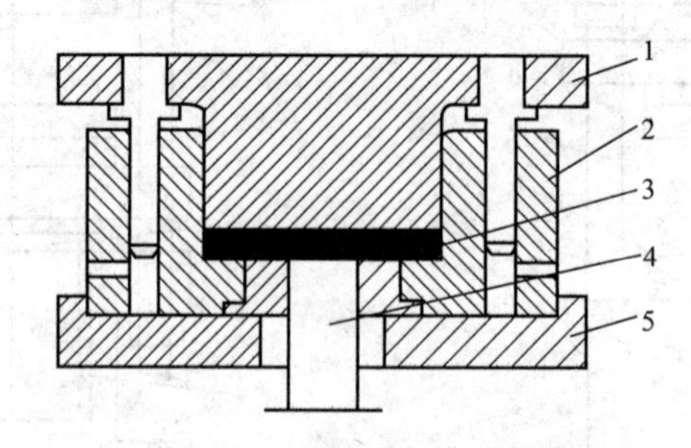

图 4-1-4　不溢式塑模示意图

1—阳模；2—阴模；3—制品；4—脱模杆；5—定位下模板

由于不溢式塑模在模压时几乎无溢料损失，故加料不应超过规定，否则制品的厚度就不符合要求。但加料不足时制品的强度又会有所削弱，甚至变为废品。因此，模压时必须用称量的加料方法。其次不溢式塑模不利于排除型腔中的气体。这就需要延长固化时间。

模具加热主要用电、过热蒸汽或热油等，其中最普遍的是电加热，加热方式即可利用液压机上放置的加热板加热（常用于移动式压模），也可利用模具上的加热装置加热（常用于固定式压模)，如图 4-1-5 所示。电加热的优点是热效率商加热温度的限制性小，容易保持设备的整洁。缺点是操作费用高，且不易添设冷却装置。

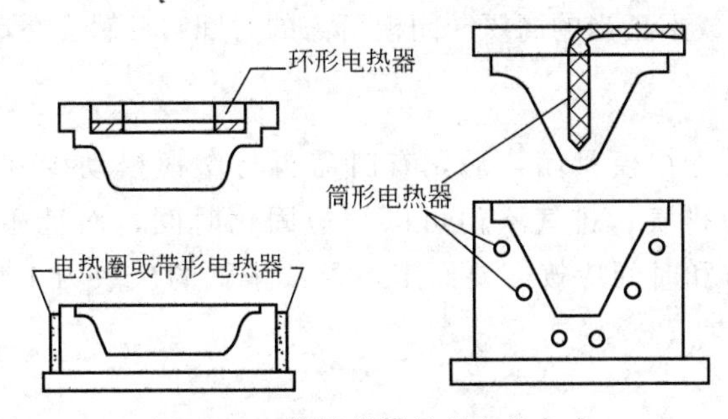

图 4-1-5 深浅槽模具的电热方式

4.1.2.4 模压过程

模压过程的工序可分为加料、闭模、排气、固化、脱模与模具清理等。如制品有嵌件需要在模压时封入的，则在加料前应将嵌件安放好。

(1) 嵌件的安放

嵌件通常是作为制品中导电部分或使制品与其他物体结合用的。常用的嵌件有轴套、轴帽、螺钉和接线柱等。为使嵌件与塑料制品结合得更加牢靠，其埋入塑料部分的外形通常都采用滚花、钻孔或设有突出的棱角、型槽等措施。一般嵌件只需用手（模具温度很高，操作时应戴上手套）按固定位置安放，特殊的需用专门工具安放。安放时要求正确和平稳，以免造成废品或损伤模具。模压成型时，防止嵌件周围的塑料出现裂纹，常采用浸胶布做成垫圈进行增强。

(2) 加料

在模具内加入模压制品所需分量的塑料为加料。如型腔数少于六个，且加入的又是预压物，则一般就用手加；如所用的塑料为粉料或粒料，则可用勺加。型腔数多于六个的通常用加料器，如图 4-1-6 所示。加料的定量方法有质量法、体积法和计数法三种。质量法准确，但较麻烦。容量法虽不及质量法准确，但操作方便。计数法只用作加预压物，实质上仍然是容量法，因为预压物的定量是用容量法定量的。

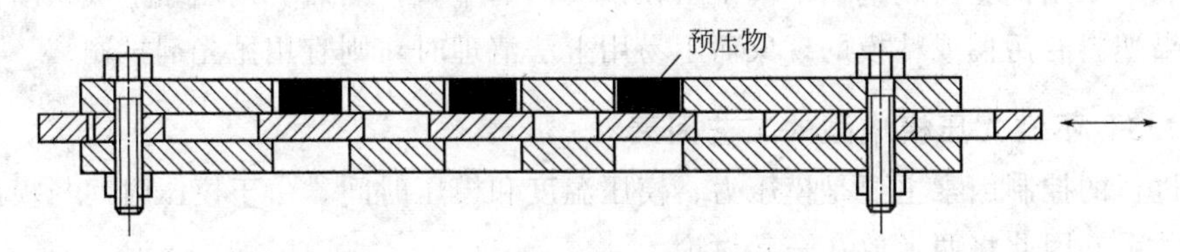

图 4-1-6 加料器结构示意图

加入模具中的塑料宜按塑料在型腔内的流动情况和各个部位需用量的大致情况作合理的堆放。不然，容易造成制品局部疏松的现象，这在采用流动性差的塑料时尤为突出。采用粉料或粒料时，宜堆成中间稍高的形式，以便于空气的排出。

(3) 闭模

加完料后就进行闭模，当阳模尚未触及塑料前，应尽量使速度加快，以缩短模塑周期和避免塑料过早固化或过多降解，当阳模触及塑料后，速度即行放慢。不然，很可能提早在流动性不好的温度较低的塑料上形成高压，从而使模具中的嵌件、成型杆件或型腔遭到损坏。此外，放慢速度还可以使模内的气体得到充分的排除。显然速度也不应过慢。总的原则是不使阴阳模在闭合中途形成不正当的高压。闭模所需的时间自几秒至数十秒不等。

(4) 排气

模压热固性塑料时，在模具闭合后，有时需再将塑模松动少许时间，以便排出其中的气体，这道工序即为排气。排气不但可以缩短固化时间，而且还有利于制品性能和质量的提高。排气的次数和时间应按需要而定，通常排气的次数为 1～2 次，每次时间几秒至 20s。

(5) 固化

热塑性塑料的固化只需将模具冷却，以使所制制品获得相当强度而不致在脱模时变形即可。热固性塑料的固化是在模塑温度下保持一段时间，以待其性能达到最佳为度，固化速率不高的塑料，有时也不必将整个固化过程放在塑模内完成，而只需制品能够完整地脱模即可结束固化，因为拖长固化时间会降低生产率。提前结束固化时间的制品须用后处理的办法来完成固化。通常酚醛模塑制品的后处理温度范围为 90～150℃；时间自几小时至几十小时不等，两者均视制件的厚薄而定。模内的固化时间一般由 20s 至数分钟。固化时间决定于塑料的类型、制品的厚度、物料的形式以及预热和模塑的温度，一般须由实验方法确定。过长或过短的固化时间，对制品的性能都是不利的。

(6) 脱模

固化完毕后使制品与塑模分开的工序为脱模。脱模主要是靠推杆来执行的。模压小型制品时，如模具不是固定在压板上的，则须通过塑模与脱模板来脱模。有嵌件的制品，应先用特种工具将成型杆件拧脱，而后再行脱模。热固性塑料制品，为避免因冷却而发生翘曲，则可放在与模具型腔形状相仿的型面在加压的情况下冷却。如恐冷却不均而引起制品内部产生内应力，则可将制品放在烘箱中进行缓慢冷却。热塑性塑料制品是在成型用的塑模内冷却的，所以不存在上述的问题。最多是对冷却的速率严加控制。

(7) 塑模的清理

脱模后，须用铜签（或铜刷）刮出留在模具内的塑料，然后再用压缩空气吹净阴阳模和台面。如果塑料有污模或粘模的现象而不易用上法清理时，则宜用抛光剂拭刷。

4.1.2.5 不溢式压模成型的工艺因素

模压过程的控制因素主要是模压力、模压温度和模压时间。由于模压时间与模压温度有着密切的关系，因此将两者放在一起讨论。

(1) 模压压力

模压压力是指模压时迫使塑料充满型腔和进行固化而由压机对塑料所加的压力。它可以用下式计算

$$p_m = p_L \frac{\pi R^2}{A} \tag{4-1-3}$$

式中，p_L 为压机实际使用的液压压力；R 为主压柱活塞的半径；p_m 为模压压力；A 为阳模与塑料接触部分的投影面积。

1）模压过程中的压力 图 4-1-7 的曲线系用不溢式塑模模压热固性塑料时压力、体积随时间变化的简明关系。按塑料在模内所发生的物理与化学变化将整个模塑周期共分五个阶段：即施压、塑料受热、固化、压力除解及制品冷却。第①阶段内，当阳模触及塑料后，塑料所受压力即在短期急剧上升至规定的数值。而在②和③两个阶段则均保持规定的压力不变（指用液压机），并且等于计算的压力，所以塑料是在等压下固化的。第④阶段为压力解除阶段，塑料（此时已为制品）又恢复到常压，并延续到第⑤阶段的终了。五个阶段中塑料体积的相应变化：第①阶段中体积缩小是由于受压时从松散变为密实的结果；第②阶段中体积回升是塑料受热后的膨胀造成的；在第③阶段中塑料发生交联反应，体积又随之下降；第④阶段中由于压力的解除，塑料的体积又因弹性回复而得到增加；第⑤阶段，塑料制品的体积因冷却而下降，并在室温下趋于稳定。

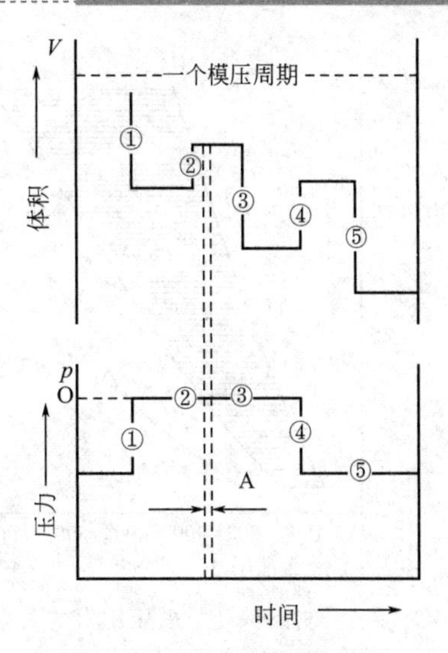

图 4-1-7 不溢式塑模成型压力与体积随时间的变化

O 点为计算的模型压力；A 段是排气阶段

在实际模压中，虽然各部分的塑料都有五个阶段的变化，但有些阶段是同时进行的，例如，当某一部分正在进行第①阶段时，另一部分可能已在进行热膨胀，而与塑模紧贴的塑料又可能正在进行固化。压力解除后，弹性回复也不一定立即发生，可能在冷却时继续发生。所以一般的制品，在冷至室温后，还会发生后收缩。后收缩的时间很长，有时可达几个月，后收缩的比例通常在 1%左右。

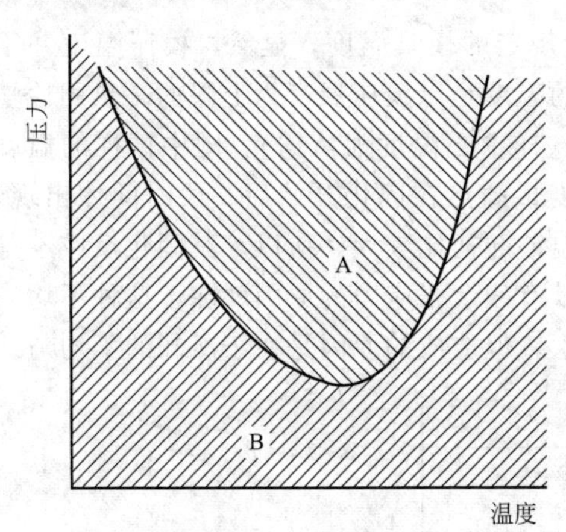

图 4-1-8 模压压力与预热温度的关系

A 代表塑料可以充满塑模的区域；

B 代表不能充满的区域

2）压力与塑料的压缩率 压缩率高的塑料，通常比压缩率低的需要更大的模压压力。

3）压力与预热 预热的塑料所需的模压压力均比不预热的小，因为前者数流动性较大。但应以正确的预热温度为前提，否则不易取得好的效果。图 4-1-8 即模压压力与预热温度的典型关系。从图可以看出，当预热温度增大时，模压压力（此处指使塑料流满型腔所需的最小压力）先是下降，降至最低点后又行回升。回升的原因是预热对塑料的软化已不能抵消因升温而发生固化反应的后果。

4）压力与模具温度 在一定范围内提高模具温度有利于模压压力降低。但模具温度过高时，靠近模壁的塑料会过早固化而失去降低模压压力的可能性，同时还会因制品局部出现过热而使性能劣化。如模具温度正常，则塑料与模具边壁靠得越紧，塑料的流动性就越好，这是由于传热较快的缘故。但是靠紧的程度与施加的压力有关，因此模压压力的增大有利于提高塑料的流动性。

5）压力与制品深度 如果其他条件不变，则制品深度越大，所需的模压压力也应越大。

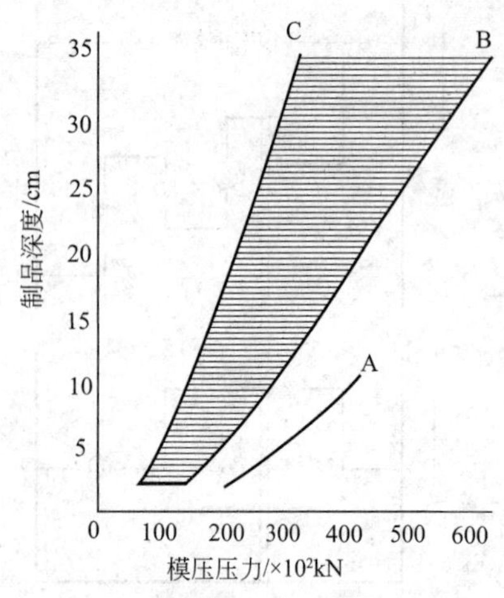

图 4-1-9　制品深度与模压压力的关系

预热与不预热的酚醛塑料，模压时模压压力随制品深度变化的关系如图 4-1-9 所示。其中 A 曲线为不预热的情况；B 与 C 所划出的区域为高频预热的情况。模压时，制品深度如果是定值，其面积较小的宜用偏向 C 的数据，否则宜用偏向 B 的数据。

6）压力与制品的密度　制品的密度是随模压压力的增加而增加的，但增至一定程度后，密度的增加即属有限。密度大的制品，其力学强度一般偏高。从实验知，单独增大模压压力并不能保证制品内部不带气孔。使制品不带气孔的有效措施就是合理设计制品，模压时放慢闭模速度、预热和排气等。但降低模压压力会增加制品带有气孔的机会。

仅从以上的论述，已可看出模压压力所涉及的因素是十分复杂的，表 4-1-2 虽列出各种热固性塑料的模压压力范围，但只能作为参考数据，在每一具体情况下，模压压力必须用试差法求得。

模压压力对热塑性塑料的关系，基本上与上述情况相同，只是没有固化反应及有关的化学收缩。

（2）模压温度

① 模压过程中的温度　模压温度是指模压时所规定的模具温度，显然，模压温度并不等于模具型腔内塑料的温度。热塑性塑料在模压中的温度是以模压温度为上限的。热固性塑料在模压中温度的变化情况见图 4-1-10（系以某一试样中心温度为依据）。图中试样的温度高于模压温度是由于塑料固化时放热而引起的。温度最高点在固化开始后一段时间才出现，这是因为所测的是试样的中心温度。中心和边缘的温差起初比较大，所以，其固化反应不是同时开始的。通常制品表面带有残余压应力而内层带有残余张应力的原因就在于这种不均匀的固化。模压热塑性塑料时，同样也有这种现象发生，但造成的原因是在于冷却的不均匀。

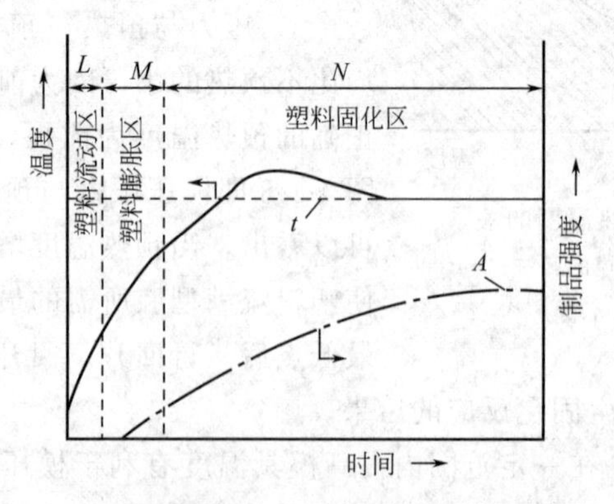

图 4-1-10　塑料温度和制品强度随时间的变化关系

A—强度最高点；*t*—塑模温度；*L*—塑料流动区域（根据体积变化确定，下同）；

M—塑料热膨胀区域；*N*—塑料固化区域

图 4-1-10 中的下曲线表示制品强度随模压时间的变化关系。在不同的模压温度下（模压压力不变）所得强度曲线的形样是相同的，不同的只是最大数值的量。过大或过小的模压

温度均会促使最大值的降低，且在温度过低时还会徒然增长固化时间。所以要使制品强度取得极大值，模压温度和模压时间也是决定的因素。强度曲线出现下降现象（曲线上 A 点偏右的部分）是由于塑料制件"过熟"的缘故。

② 模压温度与模压周期　模压温度越高，模压周期越短。图 4-1-11 表示以木粉为填料的酚醛塑粉模压时模压温度与模压周期的关系。总的来说，任何热固性塑料的模压都有与图 4-1-9 相似的关系，从图可以看出，该种塑料的模压温度最好在 170℃左右。不论模压的塑料是热固性或热塑性的，在不损害制品强度及其他性能的前提下，提高模压温度对缩短模压周期和提高制品质量都是有好处的。

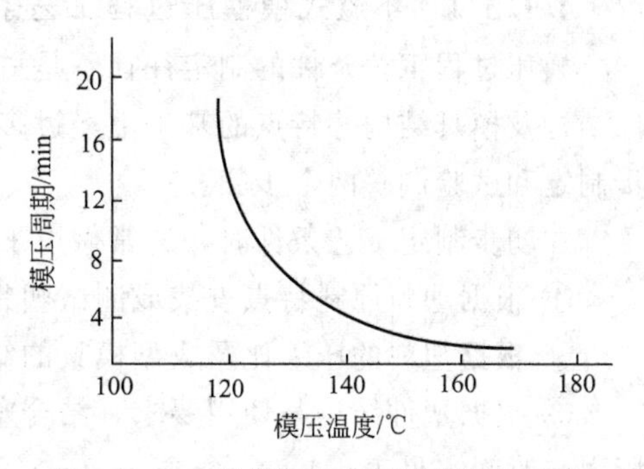

图 4-1-11　模压温度和模压周期的关系

③ 模压温度与塑料品种　不同的塑料有不同的模压温度，表 4-1-2 列有部分热固性塑料模压时的温度和模压压力范围。

表 4-1-2　热固性塑料的模压温度与模压压力

塑料类型	模压温度/℃	模压压力/MPa
三聚氰胺甲醛塑料	140～180	14～56
聚合甲醛塑料	135～155	14～56
聚酯	85～150	0.35～3.5
邻苯二甲酸二丙烯酯	120～160	3.5～14
环氧树脂	145～200	0.7～14
有机硅	150～190	7～56

④ 模压温度与制品厚度　由于塑料是热的不良导体，因此模压厚度较大的制品就需要较长的时间，否则制品内层很可能达不到应有的固化。增加模压温度虽可加快传热速率，从而使内层的固化在较短的时间内完成，但很容易使制品表面发生过热现象。所以模压厚度较大的制品，不是增加而是要降低模压温度。

薄壁制品取温度的上限（深度成型除外）；厚壁制件取温度的下限；同一制件有厚薄断面分布的取温度的下限或中间值，以防薄壁处过熟。

⑤ 模压温度与预热　经过预热的塑料，由于内外层温度较均匀，塑料的流动性较好，故模压温度可以较不预热的高些。

（3）模压时间

模压时间是指从模具闭合到模具开启的一段时间，即塑料从充满型腔到固化成型为塑件在模腔内停留的时间。

① 模压时间与原料的硬化速率　通常塑料原料的硬化速率越大，模压时间越短。

② 模压时间与制品厚度　模压时间与制品厚度成正比，在一定温度下，制品越厚所需模压时间越长。

另预热使模压时间缩短，较高的模压压力和模压温度使模压时间缩短。

4.1.3 任务实施

4.1.3.1 不溢式模模压过程工艺条件的初步制定

模压过程工艺条件的制定往往不是一次就能达到目标的，它是在综合考虑塑料原料、塑件结构及模具结构等特点的基础上经过多次的试验、反复调整才能达到的，因此需要经过初步制定和试验调整两个步骤。

在初步制定工艺条件时，通常做以下几个方面的工作：

① 根据塑料原料特点查找或测试塑料工艺性能和成型工艺范围（见表 4-1-3）；

② 根据塑料的压缩比及成型模具的结构特点确定工艺过程；

③ 根据塑件结构与使用要求，结合塑料的硬化速率、工艺控制因素初步确定成型温度、压力与时间（见表 4-1-3）。

表 4-1-3 塑料模压成型工艺试验卡

<table>
<tr><td colspan="7">塑料模压成型工艺试验卡</td></tr>
<tr><td colspan="5" rowspan="6">塑件图
$\phi50$
$\phi47$
$30^{0}_{-0.46}$
$\phi42$
$\phi46$</td><td>零件名称</td><td></td></tr>
<tr><td>材料牌号</td><td>酚醛塑料</td></tr>
<tr><td>设备型号</td><td></td></tr>
<tr><td>模具类型</td><td>不溢式</td></tr>
<tr><td>腔数</td><td>1</td></tr>
<tr><td>单件质量</td><td></td></tr>
<tr><td colspan="5">工艺性能</td><td colspan="2">工艺因素</td></tr>
<tr><td>收缩率</td><td>流动性</td><td>硬化速率
/(mm/min)</td><td>压缩率</td><td>水分、挥发分</td><td>模压温度
/℃</td><td>模压压力
/MPa</td></tr>
<tr><td>×××</td><td>×××</td><td>0.8～1.2</td><td>×××</td><td>×××</td><td>150～156</td><td>25～35</td></tr>
<tr><td>工艺过程</td><td colspan="2">项目</td><td colspan="2">初定</td><td>暂定</td><td>结果</td></tr>
<tr><td rowspan="3">成型前准备</td><td>预压</td><td>压力/MPa</td><td colspan="2"></td><td></td><td></td></tr>
<tr><td rowspan="2">预热</td><td>温度/℃</td><td colspan="2"></td><td></td><td></td></tr>
<tr><td>时间</td><td colspan="2"></td><td></td><td></td></tr>
<tr><td rowspan="3">模压过程</td><td colspan="2">模压压力/MPa</td><td colspan="2">25</td><td></td><td></td></tr>
<tr><td colspan="2">模压温度/℃</td><td colspan="2">150</td><td></td><td></td></tr>
<tr><td colspan="2">模压时间/s</td><td colspan="2">60</td><td></td><td></td></tr>
<tr><td rowspan="2">压后处理</td><td colspan="2">温度/MPa</td><td colspan="2"></td><td></td><td></td></tr>
<tr><td colspan="2">时间/℃</td><td colspan="2"></td><td></td><td></td></tr>
</table>

4.1.3.2 观察与调整

用于生产塑件的模具在设备上的安装有固定式与移动式两种方式，下面以移动式模具为例说明试制塑件的操作步骤。

① 按照液压机的操作规程检查液压机是否正常运转。

② 在控制面板上设置试制工艺条件。

③ 将压模放置于液压机的中心，闭合压机。

④ 升温，在温度升到规定值时恒温10～30min。

表 4-1-4 一般热固性塑料产生废品的类型、原因及处理方法

废品类型	产生的原因	处理方法
表面气泡或鼓起	1.塑料中水分与挥发物的含量太大 2.塑模过热或过冷 3.模压压力不足 4.模压时间过短 5.塑料压缩率太大，所含空气太多 6.加热不均匀	1.将塑料干燥或预热后加入模具 2.适当调节温度 3.增加压力 4.延长模压时间(固化阶段) 5.将塑料进行预压或用适当的分配方式使有利于空气的逸出，对于疏松状塑料，宜将塑料堆成山峰状，不宜使峰顶平坦或下陷 6.改进加热装置
翘曲	1.塑料固化程度不足 2.塑模温度过高或阴阳两模的表面温差太大，使制件各部分的收缩率不一致 3.制件结构的刚度不足 4.制件壁厚与形状过分不规则使料液固化与冷却不均匀，从而造成各部分的收缩率不一致 5.塑料流动性太大 6.闭模前塑料在模内停留的时间过长 7.塑料中水分与挥发物的含量太大	1.增加固化时间 2.降低温度或调整阴阳两模的温差在±3℃的范围内，最好相同 3.设计制件时应考虑增加制件的厚度或增添加强筋 4.改用收缩率小的塑料，相应调整各部分的厚度，预热塑料，变换制件的设计 5.改用流动性小的塑料 6.缩短塑料在闭模前留于模内的时间 7.预热塑料 注：塑料翘曲现象虽可用制件在模内冷却的方法消除，但模压周期延长或需多副模具
欠压(即制件没有完全成型，不均匀，制件全部或局部呈疏松状)	1.压力不足 2.加料量不足 3.塑料的流动性大或小 4.闭模太快或排气太快，使塑料从塑模溢出 5.闭模太慢或塑模温度太高，以致部分塑料过早固化	1.增大压力 2.增加料量 3.改用流动性适中的塑料，或在模压流动性大的塑料时缓慢加压，在模压流动性小的塑料时增大压力或降低温度 4.减慢闭模或排气的速度 5.加快闭模或降低塑模温度
表面灰暗	1.模面光洁度不够 2.润滑剂质量差或用量不够 3.塑模温度过高或过低	1.仔细清理塑模并加强维护、抛光或镀铬 2.改用适当的润滑剂 3.校正塑模温度
裂缝	1.嵌件与塑料的体积比例不当或配入的嵌件太多 2.嵌件的结构不正确 3.模具设计不当或顶出装置不好 4.制件各部分的厚度相差太大 5.塑料中的水分与挥发物的含量太大 6.制件在模内冷却的时间太长	1.制件应另行设计或改用收缩率小的塑料 2.改用正确的嵌件 3.改正模具或顶出装置的设计 4.改正制件的设计 5.预热塑料 6.缩短或免去在模内冷却的时间

续表

废品类型	产生的原因	处理方法
表面出现斑点或小缝	塑料内含有外来杂质，尤其是油类物质，或塑模未很好清理	塑料过筛，防止外来杂质的沾染，仔细清理模具
制件变色	塑模温度过高	降低模温
粘模	1. 塑料中可能无润滑剂或用量不当 2. 模面粗糙	1. 塑料内适当加入润滑剂 2. 降低模面的粗糙度
飞边太厚	1. 加料过多 2. 塑料流动性太小 3. 模具设计不当 4. 导套被堵	1. 准确加料 2. 预热塑料，降低温度及增大压力 3. 改正设计错误 4. 清理导套
表面呈橘皮装	1. 塑料在高压下闭模太快 2. 塑料流动性太大 3. 塑料颗粒太粗 4. 塑料水分	1. 降低闭模速度 2. 改用流动性小的塑料或烘干原用塑料 3. 预热塑料 4. 干燥塑料
脱模时呈柔软状	1. 塑料固化程度不够 2. 塑料水分太多 3. 塑模润滑剂太多	1. 增加固化时间或提高模具温度 2. 预热塑料 3. 不用或少用润滑剂
制件尺寸不合要求	1. 加料量不准 2. 塑模不精确或已磨损 3. 塑料不合规格	1. 调整加料量 2. 修理或更换模具 3. 改用符合规定的塑料
电性能不合要求	1. 塑料水分太多 2. 塑料固化程度不够 3. 塑料含有金属污物或油脂等杂质	1. 预热塑料 2. 增长模压周期或提高模温 3. 防止外来杂质
力学强度差与化学性能低	1. 塑料固化程度不够，一般是由模温低造成的 2. 模压压力不足或加料量不够	1. 增加塑模温度与固化时间 2. 增加模压压力和加料量

⑤ 打开压机，用卸模架打开模具，加料，放入凸模，并将模具放回压机中心。

⑥ 闭合压机加压，随后减压进行排气，最后使压力升至成型压力。

⑦ 模压时间到后打开压机，用卸模架打开模具，取出塑件。

⑧ 观察塑件的表面质量与断面质量，分析原因，调整工艺参数。

⑨ 重复③～⑧。

⑩ 当表面质量与断面质量达到要求时，对塑件进行尺寸与性能检测，达标后确定工艺参数。

在塑件试制的过程，步骤⑧是整个试制过程中的重点与难点。

由于工艺因素在初设时通常没有达到最优值，因而在试制的过程中制品会出现各种形式的缺陷，针对这些缺陷，需要调整对应的工艺因素。表 4-1-4 列举了一般热固性塑料产生废品的类型、原因及处理方法，在工艺因素调整时加以参考。

在多因素工艺调整时通常采用相对固定其他因素而进行单因素调整，在压缩成型中优先调整模压温度与模压压力，一般利用试差法对需调整的因素进行调整。

4.1.4 知识拓展——冷压烧结成型

由于聚四氟乙烯塑料成型的冷压烧结法，其中冷压型坯工序与压缩模塑有很多相同之处，故在此也将作一简要叙述。

大多数氟塑料熔体在成型温度下具有很高的黏度，事实上是很难熔化的，所以虽说是热塑性塑料，但却不能用一般热塑性塑料的方法成型，只能以类似粉末冶金烧结成型的方法，通称冷压烧结成型。成型时，先将一定量的含氟塑料（大都为悬浮聚合树脂粉料）放入常温下的模具中，在压力作用下压制成密实的型坯（又称锭料、冷坯或毛坯），然后送至烘室内进行烧结，冷却后即成为制品。现以聚四氟乙烯为例，简述其工艺过程如下。

(1) 冷压成型

聚四氟乙烯树脂是一种纤维状的细粉末，在贮存或运输过程中，由于受压和震动，容易结块成团，使冷压时加料发生困难，或所制型坯密度不均匀，所以使用前须将成团结块捣碎，用20目筛过筛备用。

将过筛的树脂按制品所需量加入模内，用刮刀刮平，使之均匀分布在型腔里。这里值得注意的是：一个型坯应一次完成加料量，否则制品就可能在各次加料的界面上开裂。加料完毕后应立即加压，加压宜缓慢进行，严防冲击。升压速度（指阳模压入速度）视制品的高度和形状而定。直径大而长的型坯升压速度应慢，反之则快。慢速为5～10mm/min，快速为10～20mm/min。

通常模压压力为30～50MPa。压力过高时，树脂颗粒在模内容易相互滑动，以致制品内部出现裂纹：压力过低时，制品内部结构不紧密，致使制品的物理性能、力学性能显著下降。为使型坯的压实程度尽可能一致，高度较高的制品应从型腔上下同时加压。当施加的压力达规定值后，尚需保压一段时间，保压时间也视制品的情况而定。直径大而长的制品保压时间为10～15min，一般的则为3～5min。然后缓慢卸压，以免型坯强烈回弹产生裂纹。

如果型坯的面积较大，则由树脂粉末裹入的空气不易排出，所以模压时需要排气，排气的次数和时间应由实验确定。

冷压所制的型坯，强度较低，如稍有碰撞就可能损坏，故脱模时必须留心。

(2) 烧结

烧结是将型坯加热到树脂熔点（327℃）以上，并在该温度下保持一段时间，以使单颗粒的树脂互相扩张，最后黏结熔合成一个密实的整体。聚四氟乙烯的烧结过程是一个相变过程。当烧结温度超过熔点时，大分子结构中的晶体部分全部转变为无定形结构，这时，物体外观由白色不透明体转变为胶状的弹性透明体。待这一转变过程充分完成（即称烧结好了的型坯）后，方可进行冷却。合理的控制烧结过程——升温、保温和冷却以及烧结程度是确保制品质量的重要因素。

按操作方式的不同，烧结方法有连续烧结和间歇烧结两种，连续烧结用于生产小型管料，而间歇烧结则常用于模压制品。按照加热载体的不同又可分为固体载热体烧结，液体载热体烧结和气体载热体烧结三种。气体载热体烧结包括普通烘箱和带有转盘的热风循环的烧结。由于带有转盘的热风循环烧结具有坯料受热均匀，随时可以观察坯料的烧结情况、制品洁白、操作方便以及易于控制等优点，因此这种方法目前已广为国内采用。下面即以这种方法生产聚四氟乙烯制品的情况简述如下。

① 升温　将型坯由室温加热至烧结温度的过程就叫升温。由于聚四氟乙烯的传热性能差，所以加热应按一定的升温速度进行。升温太快，型坯各部分膨胀不均，易使制品产生内应力，甚至出现裂纹，再者，型坯外层温度已达要求，而内层温度还很低，如果就此冷却，则会造成“内生外熟”的现象。当然，升温速度太慢也不好，这会使生产周期增长。在实际生产中，升温速度应视型坯的大小、厚薄等因素而定。大型制品的升温速度通常为30～40℃/h，直到380～390℃为止。为了确保烧结物内外温度的均匀性，应在线膨胀系数较大的温度（300℃，340℃）下各保温一段时间以使其内外膨胀一致。小型制品可采用80～120℃/h的升温速度。用分散树脂制薄板时升温速度应慢些，以30～40℃/h为宜。

聚四氟乙烯的烧结温度主要是根据树脂的热稳定性来确定的，热稳定性高的，烧结温度一般规定为380～400℃，热稳定性差的，烧结温度可低些，通常为365～375℃。烧结温度的高低对制品性能影响很大。例如在烧结温度范围内提高温度，制品结晶度高，密度大，但收缩率却增大了。如果将烧结温度不恰当地继续提高或降低均会使制品的性能变坏。

② 保温　保温就是将到达烧结温度的型坯在该温度下保持一段时间使其完全“烧透”的过程。保温时间主要决定于烧结温度、树脂的热稳定性以及制品的厚度等因素。在保证烧结质量的前提下，烧结温度高时，保温时间应该短，热稳定性差的树脂，保温时也应该短些，否则都会造成树脂的分解，致使制品表面不光、起泡以及出现裂纹等。为使大型厚壁制品中心区烧透，保温时间就应长些。在生产中，大型制品通常都是选用热稳定好的树脂，保温时间为5～10h，小型制品的保温时间为1h左右。

聚四氟乙烯在加热到250℃以上时，便开始轻度分解。当温度高于415℃时，分解速度急剧增加。聚四氟乙烯的分解产物是一些具有毒性的不饱和化合物，如全氟异丁烯、四氟乙烯以及全氟丙烯等。因此，烧结时必须采取有效的通风措施和相应的劳动保护措施。

③ 冷却　冷却是将已经烧结好的成型物从烧结温度降到室温的过程。与烧结一样，聚四氟乙烯的冷却也是一个相变过程，不过冷却是烧结的逆过程，即由非晶相变为晶相的过程。

冷却有“淬火”与“不淬火”两种。淬火为快速冷却，不淬火指慢速冷却。淬火是将处于烧结温度下的成型物以最快的冷却速度通过最大结晶速度的温度范围。由于冷却介质不同，淬火又有“空气淬火”和“液体淬火”之分。显然，液体比空气冷却快些，所以液体淬火所得制品的结晶度比空气淬火的小。所谓不淬火就是将处于烧结温度下的成型物缓慢冷却至室温的过程，由于降温缓慢，利于分子规整排列，所以制品的结晶度通常都比淬火的大。冷却速度对制品的物理力学性能和结晶度的影响见表4-1-5。

表4-1-5　冷却速度与制品性能和结晶度的关系

冷却速度 性　能	慢速冷却(不淬火)	快速冷却(淬火)
结晶度/%	80	65
相对密度	2.245	2.195
收缩率/%	3～7	0.5～1
断裂伸长率/%	345～395	355～365
拉伸强度/MPa	35～36	30～31

不同制品对冷却速度的要求也不尽相同。大型制品，如果冷却太快，内外层温差就大，以致收缩不均而具有内应力，甚至出现裂纹，故厚度或高度大于 4mm 时，一般都不淬火，通常以 15～24℃/h 的速度缓慢冷却，并应在结晶速度最快的温度范围内保温一段时间，以使其结晶度增加，冷至 150℃后取出再放于石棉箱内冷至室温。厚度大于 25mm 的制品应在烧结炉内缓慢冷至室温后方可取出。对板材或尺寸要求精确的制品，从烧结炉中取出后应放在定型模内在受压下冷至室温。小型制品则以 60～70℃/h 的降温速度冷却到 250℃时取出。这种制品是否淬火应根据用途决定。

4.2　任务 2　果碟的模压成型

4.2.1　任务简介

如图 4-2-1 所示的果碟是用脲醛模塑粉模压成型的。由于该塑件尺寸精度低，高度尺寸较小，属于扁平塑件，加之脲醛模塑粉在模压前需预压，为此可用溢式压模模压成型。

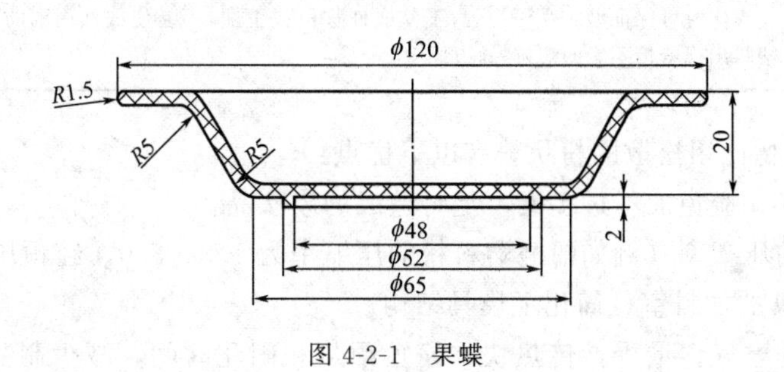

图 4-2-1　果蝶

为完成此项任务首先应将原料预压、预热，然后再经模压成型。为此需了解预压机、预压过程和溢式压模的基本结构，掌握预压、预热的工艺规程，制定合理的预压、预热工艺条件，并对模压工艺条件的调整再次实践。

4.2.2　知识准备

4.2.2.1　预压

完备模压成型的工艺过程是由物料的准备、模压过程和压后处理组成的。模压过程已在任务 1 中讲述，在此主要介绍物料的准备和压后处理。

物料的准备又分为预压和预热两个部分。预压一般只用于热固性塑料，而预热则可用于热固性和热塑性塑料。模压热固性塑料时，预压和预热两个部分可以全用，也可以只用预热一种。单进行预压而不进行预热是很少见的。预压和预热不但可以提高模压效率，而且对制品的质量也起到积极的作用。如果制品不大，同时对它的质量要求又不很高，则准备过程也可免去。

将松散的粉状或纤维状的热固性塑料预先用冷压法（即模具不加热）压成质量一定、形样规整的密实体的作业称为预压，所压的物体称为顶压物，也称为压片、锭料或型坯。

（1）预压的优缺点

预压物的形状并无严格的限制，一般以能用整数而又能十分紧凑地装入模具中为最好。常用预压物的形状及其优缺点见表 4-2-1。

表 4-2-1　预压物的形状及其优缺点

预压物形状	优缺点	应用情况
圆片	压模简单，易于操作，运转中破损少，可以用各种预热方法预热	广泛采用
圆角或腰鼓形长条	适用于质量要求较重的预压物，顺序排列时可获得较为紧密的堆积，便于用高频电流加热，如果尺寸取得恰当，则模压时可使型腔受压均匀；缺点是运转中破损较大	较少采用
扁球	运转中磨损较少，模压装料容易，缺点是难以规整排列，表观密度低，不宜用高频电流预热	较少采用
与制品形状相仿	便于采用流动性较低的压塑粉，制品的溢料痕迹不十分明显，模压时可以使型腔受压均匀；缺点是制品表面易染上机械杂质，有时不符合高频电流预热的要求	用于较大的制品
空心体（两瓣合成）和双合体	模压时可保证型腔受压均匀，不使嵌件移位或歪曲，不易使嵌件周围的塑料出现熔接不紧的痕迹，缺点同上	用于带精细嵌件的制品

模压时用预压物比用松散的粉状料有以下优点：

① 料快而准确。避免加料过多或不足时造成的废次品。

② 降低塑料的压塑率（例如酚醛塑料粉的压缩率为 1.8～3.0，经预压后可降到 1.25～1.40）。减小了模具的加料室，简化了模具结构。

③ 预压物中的空气含量少，传热快，缩短预热和固化时间，减少制品出现气泡，有利于提高制品质量。

④ 可提高预压物的预热温度，可缩短预热时间和固化时间。例如酚醛塑料的粉料只能在 100～120℃下预热，而预压物可高至 170～190℃下预热。

⑤ 采用与制品相似的预压物有利于模压较大的制品。

预压物虽有以上的优点，其缺点是要增加相应的设备和人力，松散度大的长纤维物料预压比较困难，需要大型复杂的设备。

需要指出的是并不是所有的压塑粉在预压时都会获得良好的预压效果，为此在预压前需从以下几方面对压塑粉进行考查：

① 水分 如果压塑粉中水分含量很少，流动性较差，不利于预压；但含量过大时，则导致制品质量的劣化。

② 颗粒均匀性 颗粒最好是大小相间的，具有一定的均匀性。大颗粒过多时，制成的预压物有较多的空隙；小颗粒过多时，易使加料装置发生阻塞，易将空气封入预压物中。

③ 倾倒性 倾倒性是以 120g 压塑粉通过标准漏斗（圆锥角为 60°，管径为 10mm）的时间来表示的。这是保证靠重力作用将料斗中压塑粉准确地送到预压模中的先决条件。用作预压的压塑粉，其倾倒性应为 25～30s。

④ 压缩率 粉料的压缩率要适当，要将压缩率很大的压塑粉进行预压是困难的，但太小

又失去预压的意义，压缩率应在3.0左右。

⑤ 润滑剂含量 润滑剂的存在对预压物的脱模是有利的，而且还能使预压物的外形完美，但润滑剂的含量不能太多，否则会降低制品的力学强度。

⑥ 预压条件 一般预压是在室温下进行，但是当所用粉料在室温下不易预压时，也可将温度提高到50～90℃，在此温度下制成的预压物，其表面常有一层较为坚硬的熔结塑料，使流动性有所下降。预压时所施加压力，应掌握在使预压物的密度达到制品最大密度的80%为好，因为具有这种密度的预压物有利于预热，并具有足够的强度。一般预压时的施压范围为40～200MPa，应根据粉料的性质及预压物的形状和尺寸而定。

(2) 预压设备

预压的主要设备是压模和预压机。预压用的预压机，其类型很多，但用得最广的是偏心式和旋转式两种，其工作原理如图4-2-2所示。近来已有采用生产效率比偏心式压片机高，而压片重量比旋转式压片机更精确的液压式压片机，其工作原理如图4-2-3所示。

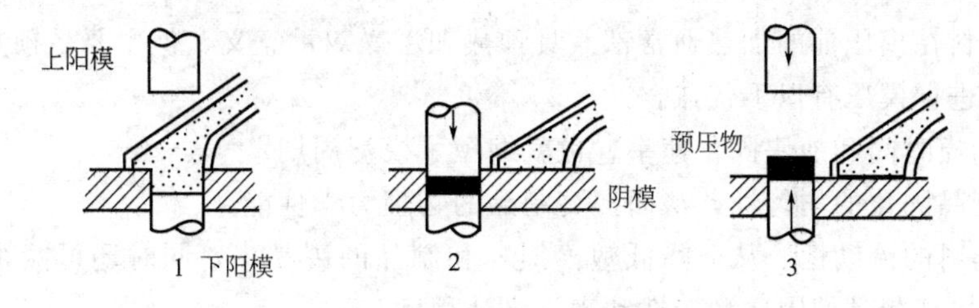

图4-2-2 偏心式与旋转式预压机压片原理

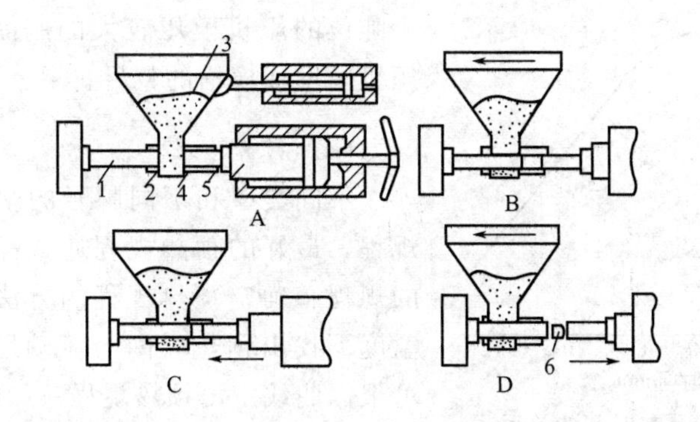

图4-2-3 液压式预压机压片原理

1—固定阳模；2—原料；3—料斗；4—阴模；5—活动阳模；6—预压物

偏心式压机的吨位一般为100～600kN，按预压物的大小和塑料种类的不同，每分钟可压8～60次，每次所压预压物的个数为1～6个。这种预压机宜于压制尺寸较大的预压物，但生产效率较低。

旋转式预压机每分钟所制预比物的数目自250～1200个不等。常用旋转式预压机的吨位为25～35kN。它的生产率虽然很高，但只宜于压制较小的预压物。

液压式压片机结构简单紧凑，压力大，计量比较准确，操作方便。它特别适用于松散性较大的塑料的预压。此外操作时无空载运行，生产效率高，较为经济。

压模共分上、下阳模（固定、移动阳模）和阴模三个部分。由于多数塑料的摩擦系数都很大，因此压模最好用含铬较高的工具钢来制造。上、下阳模与阴模之间应留有一定的间隙，开设间隙不仅可以排除余气而使预压物紧密结实，并且还能使阴阳模容易分开和少受磨损。阴模的边壁应开设一定的锥度，否则阴模中段即会因常受塑料的磨损而成为桶形，从而使预压成为不可能。斜度大约为 0.001cm/cm。压模与塑料接触的表面应很光滑，借以便利脱模而提高预压物的质量和产量。

4.2.2.2 预热

为了提高制品质量和便于模压的进行，有时须在模压前将塑料进行加热。如果加热的目的只在去除水分和其他挥发物，则这种加热应为干燥。如果目的是在提供热料以便于模压，则应称为预热。在很多情况下.加热的目的常是两种兼有的。

热塑性塑料成型前的加热主要是起到干燥的作用，其温度应以不使塑料熔成团状或饼状为原则。同时还应考虑塑料在加热过程中是否会发中降解和氧化。如有，则应改在较低温度和真空下进行。

(1) 预热的优点

热固性塑料在模压前的加热通常都兼具预热和干燥双重意义，但主要是预热。采用预热的热固性塑料进行模压有以下优点：

① 缩短闭模时间和加快固化速率，也就缩短了模塑周期。

② 增加制品固化的均匀性，从而提高制品的物理力学性能。

③ 提高塑料的流动性，从而降低塑模损耗和制品的废品率，同时还可减小制品的收缩率和内应力，提高制品的因次稳定性和表面光洁程度。

④ 可以用较低的压力进行模压，因而可用较小吨位的压机模压较大的制品，或在固定吨位的压机上增加模槽的数目。

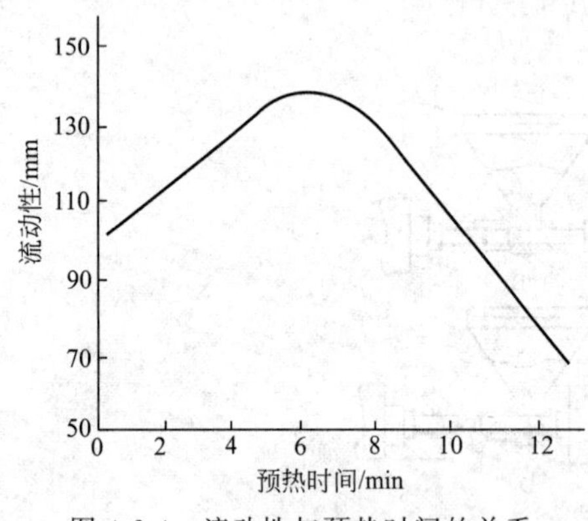

图 4-2-4 流动性与预热时间的关系（拉西格法）

(2) 预热规程

不同类型和不同牌号的塑料均有不同的预热规程，最好的预热规程通常都是获得最大流动性的规程。确定预热规程的方法是：在既定的预热温度下找出预热时间与流动性的关系曲线，然后可根据曲线定出预热规程。如图 4-2-4 为某一酚醛塑料预压物在预热温度为（180±10)℃下所测得的流动曲线，由图可知，在 0～4min 期间，由于塑料受热流动性增加，曲线上升；在 4～8min 期间，曲线变化不大，表征水分与挥发物的去除过程；而 8min 以后，由于交联反应加深，其黏度增大，流动性降低，曲线急趋下降。所以这种塑料的最大流动性的时间为 5～7min，其预热规程可定为（180±10)℃和 5～7min。常用热固件塑料的预热温度范围列于表 4-2-2 中。

表 4-2-2 常用热固性塑料的预热温度范围

塑料类型	酚醛塑料	脲甲醛塑料	脲-三聚氰胺甲醛	三聚氰胺甲醛	增强聚酯塑料
预热温度范围/℃	80～120 16～200	<85	80～100	105～120	55～60

（3）预热和干燥的方法

预热和干燥的方法常用的有：热板加热、烘箱加热、红外线加热、高频电热等。

① 热板加热　所用设备是一个用电、煤气或蒸汽加热到规定温度而又能作水平转动的金属板，它经常是放在压机旁边。使用时，将各次所用的预压物分成小堆，连续而又分次地放在热板上，并盖上一层布片。预压物必须按次序翻动，以期双面受热。

② 烘箱加热　烘箱一般用电阻加热，内部设有强制空气循环和温度控制装置，温度在40～230℃内可调。这种设备既可用作干燥也可用作预热。

欲处理的塑料通常铺在盘中送到烘箱内加热。料层厚度如不超过2.5cm可不翻动。盘中塑料的装卸应定时定序，使塑料有固定的受热时间。干燥热塑性塑料时，烘箱温度约为95～110℃，时间可在1～3h或更长，有些品种需在真空较低温度下干燥。烘后的塑料如不立即模压，应放在严密的容器内冷却。预热热固性塑料的温度一般为50～120℃，少数也有高达200℃的，如酚醛塑料。准确的预热温度最好结合具体情况由实验来决定。

③ 红外线加热　由于多数塑料都无透过红外线的能力（尤其是粉料与粒料），因此，可用红外线加热。加热时，先是塑料表面得到辐射热量，温度随之增高，而后再通过热传导将热传全内部。由于热量是靠辐射传递的，所以，红外线的加热效率要比用对流传热的热气循环法高，但加热时应防止塑料表面过热而造成分解或烧伤，需通过调整加热器的功率和数量、塑料表面与加热器的距离以及照射的时间等因素来避免过热。

红外线预热的优点是：设备简单，使用方便，成本低，温度控制比较灵活等。缺点是受热不均和易于烧伤表面。

近来远红外线已逐渐用于塑料的预热，效果良好，可克服红外线预热的缺点。

④ 高频电热　任何极性物质，在高频电场作用下，分子的取向就会不断改变，因而使分子间发生强烈的摩擦以致生热而造成温度上升。所以，凡属极性分子的塑料都可用高频电流加热。高频电热只用于预热而不用于干燥，因为在水分未驱尽之前，塑料就有局部被烧伤的可能。

用高频电流预热时，热量是在全部塑料的各点上自行产生的。因此，塑料各部分的温度是同时上升的，这是用高频电流预热的最大优点。

由于各种塑料的结构不同，极性不同，粉料所含水分及表观密度不同，因而用高频电流预热的时间也是不同的。在一定条件下，需要很长的预热时间才能达到温度的原料是不适宜用此法预热的。

高频预热的优点是：塑料受热均匀，预热速度快，所而时间仅为其他预热方式的1/2～1/10，特别是模压厚制品时更为有利。缺点是：高频振荡器本身要消耗50%的电能，故总的电热效率不高；由于升温较快，塑件的水分不易赶尽，会影响制品的性能。

4.2.2.3　溢式模的结构

塑模结构如图4-2-5所示，其主要是阴阳模两个部分。阴阳模的正确位置由导柱保证。脱模推杆是在模压完毕后使制品脱模的一种装置。导柱和推杆在小型塑模中不一定具备。溢式塑模的制造成本低廉，操作也较容易，宜用于模压扁平或近于碟状的制品，对所用压塑料的形状无严格要求，只需其压缩率较小而已。模压时每次用料量不求十分准确，但必须稍有过量。多余的料在阴阳模闭合时，即会从溢料缝溢出。积留在溢料缝而与内部塑料仍有连接的，脱模后就附在制品上成为毛边，事后必须除去。为避免溢料过多而造成浪费，过量的料应以不超过制品质量的5%为度。

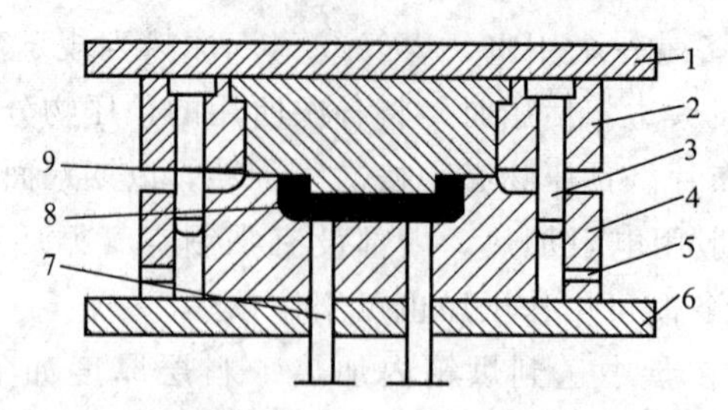

图 4-2-5　溢式塑模示意图

1—上模板；2—组合式阳模；3—导柱；4—阴模；5—气口；6—下模板；7—推杆；8—制品；9—溢料缝

由于有溢料的关系以及每次用料量的可能差别，因此成批生产的制品，在厚度与强度上，就很难求得一致。

4.2.2.4　溢式压模成型的工艺因素

(1) 模压压力

1) 模压过程中的压力　对于带有支承面的溢式塑模，则模压时压力与体积随时间的变化关系可示意为图 4-2-6。该图曲线代表的意义与图 4-1-7 相同。两图的主要不同点在于图 4-1-7 所示的固化阶段是在等压下进行的；而图 4-2-6 所示的则不然，现将图 4-2-6 中五个阶段进行的情况分述如下。

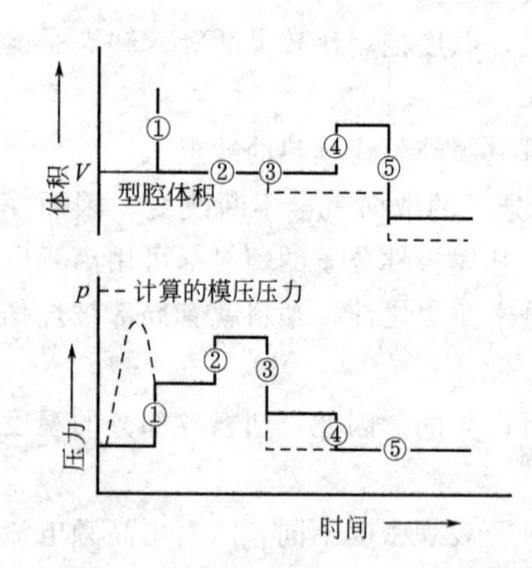

图 4-2-6　带有支承面的溢式塑模成型压力与体积随时间的变化

① 施压　阳模触及塑料后，塑料所受压力即逐渐上升，而当溢料发生后，压力又行回落（如虚线所示），直待阳模闭至支承面时，压力的回落停止。必须注意，压机所施总力是由型腔中的塑料和支承面共同承担的，所以塑料所受压力就可能低于计算的模压压力。在这一阶段内，松散的塑料逐渐变为密实，体积因此缩小。

② 塑料受热　在塑料受热膨胀时，凸模有上升趋势，由于压机所施加的压力大于塑料所承受的压力，造成压力重新分配，使得塑料承受的压力增加，支承面上的压力减小，从而保证型腔体积不变。

③ 固化　在这一阶段中，由于塑料发生了化学收缩，压力重又回落。回落的大小依赖于收缩的程度，甚至压力完全失去，下曲线中虚线即系表示这一情况。它将继续到模塑周期的终了。同样，在塑料体积的变化上也相应地反映了这一情况，如上曲线中的虚线。

④ 压力解除　压力解除后，制品的体积会因弹性回复而有所增加（上曲线实线部分）。如果化学收缩过大，则在这一阶段中的制品体积即无变化（虚线）。

⑤ 制品冷却　制品体积因冷却而下降。

正如前面所指出的一样，图 4-1-6 所示的五个阶段在实际中有些也是同时进行的。划分的目的只在帮助认识。

2）压力与其他因素的关系　同不溢式模。

（2）模压温度与模压时间

溢式模的模压温度与模压时间的控制同不溢式模。

4.2.3 任务实施

（1）物料准备过程工艺条件的初步制定

由于模压成型的工艺过程包括了物料的准备、模压过程和压后处理，因此在制定工艺条件前首先要确定工艺过程，然后才能确定相应的工艺条件。通常制品的使用要求高的或成型时模压时间过长的，需对制品进行压后处理；若原料的压缩比大的、要求成型周期短的或制品的使用要求高的，需进行物料的准备。在任务1中，对模压过程的工艺条件的制定已讨论，现就准备过程的工艺条件的制定加以讨论。

1）预压压力的确定　不是任何热固性塑料在模压时都需要预压，通常塑料的压缩率在3.0左右较适合预压，同时还应考虑塑料的水分、颗粒均匀性、倾倒性、润滑剂含量等因素。由于预压是在室温下进行（室温下不易预压时，也可将温度提高到50～90℃），预压时所施加压力应使预压物的密度达到制品最大密度的80%左右，因此在设置时应根据粉料的性质及预压物的形状和尺寸而定，其范围一般为40～200MPa。

2）预热规程的确定　由于热固性塑料预热是为了提高制品质量和便于模压的进行，因此在制定预热规程时首先应根据塑料品种查出预热的温度范围，再根据预压物的厚度确定具体温度，然后通过实验找出预热时间与流动性的关系曲线，最后根据曲线定出预热规程，其方法见本节预热。

模压过程工艺条件的初步制定同不溢式模。

（2）观察与调整

溢式压模在试制时工艺因素的调整方法同不溢式压模，只是由于模具的结构不同应注意以下两点：

1）由于溢式压模凸、凹模侧面没有配合，闭模时的速度会影响飞边的厚度；

2）由于溢式压模有承压面，压机所给模具的压力由塑料与承压面共同承担，塑料所承受的压力小于压机的表压。

4.2.4 知识拓展——热固性塑料的传递模塑

热固性塑料的传统成型方法是压缩模塑，这种方法有以下缺点：①不能模塑结构复杂、薄壁或壁厚变化大的制件；②不宜制造带有精细嵌件的制品；③制件的尺寸准确性较差；④模塑周期较长等。为了改进上述缺点。在吸收热塑性塑料注射模塑经验的基础上，出现了热固性塑料的传递模塑法和直接注射模塑法。

传递模塑是将热固性塑料锭（可以先预热）放在一加料室内加热，在加压下使其通过浇口、分流道等而进入加热的闭合模内，待塑料硬化后，即可脱模取得制品。

传递模塑按所用设备不同，有以下形式。

（1）活板式传递模塑

这种方式最为简单，通常采用手工操作，模塑的制品较小，所带嵌件大多是两端都伸出制品表面的。采用的就是压缩模塑用的压机，仅塑模结构略有不同，如图 4-2-7 所示，包括阴模、阳模和活板三个部分。活板是横架于阴模中的，活板上部的空间为装料室，下部为型腔。

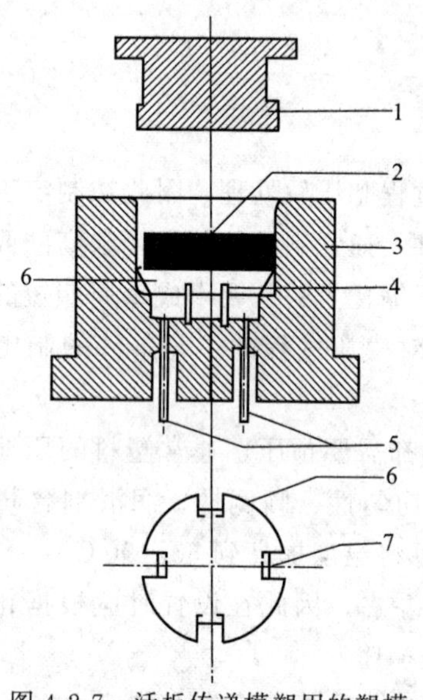

图 4-2-7　活板传递模塑用的塑模

1—阳模；2—塑料预压物；3—阴模；4—嵌件；5—顶出杆；6—活板；7—浇口

操作时，先将塑模在压机上加热到规定的温度，而后将嵌件装在活板上，并连同活板放入阴模中。此时应保证嵌件的另一端要安在阴模的应有孔眼上。再将预热过的塑料放进装料室，随即开动压机使阳模下行并对塑料施压。于是塑料在受压情况下，通过活板四周的铸口而流满型腔。塑料固化后，打开塑模，借助顶出杆的作用顶出制件、活板和残留在活板上部的硬化塑料。随后在工作台上进行制品的脱离。为了提高生产效率，每副塑模常配用两块活板，以便更替进行模制。

（2）罐式传递模塑

这种方式与上述方式极为相似，只是所用塑模结构不同，图 4-2-8 所示这种塑模的典型结构和操作程序。这种塑模结构与热塑性塑料注射塑模结构的主要差别是在引料接头的方向相反，目的是便于脱出残留在装料室中硬化的塑料。

塑模结构要求传递柱塞的截面积应比阴阳模分界面上制品、分流道和主流道等截面积的总和大 10%，以保证塑模在压制中能完全合拢。

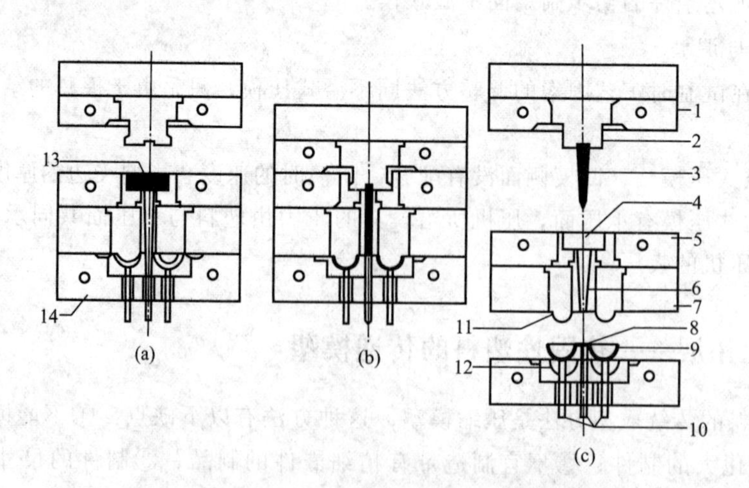

图 4-2-8　罐式传递模塑用的塑模和操作程序

（a）加料程序；（b）加压程序；（c）脱模程序

1—传递柱塞夹持板；2—传递柱塞；3—主流道赘物；4—加料室；5—加料室夹持板；6—引料接头；7—阳模夹持板；8—分流道赘物；9—制品；10—顶出杆；11—阳模；12—阴模；13—塑料；14—阴模夹持板

这种方式的传递模塑，可以采用多槽模或模塑较大的制品，并可进行半自动化操作。

（3）柱塞式传递模塑

这种方式与罐式传递模塑有两点不同：①主流道呈圆柱状且不带任何斜度；②压机有两个液压操纵的柱塞，分别称为主柱塞和辅柱塞。前者用作夹持塑模，而后者则用作压挤塑料。模塑时，主柱塞夹持塑模的力至少应比分离塑模的力（等于阴阳模分界面上制品，分流道和主流道等截面积的总和与塑料承受压力的乘积）大10%。

柱塞式传递模塑所用塑模结构和操作程序如图4-2-9所示。由图（c）可见，制品、分流道赘物以及残留在装料室中的硬化塑料是作为一个整体而从塑模中脱出的。因此，塑模周期比罐式传递模塑要短。

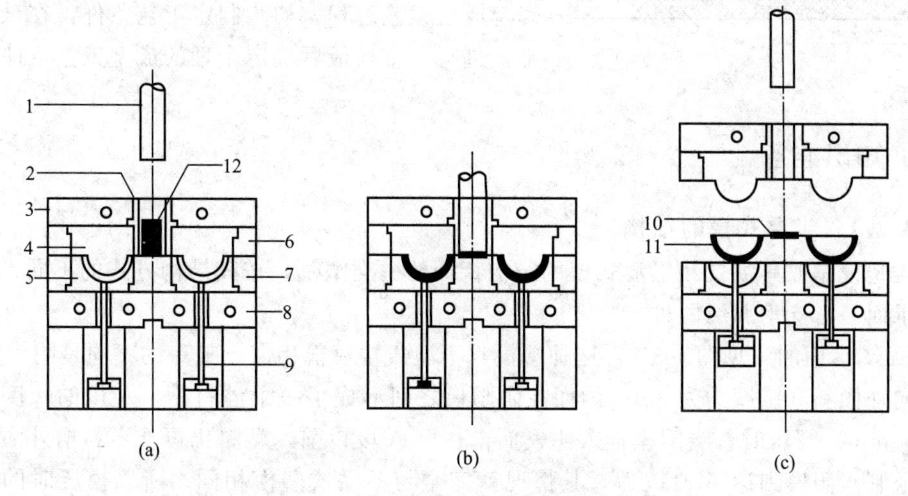

图4-2-9　柱塞式传递模塑用的塑模和操作程序

1—柱塞；2—加料室；3—上夹模板；4—阳模；5—阴模；6—阳模夹持板；7—阴模夹持板；8—下夹模板；9—顶出杆；10—分流道赘物；11—制品；12—塑料

上述三种方式，虽然使用设备不同，但塑料都是在塑性状态下用较低压力流满闭合型腔的。因此，传递模塑具有以下优点：①制品废边少，可减少后加工量；②能模塑带有精细或易碎嵌件和穿孔的制品，并且能保持嵌件和孔眼位置的正确；③制品性能均匀，尺寸准确，质量提高；④塑模的磨损较小。

缺点是：①塑模的制造成本较压制模高；②塑料损耗增多（如流道和装料室中的损耗）；③压制带有纤维性填料的塑料时，制品因纤维定向而产生各向异性；④围绕在嵌件四周的塑料，有时会因熔接不牢而使制品的强度降低。

传递模塑对塑料的要求是，在未达到硬化温度以前塑料应具有较大的流动性，而达到硬化温度后又须具有较快的硬化速率。能符合这种要求的有酚醛、三聚氰胺甲醛和环氧树脂等塑料。而不饱和聚酯和脲醛塑料，则因在低温下具有较大的硬化速率，所以，不能压制较大的制品。

与压缩模塑相比，传递模塑一般采用的模塑温度偏低，因为塑料通过铸口时可以从摩擦中取得部分热量；而模塑压力则偏高，约13.0～80.0MPa，塑料流动时需要克服较大的阻力。

4.3 任务 3 基座的模压成型

4.3.1 任务简介

如图 4-3-1 所示的基座是用酚醛塑料模压成型的。由于该塑件的尺寸精度要求不高，为此可用半溢式压模模压成型，但使用要求较高，需进行压后处理。

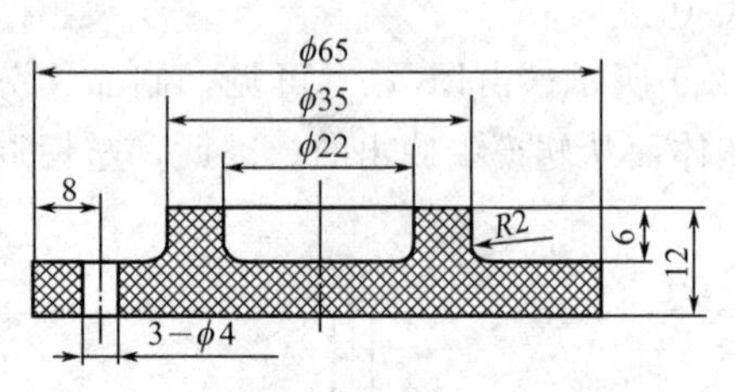

图 4-3-1 基座

为完成此项任务首先应了解半溢式压模的基本结构特点和压后处理的方法，分析成型原料的工艺性，确定成型工艺过程，初步制定工艺条件，在试验的基础上进行调整，最后确定合理的成型工艺条件。

4.3.2 知识准备

4.3.2.1 半溢式模的结构

这类塑模是兼具溢式和不溢式模的结构特征的一类塑模，按其结构方式的不同，又可分为无支承面与有支承面的两种。

① 无支承面的 见图 4-3-2，这种塑模与不溢式塑模很相似，唯一的不同是阴模在 A 段以上略向外倾斜（锥度约为 3°），因而在阴阳模之间形成了一个溢料槽。A 段的长度一般为 1.5～3.0mm。模压时，当阳模伸入阴模而未达至 A 段以前，塑料仍可从溢料槽外溢，但受到一定限制。阳模到达 A 段以后，其情况就完全与不溢式塑模相同。所以模压时的用料量只求略有过量而不必十分准确，给加料带来了方便，但是所得制品的尺寸却较准确，而且它的质量也很均匀密实。

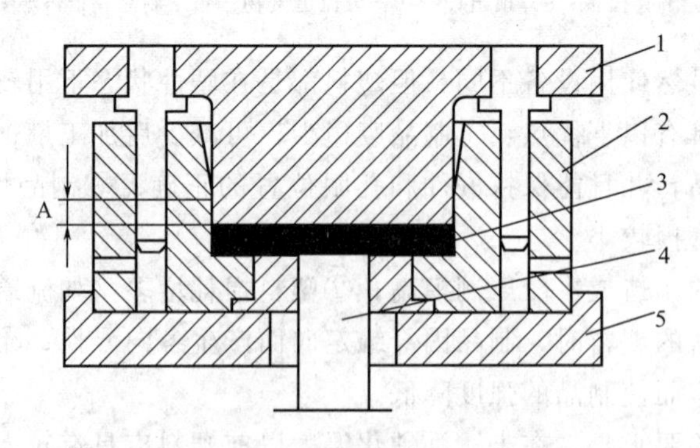

图 4-3-2 无支承面半溢式塑模示意图

1—阳模；2—阴模；3—制品；4—脱模杆；5—下模板；A 段为平直段

② 有支承面的 见图 4-3-3，这种塑模除设有装料室外，与溢式塑模很相似。由于有了装料室，因此可以采用压缩率较大的塑料，而且模压带有小嵌件的制品比用溢料式塑模好，因为后一种塑模需用预压物模压，这对小嵌件是不利的。

塑料的外溢在这种塑模中是受到限制的，因为当阳模伸入阴模时，溢料只能从阳模上开

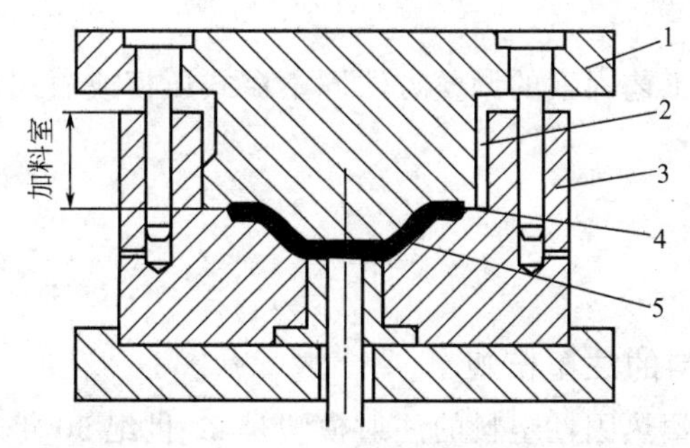

图 4-3-3　有支承面半溢式塑模示意图

1—阳模；2—溢料槽；3—阴模；4—支承面；5—制品

设的刻槽（其数量视需要而定）中溢出。不用这种设计而在阴模进口处开设向外的斜面（参见图 4-3-1）亦可。基于这样一些措施，所以在每次用料的准确度和制品的均匀密实等方面，都与用无支承面的半溢式塑模相仿。这种塑模不宜于模压抗冲性较大的塑料，因为这种塑料容易积留在支承面上，从而使型腔内的塑料受不到足够的压力，其次是形成的较厚毛边也难于除尽。

以上所述，仅为压缩模塑塑模的基本类型。为了降低制模成本，改进操作条件，或便于模压更为复杂的制品，在基本结构特征不变的情况下，可以而且也必须进行某些改进，例如多槽模和瓣合模就是常见的实例。

4.3.2.2　压后处理

塑件脱模以后的后处理主要是指退火处理，其主要作用是消除应力，提高稳定性，减少塑件的变形与开裂；其次是进一步交联固化，可以提高塑件电性能和力学性能。退火规范应根据塑件材料、形状、嵌件等情况确定。厚壁和壁厚相差悬殊以及易变形的塑件以采用较低温度和较长时间为宜；形状复杂、薄壁、面积大的塑件，为防止变形，退火处理时最好在夹具上进行。常用的热固性塑件退火处理规范可参考表 4-3-1。

表 4-3-1　常用热固性塑件退火处理规范

塑料种类	退火温度/℃	保温时间/h
酚醛塑料制件	80～130	4～24
酚醛纤维塑料制件	130～160	4～24
氨基塑料制件	70～80	10～12

4.3.3　任务实施

（1）压后处理工艺条件的初步制定

塑件压后处理的工艺条件是根据塑件材料、形状、嵌件等情况确定。处理规范见表 4-3-1。

半溢式压模成型的工艺的制定与模具类型有关，若模具带有支承面，其工艺控制同溢式模，若模具不带支承面，其工艺控制同不溢式模。

半溢式压模工艺条件的制定是根据模具的结构，分别与溢式模（带有支承面）或不溢式模（不带有支承面）相同，试制中的调试方法亦然。

(2) 观察与调整

半溢式压模在试制时工艺因素的调整方法同不溢式压模或溢式压模，压后处理以达到使用性能为目标。

4.3.4 知识拓展

4.3.4.1 热固性塑料的注塑模塑

热固性塑料的注塑模塑热固性塑料的注射模塑是20世纪60年代初出现的一种新的成型方法，所用的设备和工艺流程初看似与热塑性塑料的注射模塑相仿，但在细节上却有很大的差别，这是由于两种塑料在受热时的行为不同而形成的。

热固性塑料在受热过程中不仅有物理状态的变化，还有化学变化，并且是不可逆的。注射时，最初加到注射机中的热固性塑料是线形或稍带支链，分子链上还有反应基团（如羟甲基或反应活点）和相对分子质量不十分高的物质。在注射机料筒内加热后先变成黏度不大的塑性体，但可能因为化学变化而使黏度变高，甚至硬化成为固体，这需以温度和经历的时间为转移。不管怎样，如果要求注射成功，通过喷嘴的物料必须达到最好的流动性。进入模具型腔后应继续加热，此时物料就通过自身反应基团或反应活点与加入的硬化剂（如六次甲基四胺）的作用而发生交联反应，使线形树脂逐渐变成体型结构，并由低分子变成大分子。反应时常会放出低分子物（如氨、水等），必须及时排出，以便反应顺利进行。交联反应进行至使模内物料的物理性能和力学性能达到最佳的境界，即可作为制品从模中脱出。

从上述可见热固性塑料在注塑时：①成型温度必须严格控制（温度低时物料的塑化不足流动性很差，温度稍高又会使流动性变小甚至发生硬化），通常都是采用恒温控制的水加热系统，温度可准确地控制在±1℃范围内；②热固性塑料在模具内发生交联反应时有低分子物析出，故注射机的合模部分应能满足放气操作的要求；③热固性塑料在料筒内停留时间不能过长，严防发生硬化，通常是采用多模更替；④注射机的注射压力和锁模力应比模塑热塑性塑料的注射机大。

现将热固性塑料注射模塑所用原料、设备和工艺略述于后。

(1) 对原料的要求

热固性塑料用于注塑是从酚醛塑料开始的。到目前为止，几乎所有的热固性塑料都可采用注射模塑，但用量最多的仍然是酚醛塑料。

用于注塑的酚醛压塑粉要求具有较高的流动性（用拉西格法测定时应大于200mm），在料筒温度下加热不会过早发生硬化，即在80～95℃保持流动状态的时间应大于10min；在75～85℃则应在1h以上。同时黏度应较稳定。但流动性过大，制品易产生飞边或粘模。此外还要求熔料热稳定性良好，熔料在料筒内停留15～20min，黏度仍无大的变化。在原料配方中可添加稳定剂，可在低温下起阻止交联反应的作用，进入模具中的高温状态即失去这种作用。熔料充满模腔后应能迅速固化，以缩短生产周期。

(2) 注射机的特征

热固性塑料注射机是在热塑性塑料注射机的基础上发展起来的，在结构上有很多相同之处，其基本形式有螺杆式和柱塞式两种。热固性塑料注射成型多采用螺杆式注射机，而柱塞式注射机仅用于不饱和聚酯树脂增强塑料。以下主要介绍螺杆式热固性注射机的特点。并以酚醛塑料的注塑为例来讨论。

① 通常螺杆上无供料段、压缩段和计量段的区别，是等距离、等深度的无压缩比螺杆。这种螺杆对塑化物料不起压缩作用，只起输送作用，可防止因摩擦热太大引起物料固化。螺杆的长径比为12～16，便于物料迅速更换，减少物料在料筒中的停留时间。当注射成型硬质无机物填充的塑料时，要求螺杆具有更高的硬度和耐磨性。

② 喷嘴通用敞开式，一般孔口直径较小（约2～2.5mm），喷嘴要便于拆卸，以便发现硬化物时能及时打开进行清理。喷嘴内表面应精加工，防止阻滞料引起硬化。

③ 料筒加热系统是为了保证物料的稳定加热和均匀温度用的，目前多采用水或油加热循环系统。其优点是温度均匀稳定，能实现自动控制。其他的料筒加热方式有电加热水冷却方式和工频感应加热方式。

④ 注射螺杆的传动宜采用液压马达，防止物料因固化而扭断螺杆。

⑤ 注射机的锁模结构应能满足排气操作的要求，也就是需具有能迅速降低锁模力的执行机构。一般是采用增压油缸对快速开模和合模的动作进行控制来实现的。当增压油缸卸油，可使压力突然减小而打开模具，瞬间又对增压油缸充油而闭合模具，从而达到开小缝放气的目的。

⑥ 模具要有加热装置和温度控制系统。模具表面淬火后的硬度应达到HRC50。型腔应进行薄层镀铬和设置排气口。

（3）成型工艺

注塑要靠合理的工艺条件保证。塑化过程包括料筒温度、螺杆转速和螺杆背压；注射充模过程包括注射压力、充模速度和保压时间；固化过程包括模具温度和固化时间。下面分别讨论。

① 料筒温度、螺杆转速和螺杆背压 注塑热固性塑料时，温度控制是关键。因为它对塑料流动性、硬化速率均有影响，而这些又对成型工艺和制品质量有密切关系。料筒温度太低，塑料在螺杆与料筒壁之间产生较大的剪切力，靠近螺槽表面的一层塑料因剧烈摩擦发热固化，而内部却是“生料”，造成注射困难。料筒温度过高，线形分子过早交联，失去流动性，使注射不能顺利进行。

塑料从料斗进入料筒后，一走要逐步受热塑化，温度分布宜逐步变化。因为温度突变，会引起熔料黏度变化，发生充填不良现象。如图4-3-4所示是料筒温度的分布状况及注射成型中黏度的变化。注射时，塑料在喷嘴处流速很高，所以因摩擦而使塑料温升很快。对射出熔融塑料的温度最好控制在120～130℃，因为这时熔料呈现出最好的流动性能，并接近于

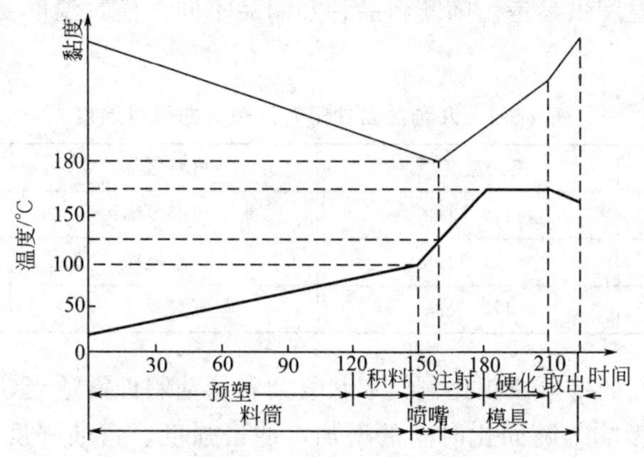

图4-3-4 热固性塑料在注塑过程中温度和黏度的变化

硬化的“临界塑性”状态。为此，在工艺和机械设计中均应根据上述情况采取相应措施。目前一般采用的温度是进料端30～70℃，料筒75～95℃，喷嘴85～100℃，通过喷嘴的料温可达到100～130℃。

螺杆转速应根据物料的黏度变换。黏度小的材料摩擦力小，螺杆后退时间长，转速可提高一些。黏度大的塑料预塑时摩擦力大，物料很快到达螺杆前端，混炼不充分，应降低转速，使物料充分混炼塑化。料筒内螺杆旋转的预塑工序是与模具内的固化反应同时进行的。热压时间总是大于预塑时间，因此螺杆的转速不必很高。转速过高，螺杆与料筒之间的剪切热易导致部分塑料过热，成型条件难控制。螺杆转速通常在40～60r/min范围内。

在注射顺利的情况下，背压对于成型制件的物理性能影响较小。但背压高时，物料在料筒内停留时间长，发生固化程度加大，黏度增高，不利于充填。为减少摩擦热，避免早期固化，通常选用较低的背压。一般情况下，放松背压阀，仅用螺杆后退时的摩擦阻力作背压。

② 注射压力、注射速度和保压时间　注射压力的作用是将料筒内的熔料注入型腔内，还对充填在型腔内的塑料起保压作用。注射压力在流道内的损失很大，型腔压力仅为注射压力的50%。为保证生产出合格的制品，注射压力宜高一些。注射压力越高，制品的密度越大，力学强度和电性能都较好。但是，注射压力高会引起制品内应力的增加，飞边增多和脱模困难。通常注射压力在100～170MPa的范围。由于注射压力高，锁模力也需要相应加大。

注射速度随注射压力变化。注射速度快，预塑物料通过喷嘴、浇口处获得摩擦热，使熔料温度提高，可缩短固化时间。但是注射速度太快，模具内的低分子气体来不及排出，将在制件的深凹槽、凸筋、四角等部位出现缺料、气痕、接痕等现象。

注射速度还直接影响到充模的熔体流态，从而影响制品的质量。注射速度过低，制品表面易产生波纹等缺陷，而过高则会出现裂纹等。通常，注射速度为3～5cm/s为宜。

注射结束，模具内的塑料逐步固化收缩，这时应继续保压，向模具内补充因收缩而减少的塑料。通常保压压力比注射压力低一些。保压时间长，浇口处的塑料在加压的状态下固化封口，塑料密度大，收缩率也下降。

③ 模具温度和固化时间　模具温度的选择很重要，它直接影响制件的性能和成型周期。提高模具温度对缩短成型周期有利。模温低时，硬化时间长，生产效率低，制品的物理性能、力学性能亦下降；模温高时，硬化快，其情况正相反。不过模温也不能过高，否则硬化太快，低分子物不易排除，会造成制品质地疏松、起泡和颜色发暗等缺陷。模具温度一般控制在150～220℃，且动模温度应较定模高10～15℃。表4-3-2列出不同热固性塑料注塑时的模具温度供参考。随塑料品种和制品不同，模具温度要相应调整。控制模温应保持在±3℃以内。

表4-3-2　几种热固性塑料注塑时的模具温度

材料名称	模具温度/℃	材料名称	模具温度/℃
酚醛树脂	177～199	苯二甲酸二烯丙酯	166～177
环氧树脂	177～188	三聚氰胺	153～171
含填料的聚酯	177～185	脲醛树脂	146～154

固化时间，与制件的壁厚成正比例，形状复杂和厚壁制件需适当延长固化时间。固化时间对制品的质量也有影响，随固化时间的增加，冲击强度、弯曲强度增加，成型收缩率下降。但过度增长固化时间，对制品质量的改善已不显著，反而使生产周期延长，故一般制品

的固化时间以常在 3～6s 的范围。

综上所述，热固性塑料采用注射模塑比压缩模塑具有以下优点：成型周期显著缩短，生产过程简化（省去预压和预热工序），生产效率可提高 10～20 倍，制品的后加工量减少，劳动条件改善，生产自动化程度提高，产品质量稳定，并适合大批量生产等。因此近年来获得迅速发展。

近年来在模具上不断有新的发展，开始采用无浇口注射、冷流道模具、注射压缩模塑等。采用无浇口注射后，单腔模具的废品大大降低，在一模多腔中可节约原料 17%～76%。冷流道模具可减少废品率 60%，不仅节约原料，还可缩短成型周期，但是成本约提高 10%～15%。

注射压缩模塑：是将注射模塑与压缩模塑相结合的一种新工艺。其模塑原理是将物料注入半开启状态的模腔里，然后夹紧模具压缩成型。优点是：由于模具是在半开启状态下进行注射，注射压力低，摩擦热显著减少，排气容易；锁模力低，能成型投影面积比较大的制件，浇口附近注射压力低，几乎无残余应力，浇口处开裂现象少；消除了注射成型中纤维填料的定向作用，从而减少制件的翘曲变形，提高了制品的精度。

热固性塑料的注射模塑，现正向着不断提高质量、增加品种、减少废料，并继续向自动化、高速化、制件加工合理化等方向发展。

4.3.4.2 热固性塑料模塑制品中纤维状填料的取向

用带有纤维状填料的粉状或粒状热固性塑料制造模压制品的方法分为两类：①压缩模塑法。用这种方法制造制品时，由于成型时原料的流动程度很小，则纤维填料的取向程度很小，常忽略不计。②传递模塑法和热固性塑料的注塑法等。这类成型方法在成型时，由于原料须经明显的流动才能成型，因此会引起纤维状填料的取向。

为探讨填料的取向，可用成型扇形（见图 4-3-5）片状物为例来说明。实验证明，扇形片状试样切线方向的机械强度总是大于径向方向，而在切线方向的收缩率（室温下制品尺寸与塑模型腔相应尺寸的比较）和后收缩率（试样在存放期间的收缩）又往往小于径向。基于这种测定和显微分析的结果并结合以上讨论的情况，可推断出填料在模压过程中的位置变更基本上是按照图 4-3-4①到⑧顺次进行的。可以看出填料排列的方向主要是顺着流动方向的，碰上阻断力（如模壁等）后，它的流动就改成与阻断力成垂直的方向。在整个成型过程中，虽然有塑料原料与填料两种材料的流动，且两者均能在流动过程中发生取向，但由于塑料原料在充满型腔后发生交联反应，使得制品中的塑料部分并不表现出取向状态，使塑料部分各向同性。因而前述力学性能在径、切两向上差别的原因在于填料排列的方向不同。由⑧可见，纤维填料是在切线方向上平行排列的，因而在试样切线方向的机械强度总是大于径向方向；对于收缩率，由于纤维填料在成型过程中只因温度的降低而尺寸略有收缩，其收缩量远小于塑料原料因交联反应及温度降低而产生的收缩，纤维填料实际是阻碍了塑料的自由收缩。由于纤维填料在切线方向上平行排列，使得切线方向上的阻碍大于径向，因而切线方向

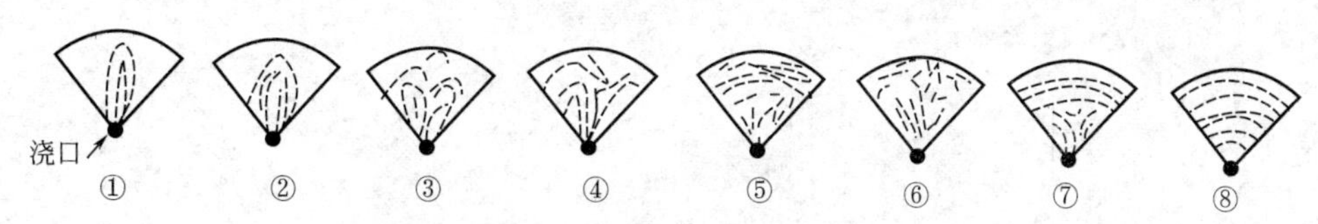

图 4-3-5 扇形片状试样中填料的取向

的收缩率和后收缩率又往往小于径向。

模塑制品中填料的取向方向与程度主要依赖于浇口的形状（它能左右塑料流动速度的梯度）与位置，这是生产上应该注意的。

模塑制品的形状几乎是没有限制的。因此，当对塑料在模内流动情况还没有积累足够资料时，要得出一般性结论是困难的。但是，可以肯定地说，填料的取向起源于塑料的流动，并且与它的发展过程和流动方向紧密联系。为此，在设计模具时应考虑到制品在使用中的受力方向应与塑料在模内流动的方向相同，也就是设法保证填料的取向方向与受力方向一致。填料在热固性塑料制品中的取向是无法在制品成型后消除的。

教学设计及教学方法

本模块的三个任务，从表面上看是按三种不同类型的模具的制品成型安排的，实际也是按成型工艺过程由简单到复杂的安排。

任务1是壳体的模压成型，主要介绍了简单成型过程-模压过程，它是模压成型工艺过程的核心。这个任务的实施首先是通过教师演示或播放录像，让学生对整个过程有一个了解，同时学生需要认真观察整个操作过程，记录设置了哪些工艺参数、怎样设置的，思考参数设置的依据；然后由教师讲述整个过程所涉及的设备、原料、成型机理，使学生明确设备操作需要设置的参数与设置依据；最后教师带领学生进行生产操作，并对产品质量进行分析，对出现的缺陷提出改进措施。

任务2是果碟的模压成型，它包括了成型前准备及模压过程。这个任务在实施时，重在巩固模压过程的知识，学生对这部分的参数设置需独立设置，然后交给教师审批；而对成型前准备仍按教师先讲解、再示范的程序进行；最后学生在教师的指导下完成制品的生产，并对出现的缺陷进行分析，提出改进措施。

任务3是基座的模压成型，则是由学生分组查找相关资料，经讨论独立确定工艺过程与工艺参数，在经教师审核后，在监管的情况下实施生产，并对出现的缺陷进行分析，提出改进措施。

在整个模块的教学过程中所涉及的教学方法有：讲授法、问题法、项目教学法、任务驱动教学法等。在整个教学过程中，各种方法相互穿插，教师通过讲授法给学生提供一个理论框架，同时教师能够有针对性地教学，有利于帮助学生全面、深刻、准确地掌握教材；运用任务驱动教学法可使学生的学习目标明确，学生主体性地位得到了凸显，符合素质教育和创新教育的发展趋势。

模块5 塑料制品的其他成型技术

注射成型在过去、现在和将来都是塑料制品的主要成型方法之一，目前正向着节能、精密成型、降低噪声和高度自动化方向发展。影响成型工艺和制品性能的各种问题正逐步解决，注塑机、模具也更多地采用CAD/CAM/CAE技术进行设计和制造，使设备水平进一步趋向系列化、标准化、科学化、通用化。此外还出现了一些新的加工技术和设备，如吹塑成型技术、热成型技术以及冲裁成型技术等。

5.1 任务1 PP瓶的注塑吹塑成型

5.1.1 任务简介

本部分需要掌握有关吹塑成型的相关理论知识、成型设备以及工艺流程，结合理论知识对PP瓶的吹塑工艺条件进行初步的制定，了解吹塑成型的发展。

5.1.2 知识准备

5.1.2.1 吹塑成型

热塑性塑料的吹塑成型是一种成型中空制品的方法，它用来成型各种工业及日常生活用品，如瓶、桶、双壁箱、双壁座椅等。吹塑能较好地保证制品的外部形状和尺寸，能成型用注塑等其他方法无法成型的中空制品。吹塑成型由两个基本步骤构成，即用挤塑或注塑的办法成型型坯和用压缩空气再辅以其他机械力吹胀型坯，使它紧贴于型腔壁，并迅速冷却定型为制品。

PP（聚丙烯）制品在日常生活中随处可见，像常见的果汁饮料瓶、微波炉餐盒等都是以聚丙烯为原料制成的。PP密度小，强度刚度，硬度耐热性均优于低压聚乙烯，可在100℃左右使用。具有良好的电性能和高频绝缘性不受湿度影响，但低温时变脆、不耐磨、易老化。适于制作一般机械零件，耐腐蚀零件和绝缘零件。

吹塑成型也称中空吹塑，一种发展迅速的塑料加工方法。热塑性树脂经挤出或注射成型得到的管状塑料型坯，趁热（或加热到软化状态），置于对开模中，闭模后立即在型坯内通入压缩空气，使塑料型坯吹胀而紧贴在模具内壁上，经冷却脱模，即得到各种中空制品。

吹塑工艺在第二次世界大战期间，开始用于生产低密度聚乙烯小瓶。20世纪50年代后期，随着高密度聚乙烯的诞生和吹塑成型机的发展，吹塑技术得到了广泛应用。中空容器的体积可达数千升，有的生产已采用了计算机控制。适用于吹塑的塑料有聚乙烯、聚氯乙烯、聚丙烯、聚酯等，所得之中空容器广泛用作工业包装容器。根据型坯制作方法，吹塑可分为挤出吹塑和注射吹塑，新发展起来的有多层吹塑和拉伸吹塑。

挤出吹塑是目前产量最大、经济性良好的一种吹塑制品成型方法。与注塑成型相比，吹塑设备和模具的造价低，能成型注塑成型时无法脱出型芯的小口容器。挤出吹塑所采用高分子材料的相对分子质量比注塑原料高得多，且制品在吹塑时经周向拉伸分子取向，因而具有较高的冲击强度和耐应力开裂能力。吹塑压力一般只需要（0.2～1）MPa，比注塑成型低得多，低压成型制品所带来的残余应力较小。

注塑吹塑适用于成型小型高精度中空塑料制品，如药瓶、日常化学品瓶、化妆品瓶、食品的小型包装瓶。这种成型方法的特点是容器尺寸尤其是颈部螺纹精度高，壁厚均匀，容器底部和肩部都不再产生挤吹那样的结合缝，也不会产生由于剪切口产生的边角料，由于注塑吹塑的吹涨温度较低，因而大分子有较多的取向效应保留下来，有利于提高其力学强度，制品的光泽和透明性更好。注吹的缺点是模具的设备要求高，价格昂贵，成型能耗大，成型周期较长，且只适用于生产小型制件。

拉伸吹塑工艺分为注拉吹和挤拉吹两大类，由于拉伸吹塑能造成制品双轴取向，因此能获得薄壁的高强度容器，用它成型 PET 瓶有良好的阻渗性和透明性。目前用该工艺成型的制品中产量最大的是各种矿泉水瓶和承受较高压力的各种含碳酸气饮料瓶，上述产品一般都是用住拉吹工艺成型的。而挤拉吹工艺目前在我国应用很少，它又分为先挤出成型管材，然后将冷管预热再行拉伸吹涨的两步法和在一台三工位成型机上分次进行预吹和拉伸吹塑的一步法。

共挤出和共注塑的目的是获得由不同塑料组成的多层型坯，以便在吹塑成型后获得多层结构的容器，就吹塑成型模具的本身而言其结构与前述的吹塑模具没有什么区别，其不同是制取多层型坯的挤塑模和注塑模具具有特殊的结构，多层吹塑可以降低容器的渗透性，改进容器的耐热性，改进外观或印刷性，改进着色装饰性，还可以用来发泡吹塑。

5.1.2.2 吹瓶设备

吹塑制品的成型方法很多，本次任务中的 PP 瓶采用注塑吹塑成型的方法。

注塑吹塑成型模具由型坯注塑模、吹塑模和芯棒移动装置、吹气装置等构成，料坯由注塑的方法成型，附着在芯棒上，然后将热型坯移入吹塑成型模具型腔内进行吹塑，如图 5-1-1 所示。

吹塑模具材料常用有钢模、铝合金模、铜合金模和锌合金模。钢模的强度高，使用寿命长，但由于其导热性较差，因此用得不多，它常用来作为铝、铜或锌合金制作的模具上的承压嵌块、剪切口嵌块、拉杆、导柱、导套、模具底板等。这些零件常需对钢做硬化热处理。铝合金是用得最多的吹塑模材料，其主要优点是导热性好、质轻，使用寿命可达（1～2）百万次。铜合金中以铜铍合金的导热性好，强度高，机械加工的铜铍合金强度更优于铸造的铜铍合金。铜铍合金通过热处理硬度可达 HRC40，但其价格昂贵，体积约为铝模的 6 倍，加工较难，所需加工工时约为铝模 3 倍，密度也约为铝的 3 倍。但其耐腐蚀性高，能加工 PVC 制品，还可防止冷却水通道结垢。锌基合金可用来铸造大型吹塑模具或形状不规则的制品，其特点是导热性好，成本低，但硬度较低，因此要用钢或铜铍合金作夹坯切口嵌件，或制作成模框，降锌基合金制作的型腔镶嵌在其中。

通常注射吹塑成型设备具有 2、3 或 4 工位，注射与合模的结构形式有卧式、直角式等。

不同生产厂家，设备的生产能力各有不同。然而，注射吹塑机最基本的规则就是能同时在一副模具中注射成塑料型坯，在另一副模具中进行吹胀制成容器。二位机就是基于此原理而设计的，制品的脱出是用机械式或液压式的顶出机构来完成。三位机与二位机一样，不过其脱出制品有专用的工位来完成。四位机是在三位机的基础上，为特殊用途如预吹、预拉伸等工艺要求而另增加一个工位。现在最常用的是三位机，约占90%以上。

目前国内所使用的注吹设备大多数是从国外引进的。现在列举意大利PROCREA公司REV200型注吹成套设备的主要技术参数，方便同学们理解。

表5-1-1　REV200型注吹成套设备的主要技术参数

主机主要技术参数		模具油加热调节器参数	
螺杆直径	ϕ50mm	最大温度	199℃
实际注射容量	200cm^3	加热介质(矿物油)	闪点215℃
塑化能力	75kg/h	介质量	5L
最大注射压力	125.0MPa	加热功率	6kW
螺杆转速	50～250r/min	交换器容量(150℃时)	24000kcal/h
最大注塑模锁模力	25t	耗水量(<2bar)	1200L/h
最大吹塑模锁模力	6t	最大泵送量	2300L/h
加热功率	9kW	最大泵压	2.7bar
油泵功率	25hp	水冷机参数	
注射模最小厚度	270mm	最大制冷量	20000kcal/h
注射模最大开模行程	445mm	介质	R22
吹塑模最大厚度	210mm	功率	1.5kW
吹塑模最大开模行程	220mm		
模具热流道加热功率	6kW		

注：1hp=735W。1kcal=4185.85J。1bar=0.1MPa。

EV200型注吹机的主体结构与普通注射机相类似。除了有注射机的全部功能之外，增加了吹胀、旋转两个主要功能。当然，机器的电气系统、液压系统、气动系统等相对地较普通注射机要复杂一些。它采用高压、大流量油泵作动力，整个机器全由液压系统控制，无机械辅助系统。注射模闭模油缸、注座油缸、注射油缸装在注座侧。正常工作时，闭模动作与注座前进两功能一起联动。吹胀模之闭合是由两侧（面对模具）的油缸实施，为了保证吹胀模的两半模同步，安装模具的固定板上装有两连杆；由于一个周期内注吹工艺过程较为复杂，为满足工艺要求，机器对每个功能所需压力、流量都有相应的变化，压力由电磁比例阀进行调节，比例阀由比例控制器控制；为使加工过程能按要求随意选择模温，配置了模具油温调节器，由精度较高的数字温控仪控制（温度范围0～199℃），温差<±2℃。

5.1.2.3　吹瓶成型工艺过程

吹塑成型是在压缩空气作用下，使高弹态的熔融塑料坯料发生膨胀变形，然后经冷却定型获得的小口的中空制品。中空吹塑成型有多种加工方法：挤出-吹塑、注射-吹塑、挤出-拉伸-吹塑、注射-拉伸-吹塑、多层复合吹塑等。本部分着重介绍注塑-吹塑成型方法。

注塑吹塑出现于20世纪30年代末，在40～70年代不断得到发展与完善。这是一类综合了注塑成型与吹塑成型特性的成型方法。

注塑吹塑工艺过程可分为两个阶段。第一阶段，如图5-1-1所示，由注塑机将熔体注入带吹气芯管的管坯模具中成型管坯，启模，芯管带着管坯转到吹塑模具中。第二阶段，闭合

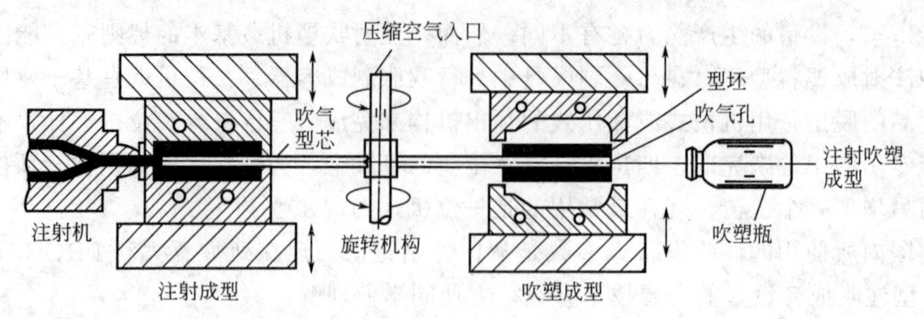

图 5-1-1　注塑吹塑工艺过程

吹塑模具，压缩空气通入芯管吹涨管坯成型制品，冷却定型，启模取出制品。当管坯转到吹塑模具中时，下一管坯成型即将开始。

注射成型管坯与成型管坯不同，注射成型管坯是包裹在芯管上的封闭管坯，吹塑制品颈部在管坯预成型。

注塑吹塑适用于各种热塑性塑料如 PE、PP、PS、PET、PVC、PC、POM 等热塑性塑料，可成型圆形、方形或椭圆形的容器，主要代替玻璃瓶，用于包装药品、化妆品、食品、日用品与化学品等。

注塑吹塑的典型产品是药品包装用 PS 瓶。PS 具有精装透明性，但其型坯的熔体强度低，制品的脆性大，几乎不能修整，故很难用挤出吹塑来成型瓶子。

注塑吹塑机组有二工位、三工位和四工位之分。二工位吹塑机组如图 5-1-1 所示。一工位完成注射成型管坯，另一工位完成吹塑、冷却定型和启模取出制品。

三工位吹塑机组如图 5-1-2 所示。它是最常用的注射吹塑机组，该机组与二工位机组相比，增加第三工位，利用脱件板顶脱制品，亦即完成吹塑成型后，启模，制品随同芯管转到第三工位，自动顶脱制品。

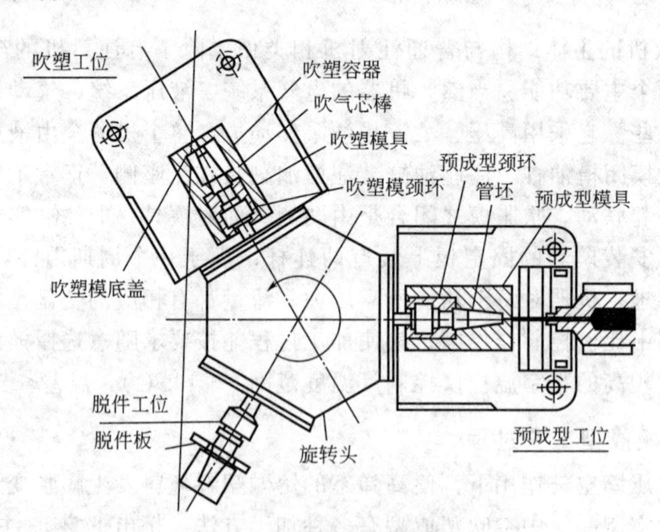

图 5-1-2　三工位吹塑机组

5.1.2.4　吹瓶机的操作规程

每班开机之前，必须在各活动部件加润滑油一次。

生产前检查各运动部件是否牢固，螺丝是否松动脱落，特别是冲击力较强的地方，传动部分是否异常；检查高压气源，低压气源，电源、水源是否正常；检查各急停开关、安全门开关、保护装置检测开关是否正常；检查各气动元件是否漏气、动作是否灵敏；检查三联阀体是否异常漏气、是否堵塞，水杯储水量是否太满。

吹瓶机电磁阀遇有异常时，要及时清洗（每吹瓶50万清洗一次）；吹瓶模具必须定期清洁、清洗。

开启高低压气源开关时必须缓慢动作，以防气源流速太快脏物吹进电磁阀，同时打开排气阀门30s，确保空气干净。

机器启动时必须确信机械部分良好，无异物。特别是运动位置，以免伤人，同时关好安全门。启动机器时必须先启动加温机，以防电压波动。启动加温之前先确定冷却水有没打开。加温启动2～3min后，待烘箱温度上升均匀，再下瓶坯。

机器运转过程中，吹瓶员放坯和取瓶时，注意安全。严禁将手伸进模具。遇有紧急情况时，可按急停按钮，紧急刹车。然后根据现场情况分析形成的原因，找到问题快速解决。

机器运转时必须密切注意机器是否有异常噪声，要做到早发现，及时停机早解决。

机器正常运转后，身体任何部位不要伸进机器内以免机械手伤人，如机器有异响必须仔细进行观察。

机器正常生产后，操作员须时常观察瓶子的质量，以免电压的波动或其他的原因影响吹瓶质量。

机器维修时，可按触摸屏故障维修按钮，以确保安全维修。

如需要手动观察单独每个模腔的动作，请注意机械臂的位置。同时，一定要清楚单独按钮的作用，然后再动作，确保误动作引起不必要的麻烦。

机器每次维修完后，一定要清理工具和螺丝之类东西，以免遗留在机器内，影响机器的正常运行，避免事故发生。

5.1.3 任务实施

5.1.3.1 PP瓶的注塑吹塑工艺条件的初步制定

（1）塑料特性

水杯与杯盖均采用PP材料，PP性质见表5-1-2。制品的使用要求是：要耐100℃高温不变形不软化，抗老化性、抗热冲击性能要好，无臭无毒，可用蒸汽消毒，力学强度高，透明度高。原料加工前都要进行干燥处理，保证没有水分和挥发性物质存在，去除杂质。水杯示意图和结构图见图5-1-3、图5-1-4。

表5-1-2 PP性质

塑料品种	结构特点	使用温度	化学稳定性	性能特点	成型特点
均聚聚丙烯	结晶性高，透明度好	160℃以下均可，-35℃时脆化	化学稳定性很好，除能被浓硫酸、浓硝酸侵蚀外，对其他各种化学试剂都比较稳定；但低分子量的脂肪烃、芳香烃和氯化烃等能使聚丙烯软化和溶胀化学稳定性随结晶度的增加还有所提高	耐压，耐高温，耐化学腐蚀，力学强度高，有较高的介电系数，对紫外线很敏感，耐老化性差	熔点160～175℃，分解温度350℃，但在注射加工时温度设定不能超过275℃，熔融段温度在240℃，模具温度45～70℃，型芯温度要比型腔温度低5℃以上，采用较高注射压力和保压压力（约为注射压力的80%），收缩率大，吸水率小

(2) 塑件的结构工艺特点分析

注塑机的选用：对注塑机的选用没有特殊要求。由于 PP 具有高结晶性，需采用注射压力较高及多段控制的电脑注塑机。

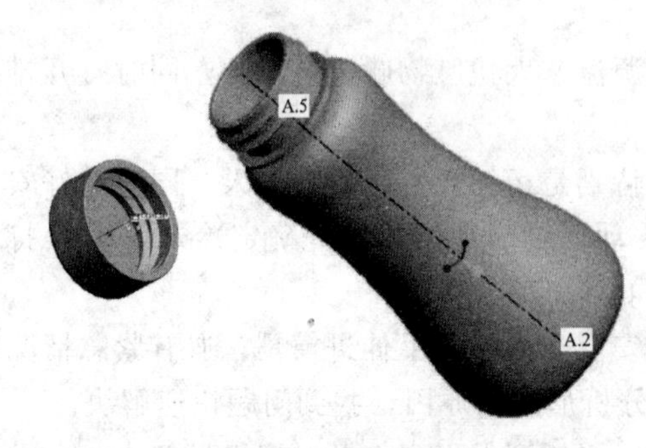

图 5-1-3 水杯示意图

干燥处理：如果储存适当则不需要干燥处理。

模具温度：模具温度 45～70℃，型芯温度比型腔温度低 5℃以上。

注射压力：采用较高注射压力和保压压力（约为注射压力的 80%）。大概在全行程的 95%时转保压，用较长的保压时间。

注射速度：为减少内应力及变形，应选择高速注射，较高模温。

流道和浇口：主流道（图 5-1-5）通常设计成圆锥形，其锥角通常为 2°～4°，因 PP 流动性好，故这里取 2°。

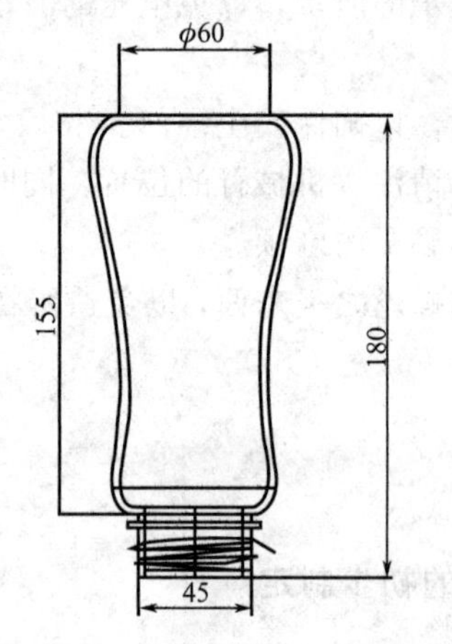

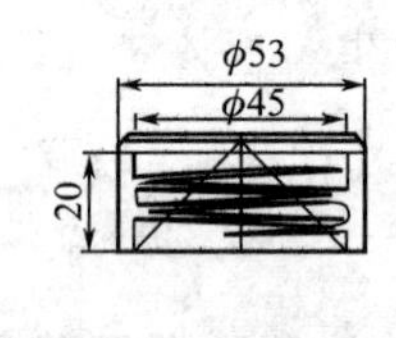

图 5-1-4 水杯结构图

分流道采用圆形或方形效率最高，梯形次之，但正方形的截面流道不易于凝料的顶出，圆形加工起来比较麻烦，当分型面为非平面时考虑到加工困难，采用梯形或半圆截面流道，但半圆截面效率较差一些，梯形加工起来较为简单，截面也有利于物料的流动，故选择梯形截面。

针形浇口长度 1～1.5mm，直径可小至 0.7mm。边缘浇口长度越短越好，约为 0.7mm，深度为壁厚的一半，宽度为壁厚的两倍，并随模腔内的熔流长度逐渐增加。模具需要良好的排气性，排气孔深 0.025～0.038mm，厚 1.5mm。均聚 PP 制造的产品，厚度不能超过 3mm，否则会有气泡（后壁制品只能用共聚 PP）。

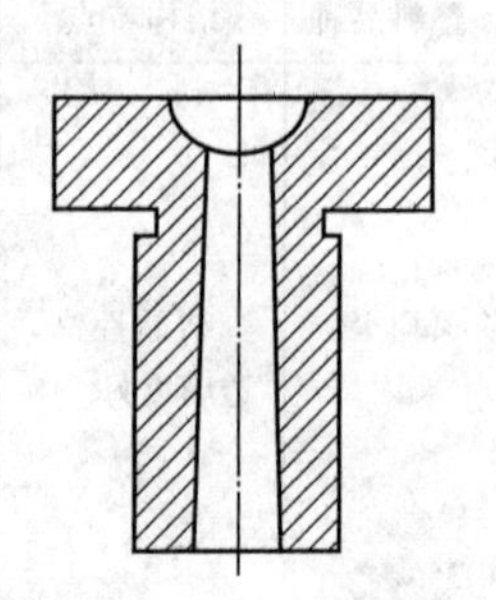

图 5-1-5 主流道

制品的后处理：为防止后结晶产生的收缩变形，制品一般需经热水浸泡处理。

(3) 成型设备选择

估算塑件的体积： $V=3.14\times(6/2)^2\times18=508.68\text{mL}$

选择设备型号为日精 ASB-100，螺杆直径 48mm；注射容量

226cm³；注射速度 122cm/s；注射压力 136.7MPa；塑化能力 109.9kg/h；螺杆转速 0～160r/min；成型周期 15s 左右。

(4) 工艺条件

树脂干燥温度 100℃，干燥时间 3h，塑化温度 170～240℃；注射模具冷却油温 25～55℃；加热槽（芯）电热调温 240℃；吹塑模具冷却水温 65℃。

注射成型工艺的原则是，选择较高的模温和较低的保压压力，有利于减小制品的应力开裂。因为当模具温度较低时，保压压力大的大小对制品的应力影响小；当模具温度较高时，保压压力的大小对制品的应力开裂影响大。为了提高 PP 的流动性和减小制品的变形，模具温度应控制在 30～65℃之间。

(5) PP 注射成型工艺参数（表 5-1-3）

表 5-1-3　PP 注射成型工艺参数

工艺参数	规格		工艺参数	规格	
预热和干燥	温度/℃:95～110		成型时间/s	注射时间	0～3
	时间/h:2～3			保压时间	9～18
料筒温度/℃	后段	150～170		冷却时间	11～20
	中段	180～195		总周期	30～40
	前段	230～240	螺杆转速/(r·min^{-1})		30～60
喷嘴温度/℃	230～240		后处理	方法	冷却水
模具温度/℃	35～65			温度/℃	45～60
注射压力/MPa	60～100			时间/s	20～40
调温温度/℃	120～150		吹气压力/MPa	16	
保压压力/MPa	48～80				

5.1.3.2　观察与调整

(1) 常见制品问题的处理（表 5-1-4）

表 5-1-4　常见制品问题的处理

产品缺陷	原因分析	处理方法
合模线太粗	模具不合格	调整模具
透明度不好	加热温度过高 压缩空气含有水分	降低加热温度 用干燥器除去水分
出现珍珠光泽、泛白	加热温度过低	提高加热温度
瓶底高低不平、偏边	开始吹气时间超前 吹气杆下插不到位	延迟吹气时间 调整吹气杆下插位置
瓶壁厚薄不均	吹气孔不对称孔径不一 吹气杆位置不在管胚中心	调整气孔 调整吹气杆位置
瓶子上部太厚	上部温度过高 气孔位置距上部太远	降低上部温度 调整气孔位置及孔径
瓶壁太薄	拉伸温度太高	降低拉伸温度

续表

产品缺陷	原因分析	处理方法
瓶身表面有凹陷	冷却时间短	提高冷却时间
瓶身发暗	物料分解	降低熔融温度
瓶颈、瓶底结块呈月亮形状	延时吹气时间过长 上部温度过高	缩短吹气时间 降低上部温度
制品力学强度不达标	拉伸倍数不合理 工艺过程不严格	调整拉伸倍数 严格工艺过程，避免制品故障发生
瓶身上有气泡	加工前原料未干燥	加工前干燥原料

（2）加工问题的处理（表 5-1-5）

表 5-1-5 加工问题的处理

加工的问题	原因	解决方法
难脱模	脱模剂用量少	增加脱模剂用量
融接线太粗	模具闭合性差	调整模具
制品表面有油脂	注射机喷油进入模具	检查注射机动力系统
不正常收缩	模腔内注射压力太低	逐步升高注射压力直到正常
有银纹	注射速度太快 模具表面温度太低	逐步降低注射速度 提高模具温度
制品表面粗糙	模具内部有裂纹 喷嘴中有冷料	更换模具 检查喷嘴处是否有漏滴，增加喷射温度
挠曲变形	保压时间太长	减低保压时间
颜色分布不均匀	原料在注射机里混合不均匀	增加背压，降低料缸温度

5.1.4 知识拓展

挤出吹塑是应用最广的一类吹塑方法，适于 PE、PP、PVC、PET、热塑性工程塑料等聚合物及各种共混物，主要用于成型包装容器、储存罐与大桶（容积最小可为 1mL，最大可达 10^4L 甚至更大），还可成型工业制件。

挤出吹塑制造中空制品的工艺过程如图 5-1-6 所示。

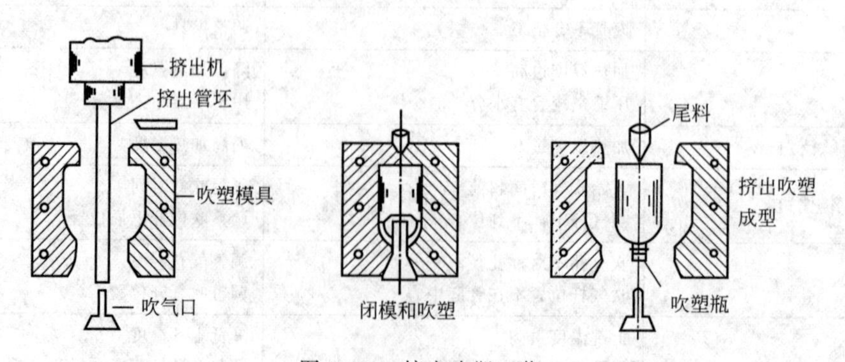

图 5-1-6 挤出吹塑工艺

1）通过挤出将塑料熔融并成型管坯；

2）闭合模具夹住管坯，并将吹塑口插入管坯一端，管坯另一段被切断；

3）通入压缩空气吹胀管坯，成型制品；

4）冷却吹塑制品；

5）启模取出制件，切除余料。

通常上述过程全部自动顺序完成。

考虑到吹塑周期中冷却定型和脱模时间，使用多模多位挤出吹塑，可以提高生产率。

根据挤出机料室中螺杆的机械动作，挤出吹塑分为间歇式和连续式。多位挤出吹塑见图 5-1-7。挤出管坯见图 5-1-8。

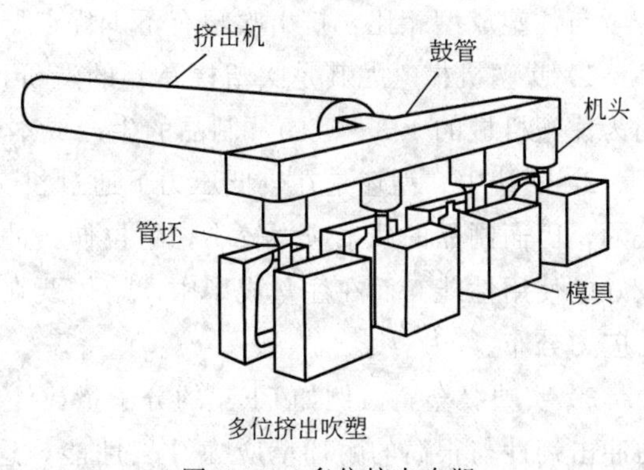

图 5-1-7　多位挤出吹塑

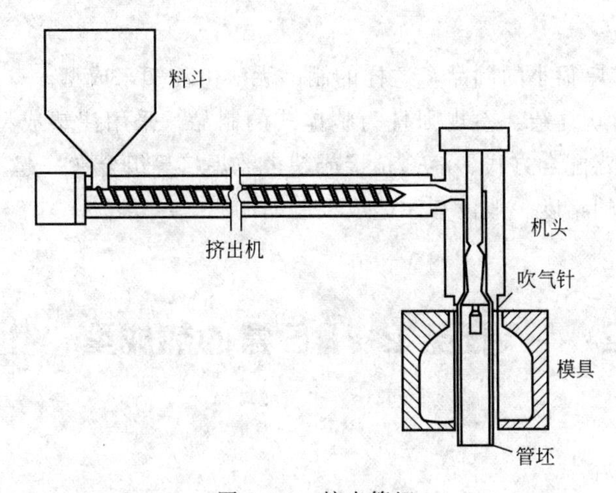

图 5-1-8　挤出管坯

两模交替换位连续挤出吹塑如图 5-1-9 所示，连续挤出吹塑是由连续旋转螺杆挤出机和交替换位模具组成。挤出机连续挤出熔体通过环形口模成型管坯，管坯成型速度须与吹塑周期同步。成型管坯达到预定长度，闭合模具夹住管坯并切断，模具立即移至吹塑工位，完成吹塑、冷却定型及启模取出制品。一模具移出的同时另一模具即移入，接收成型管坯。两模交替换位完成操作。

连续挤出成型管坯提高了管坯断面各处的温度均匀性，避免了不连续挤出熔体停留时间长而引起的降解。因此，连续挤出吹塑适合于热敏性塑料的加工。

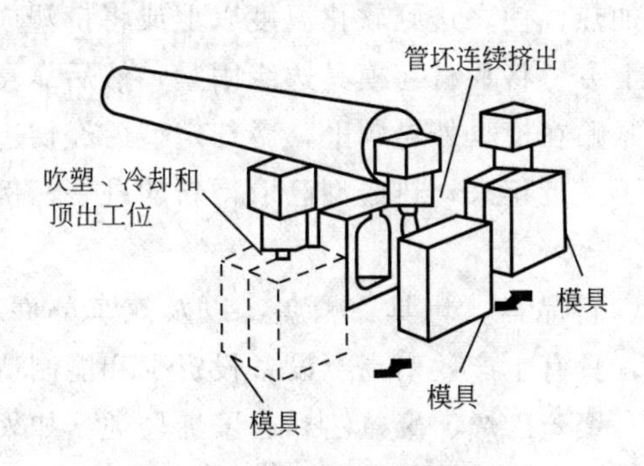

图 5-1-9　交替换位挤出吹塑

挤出吹塑与注塑成型这两种方法的差别在于，注塑成型中用来成型中空制品的模具要包括动模与定模。在高压下把熔体注入模具型腔内，开模时，动模从定模内移开，顶出制品。而在挤出吹塑中，要采用机头来成型型坯。吹塑模具主要由两个凹模构成，一般不需要凸模，要注入压缩空气以吹胀型坯。

与注塑成型相比，挤出吹塑有不少优点。

1）吹塑机械（尤其是吹塑模具）的造价比较低（成型相似的制品时，吹塑机械的造价约为注塑机械的1/3～1/2），制品的生产成本也比较低。

2）吹塑中，型坯是在较低压力下通过机头成型并在低压（多数为0.2～1.0MPa）下吹胀的，因而制品的残余应力较小，耐拉伸、冲击、弯曲与环境等各种应变的性能较高，具有较好的使用性能。而在注塑成型中，熔体要在高压下通过模具流道与交口，这会导致不均匀的应力分布。

3）吹塑级塑料（例如PE）的分子量比注塑级塑料的高得多。这样，吹塑制品具有较高的冲击韧性与很高的耐环境应力开裂性能，这对包装或运输洗涤剂与化学剂的容器是很有利的。

4）由于吹塑模具仅有凹模构成，故通过简单地调节机头模口间隙或挤出条件即可改变制品的壁厚，这对于预先无法准确计算所需壁厚的制品是很有利的。而对注塑成型，改变制品壁厚的费用要高得多。

5）吹塑可成型壁厚很小的制品，这样的制品无法由注塑来成型。

6）吹塑可成型形状复杂、不规则且为整体式的制品。采用注塑成型时，要先生产出两件或多件，后通过相互配合方式、溶剂粘接或超声波焊接等组合在一起。

不过，吹塑制品的精度一般没有注塑成型制品的高。

5.2 任务2 PE盒的热成型

5.2.1 任务简介

本部分需要掌握有关热成型的相关理论知识、成型设备以及工艺过程，结合理论知识对PE盒的成型工艺条件进行初步的制定，加深对热成型工艺方法的理解。

5.2.2 知识准备

5.2.2.1 热成型

热成型是一种将热塑性塑料片材加工成各种制品的较特殊的塑料加工方法。常用来成型薄壳状塑料制品，其工艺过程是将热塑性塑料片材加热，使之达到软化温度以上或将挤塑成型的热片材调节到适当的温度迅速移送到成型模具上方，将片材与模具边缘固紧，然后靠真空或压缩空气压力或利用对模的压力使片材变形，紧贴在模具外轮廓上，冷却定型后经切边修剪得到薄壳状的敞口制品。此过程也用于橡胶加工。近年来，热成型已取得新的进展，例如从挤出片材到热成型的连续生产技术。

在市场上，热成型产品越来越多，例如杯、碟、食品盘、玩具、帽盔，以及汽车部件、建筑装饰件、化工设备等。热成型与注射成型比较，具有生产效率高、设备投资少和能制造表面积较大的产品等优点。用于热成型的塑料主要有聚苯乙烯、聚氯乙烯、聚烯烃类（如聚乙烯、聚丙烯）、聚丙烯酸酯类（如聚甲基丙烯酸甲酯）和纤维素（如硝酸纤维素、醋酸纤维素等）塑料，也用于工程塑料（如 ABS 树脂、聚碳酸酯）。热成型方法有多种，但基本上都是以真空、气压或机械压力三种方法为基础加以组合或改进而成的。

（1）真空成型

热成型方法有几十种，真空成型是其代表的一种。

采用真空使受热软化的片材紧贴模具表面而成型。此法最简单，但抽真空所造成的压差不大，只用于外形简单的制品。

（2）气压热成型

采用压缩空气或蒸汽压力，迫使受热软化的片材，紧贴于模具表面而成型。由于压差比真空成型大，可制造外形较复杂的制品。

（3）对模热成型

将受热软化的片材放在配对的阴、阳模之间，借助机械压力进行成型。此法的成型压力更大，可用于制造外形复杂的制品，但模具费用较高。

（4）柱塞助压成型

用柱塞或阳模将受热片材进行部分预拉伸，再用真空或气压进行成型，可以制得深度大、壁厚分布均匀的制品。

（5）固相成型

片材加热至温度不超过树脂熔点，使材料保持在固体状态下成型。用于 ABS 树脂、聚丙烯、高分子量高密度聚乙烯。制件刚性、强度等都高于一般热成型产品。

（6）双片材热成型

双片材热成型是把热塑性塑料片材料加工成各种制品的一类较特殊的加工方法，两个片材叠合一起，中间吹气，可制大型中空制件。将片材夹在框架上加热到软化状态，在外力作用下，使其紧贴模具型面，冷却定型后即得制品。此法也用于橡胶加工，与注射成型比较，具有生产效率高，设备投资少和能制造表面积较大的产品等优点。使用的塑料主要有聚苯乙烯、聚氯乙烯、聚烯烃等。成型方法有多种，都是以真空、气压或机械压力三种方法为基础加以组合或改进而成的。可用于生成饮食用具、玩具、帽盔以及汽车部件、建筑饰件、化工设备等。

以热塑性塑料片材为原料制造塑料制品的一种加工方法。将裁成一定尺寸和形状的片材夹在模具的框架上，加热软化，而后施加压力，使其紧贴模具的成型表面，取得与其相仿的形状，经冷却定型和修整后即得制品。成型所用的片材厚度一般是1～2mm，而制品的厚度总是小于这一数值。

5.2.2.2 热成型设备

由于热成型的方式很多，因此其设备结构形式和模具结构各不相同。

热成型机有通用型和专用型。通用型热成型机可更换模具，生产各种制品，适用于小制品生产。而大型制品如浴缸冰箱内衬一般用专门设计的机器。热成型机的主要工艺参数有：最大成型面积，当制品较小时可据此确定每模成型件数；最大成型深度；使用片材厚度循环周期等。

热成型设备总体来讲包括夹持、加热、成型、冷却、脱模五个部分。热成型机见图5-2-1。

图 5-2-1　热成型机

按自动化程度分，可分为手动设备，半自动设备和全自动设备。手动设备全部由人工操作；半自动设备的夹持和脱模由人工完成，其余由设备自动完成；全自动设备全部由设备自动完成。按供料方式分，可分为分批进料和连续进料。分批进料多用于生产大型制件、原料为不易成卷的厚型片材；连续进料通常用于生产薄壁小型的制件，如图 5-2-2 所示。

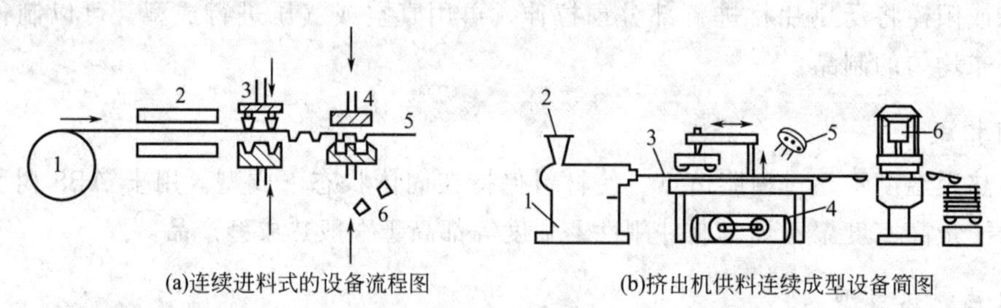

(a)连续进料式的设备流程图

1–片材卷；2–加热器；3–模具；4–切边；5–废片料；6–制品

(b)挤出机供料连续成型设备简图

1–挤出机；2–塑料进口；3–片材；4–真空泵与真空区；5–冷却用的风扇；6–冲床

图 5-2-2　连续进料流程图

片材的加热有三种方法：热板的传导，用油、电、过热水和蒸汽等供热；红外线辐照以及烘箱预热。初制品的冷却分为通过金属模具的冷却使初制品冷却的内冷和使用风冷或空气水雾法的外冷。

设备的夹持系统包含上下两个机架。上机架受压缩空气操纵，均衡地将片材压在下机架上，压力可调，0.5～5t。夹持的片材应有可靠的气密性，且夹持框架大多能在垂直或水平方向移动。

压机上有自己的抽空设备，设备数量较多的工厂采用集中抽空系统。

压缩空气系统用于成型、脱模、初制品的冷却、操纵模具和框架的运动及运转片材，它分为自给式和集中式两种形式。

热成型模具的结构样式很多，这里仅就比较常用的真空成型模具和气压成型模具设计要点作介绍。

(1) 真空热成型模具

① 抽气孔设计　抽气孔的作用是抽走片材与模具型面间的空气，形成负压。要求即能在短时间内抽走空气，制品上又不能留下抽气孔的痕迹。

抽气孔直径取决于塑料品种和片材厚度。通常取 0.3～1.5mm。流行性好、易变形的塑料，抽气孔可小些；不易吸入空内的厚片，抽气孔可大些。

抽气孔位置排布要合理。型面最低处、角隅处、复杂点，要有足够数量的抽气孔。

② 型腔成型尺寸　与其他型腔模一样，模具成型零件尺寸计算需考虑成型收缩率和制造公差。

热成型制品成型收缩率大，与工艺条件关系密切，设计时需重点考虑。一般制品可根据材料特性选取（如表 5-2-1 所示），制品精度要求较高时，要先用简易模实测材料的成型收缩率。

表 5-2-1　凸凹模真空成型时收缩率

模具 \ 数值 \ 塑料	制件收缩率/%					
	聚氯乙烯	ABS	聚碳酸酯	聚烯烃	增强 PS	双拉伸 PS
凸模	0.1～0.5	0.4～0.8	0.4～0.7	1.0～5.0	0.5～0.8	0.5～0.6
凹模	0.5～0.9	0.5～0.9	0.5～0.8	3.0～6.0	0.8～1.0	0.6～0.8

③ 型面粗糙度　与吹塑模类似，热成型模具允许有一定的粗糙度。

因为成型不大，材料不易进入粗糙度波谷，即使型面较粗糙也不会影响制品表面光洁度。型面有一定的粗糙度还有利于排气和脱模。一般真空成型模具无顶出机构，靠压缩空气脱模。型面过于平整光洁，塑件粘附在上面，反而不易脱模。

④ 边缘密封　为达到良好的成型效果，片材和模具边缘要有一定的接触压力，以保证良好密封，避免外界空气进入片材与型面之间的真空室。

（2）气压热成型模具

① 排气孔和吹气孔的设计　气压热成型模具的排气孔大小及位置设计与真空成型模具的抽气孔设计一样，要求排气迅速顺畅，但孔径也不能太大，以免留下痕迹。

吹气孔直径可取大值，位置排布要尽可能使气体均匀作用在片材上，减小片材温度和受力差异。② 型刃设计及安装　多数气压热成型模具在型腔边缘设有型刃。其作用是成型时与片材贴紧密封，成型后切除边角余料。带型刃的压缩空气成型模具见图 5-2-3。

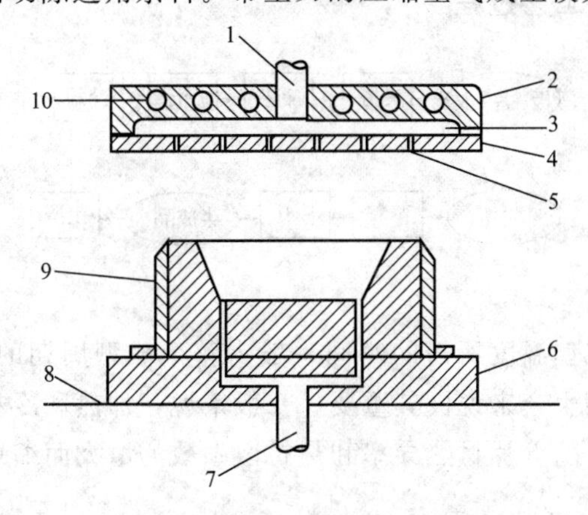

图 5-2-3　带型刃的压缩空气成型模具

1—压缩空气管；2—加热板；3—热空气室；4—面板；5—空气孔；6—底板；7—通气孔；8—工作台；9—型刃；10—加热棒

型刃锋利程度要适宜。常用结构尺寸如图 5-2-4 所示。

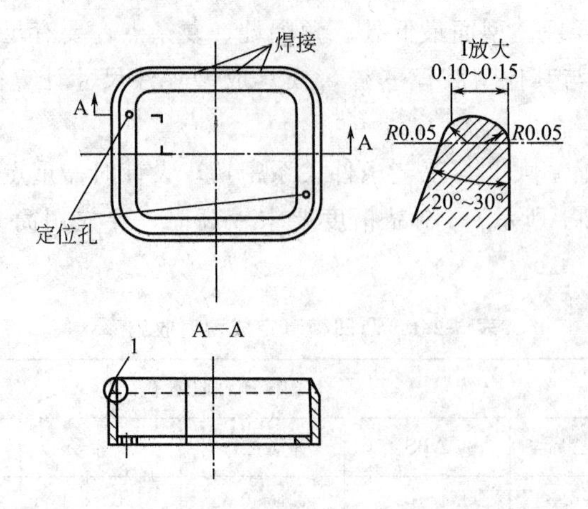

图 5-2-4　型刃结构与尺寸

型刃刃口必须保持 0.02mm 以下的平行度，以便余料被同时切断。型刃和型腔之间要有 0.25～0.5mm 的间隙，以便气体通过，并方便安装调整。型刃刃口要高出型腔一定距离，避免片材接触热板。型刃安装与成型位置如图 5-2-5 所示。

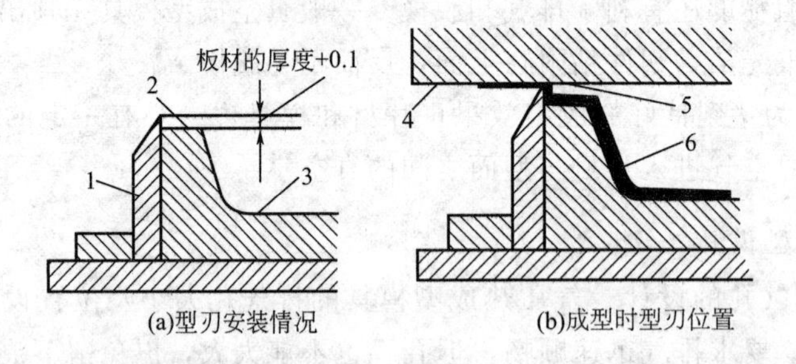

图 5-2-5　型刃安装与成型位置

1—型刃；2—型腔平面；3—型腔；4—加热板；5—间隙；6—板材

5.2.2.3　热成型的工艺过程

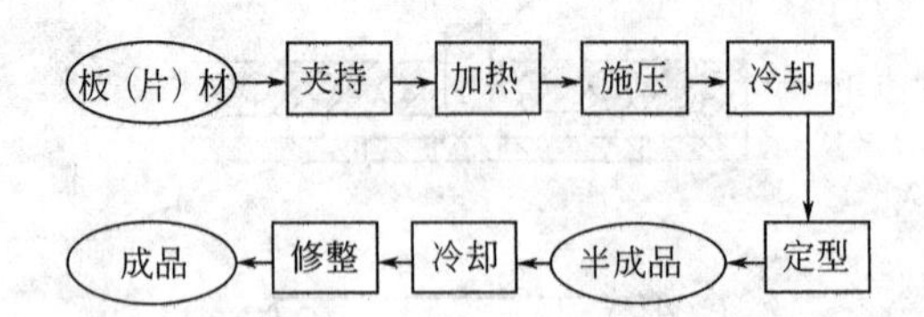

（1）加热

将塑料片材加热到成型温度所需的时间一般占整个成型周期的 50%～80%。因此，如何缩短加热时间对热成型生产来说极其重要。一般来说，加热和冷却时间随着制品厚度和材料比热容的增大而延长，随着片材热导率和热扩散系数的增大而缩短，但这种变化并不呈线性关系。

加热效果的好坏很大程度上影响壁厚分布的均匀性，其与板材厚度、加热速度、加热单元区域控制有关。片材的厚度应尽可能均匀，公差通常不应大于 4%～8%，否则易出现温度不均而产生内应力。由于塑料热导率小，对厚片材加热时如采用单面加热，往往会造成一面温度过高而另一面加热不足。因此最好采用双面加热、预热或高频加热来缩短加热时间。

片材产生熔垂的原因是热膨胀和熔体流动所致。热膨胀是所有非取向片材在加热过程中的普遍现象，而熔体流动主要依赖于塑料的熔体黏度。采用取向片材在一定程度上可以克服熔垂现象，但任何过热的片材均会产生熔垂现象。控制熔垂的最普通方法是控制加热时间和缩短片材在烘箱内的停留时间。

为防止各部分因拉伸不同而造成制品厚薄不均，可在加热时将成型中拉伸较为强烈的部分遮蔽，使该部分减少受热并保持温度相对较低，以防止变形过大引起的壁厚过薄。现在也可采用程序加热等方法使片材各处受热温度不同来解决变形程度不同而引起的壁厚不均现象。但这些技术往往需反复试验或采用CAE模拟技术来设计加热工艺。

(2) 成型技巧

成型技巧是影响制品厚度分布的关键因素之一，成型技巧主要表现为成型过程的工序控制，包括吹泡、上模、压柱塞、成型等环节。

1）吹泡　泡罩的形成起到了热塑性塑料片材预拉伸的作用，泡体尺寸的大小反映了预拉伸量的大小。一般来说，阳模真空成型时预拉伸不足，易造成制品顶部过厚及两侧过薄；预拉伸过大则结果相反。因此阳模成型时应视制品结构特点，将泡罩高度控制在阳模高度的1/2～3/4。对于阴模成型，预拉伸太大会引起片材陷入阴模时在辅助模塞边缘周围膨胀，从而造成模具不闭合、泡体破裂、制品表面裂纹等现象。因此应将泡罩高度控制在阴模深度的70%～90%。吹泡的速度与板材的温度关系很大，温度越高越易吹泡，但局部温度过高时易造成局部区域过薄或穿孔。一般多在较低温度下吹泡，此时熔体强度较高，操作稳定性好。多槽模或多瓣模成型时，需要形成多个泡状物，必须控制合适的板材温度，以保证两个泡状物均匀地吹胀。

2）成型速度　模具动作由液压、气压或者伺服马达驱动，模具运行速度可以分级进行控制，一般选择先快后慢方式，速度调节范围为200～1000mm/s。模具动作快慢必须与预拉伸速度相配合，如果动作太慢，则板材温度降低，不利于成型，而动作太快可能造成板材撕裂。对于一定厚度的片材，在适当提高加热温度的同时，应采用较快的成型速度。

3）模具温度　模具温度也是影响制品厚度分布的因素。一般来说，板材拉伸后最先接触到模具的部位最先冷却，在上模及抽真空时该部位拉伸最小，因而厚度较大，其相邻的部位则拉伸较大，厚度较小。模温对成型的影响表现在很多方面，模温高时，制品表面光泽度高、细节清晰，但成型周期延长。适当的模温还可减小制品内应力，减少制品拉伸皱痕。

4）冷却脱模　冷却分为内冷却和外冷却两种，既可单独使用又可组合使用。通常大多采用外冷却方式，如采用压缩空气、喷水雾等。冷却时间直接影响生产周期，因此冷却时间越短越好。但必须将成型制品冷却到变形温度以下才能脱模，冷却不足会引起制品脱模后变形；过分冷却不仅浪费时间，也会由于制品包在模具上而导致脱模困难。

5）塑料材料对成型工艺的影响　材料的成型性对于热成型来说非常重要。如聚苯乙烯和聚乙烯的伸长率都比聚氯乙烯（PVC）和聚甲基丙烯酸甲酯（PMMA）高，但PVC和PMMA在较宽的温度范围内伸长率变化小，在成型压力不变时，即使成型温度有波动，也能顺利成型。而前两者的成型温度有小幅波动时，有可能引起伸长率的急剧变化而难以成型。一般来说，塑料伸长率对温度敏感时，适于用较大压力和慢速成型，并且适于在单独的加热箱中加热，再移入模具成型；而塑料伸长率对温度不敏感时，适于用较小的压力和快速成型，这类材料宜夹持在模具上，用可移动的加热器加热。

5.2.2.4 热成型机的操作规程

成型前须技术员把成型模整理、清理干净。

打开电源开关后，启动手动作业，点动上模板上、下进行装模调试；待成型模调试好后，片材正面朝上，所有定位孔与冲切模具的定位柱套紧，双手离开红外线感应区，启动自动作业，双手同时按下机台两边的启动按键进行操作，成型机必须将成型机、成型模具周围及冲切片材表面的杂点、污点清理干净；直到成型完成一个回程，上模打开后取出片材看看有没有损坏。

机器运作时，严禁伸手取片材。

成型片材时，作业人员必须逐个进行自检，如发现有成型偏位、成型不完整时要立即通知技术人员进行调机，作业中发现模内有杂物应及时停机处理，以免造成模具的损坏。

将成型好的片材放入指定框内。

5.2.3 任务实施

（1）PE盒热成型工艺条件的初步制定

PE耐腐蚀性，电绝缘性（尤其高频绝缘性）优良，可以氯化、辐照改性，可用玻璃纤维增强。低压聚乙烯的熔点、刚性、硬度和强度较高，吸水性小，有良好的电性能和耐辐射性；高压聚乙烯的柔软性、伸长率、冲击强度和渗透性较好；超高分子量聚乙烯冲击强度高、耐疲劳、耐磨。低压聚乙烯适于制作耐腐蚀零件和绝缘零件；高压聚乙烯适于制作薄膜等；超高分子量聚乙烯适于制作减震、耐磨及传动零件。

聚乙烯结晶料吸湿小，不需充分干燥，流动性极好，流动性对压力敏感，成型时宜用高压注射，料温均匀，填充速度快，保压充分。不宜用直接浇口，以防收缩不均，内应力增大。注意选择浇口位置，防止产生缩孔和变形；收缩范围和收缩值大，方向性明显，易变形翘曲。冷却速度宜慢，模具设冷料穴，并有冷却系统；加热时间不宜过长，否则会发生分解，灼伤；软质塑件有较浅的侧凹槽时，可强行脱模；可能发生融体破裂，不宜与有机溶剂接触，以防开裂。

结合PE材料的物理性能和成型性能，参考热成型的理论知识，根据PE盒的具体用途和使用要求，初步确定盒体的工艺过程和工艺参数。

（2）观察与调整

成型出的制品要通过观察以及测量对其进行改进，最终得到想要的产品。

5.2.4 知识拓展

热成型的特点如下。

（1）制件规格适应性强

用热成型方法可以制造特大、特小、特厚及特薄的各种制件。

（2）制品应用范围广

热成型制品几乎运用到了生活的每个行业，从药片包装到冰箱内胆，甚至到飞机机舱罩，都可以用热成型的方法得到。

（3）设备投资低

由于热成型设备简单，加工方便，因此热成型设备总体具有投资少、造价低的特点。

（4）模具制造方便

模具结构简单、加工容易，对材料的要求不高，且制造和修改方便。

（5）生产效率高

采用多模生产，每分钟产量可以达到数百件。热成型技术应用于发达国家已有几十年的历史。我国的发展比较晚，但也得到快速的发展，其制品的用途特别广阔，主要运用于包装行业如食品包装容器等和工业产品的部件如冰箱内胆等。当然，随着技术的不断发展，热成型技术能够延伸到更多领域。

5.3　任务3　PVC垫片的冲裁成型

5.3.1　任务简介

冲裁是最基本的冲压工序，本部分需要掌握有关冲裁成型的相关理论知识、成型设备以及工艺流程，结合理论知识对PVC垫片的冲裁工艺条件进行初步的制定，加深对冲裁成型方法的学习与理解。

5.3.2　知识准备

5.3.2.1　冲裁成型

冲裁是利用冲模使部分材料或工序件与另一部分材料、工（序）件或废料分离的一种冲压工序。冲裁是剪切、落料、冲孔、冲缺、冲槽、剖切、凿切、切边、切舌、切开、整修等分离工序的总称。

从板料上分离出所需形状和尺寸的零件或毛坯的冲压方法。冲裁是利用冲模的刃口使板料沿一定的轮廓线产生剪切变形并分离。冲裁在冲压生产中所占的比例最大。在冲裁过程中，除剪切轮廓线附近的金属外，板料本身并不产生塑性变形，所以由平板冲裁加工的零件仍然是一平面形状。

冲裁除作为备料外，常用于直接加工垫圈、自行车链轮、仪表齿轮、凸轮、拨叉、仪表面板，以及电机、电器上的硅钢片、集成电路中的插接件等。

冲裁是冷冲压技术中的一项重要内容，它在冲压生产中所占的比例非常大，有着非常重要的地位。冲裁不仅可以直接在平板毛坯上进行，还可在弯曲、拉伸等半成品上进行，作为这些工序的后续工序。

冲裁：就是指利用模具在压力机上使材料与制件沿一定的轮廓线产生相互分离的工序。广义上来讲，冲裁包括了所有的分离工序。但一般情况下，冲裁主要是指冲孔和落料两大工序。

落料：是指材料沿封闭的轮廓线产生完全的分离，冲裁轮廓线以内的部分为制件，以外的部分为废料。

冲孔：材料沿封闭的轮廓线产生完全的分离，冲裁轮廓线以外的部分为制件，以内的部分为废料。

如冲压内径为 d、外径为 D 的垫圈制件，获得内径 d 的过程为冲孔，获得外径 D 的过程为落料。所以一个简单的垫圈制件是由落料与冲孔两个工序结合而成的。

如图 5-3-1 所示，当条料送入凸模与凹模之间后，凸模下压，在凸模和凹模共同作用下，使材料产生分离。冲裁变形过程可以分为三个阶段。

1）弹性变形阶段　当凸模施加给材料的作用力没有超过材料的屈服极限时，此时，如果凸模回程，板料即恢复平直的原始状态，此阶段为弹性变形阶段，见图 5-3-2（a）。

2）塑性变形阶段　凸模继续下行，施加于材料的作用力超过了材料的屈服极限，这时，凸模挤入材料一圈，同时，材料也挤入凹模，由于材料反抗凸模及凹模的挤入，产生弯矩 M，在弯矩 M 的作用下材料产生弯曲，材料各部分应力状态如图 5-3-2（b）所示。

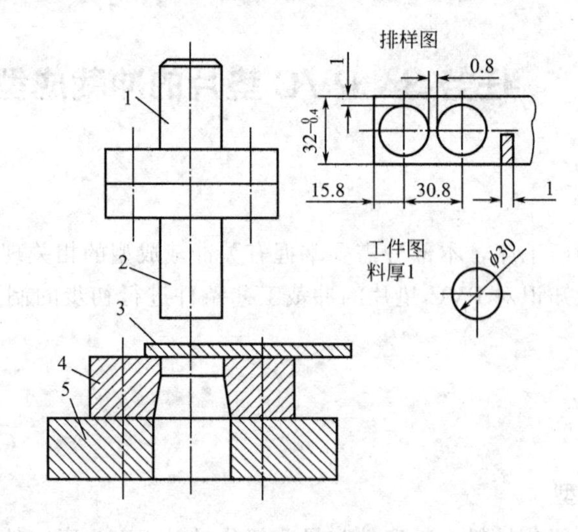

图 5-3-1　冲裁过程示意图

1—模柄；2—凸模；3—条料；4—凹模；5—下模座

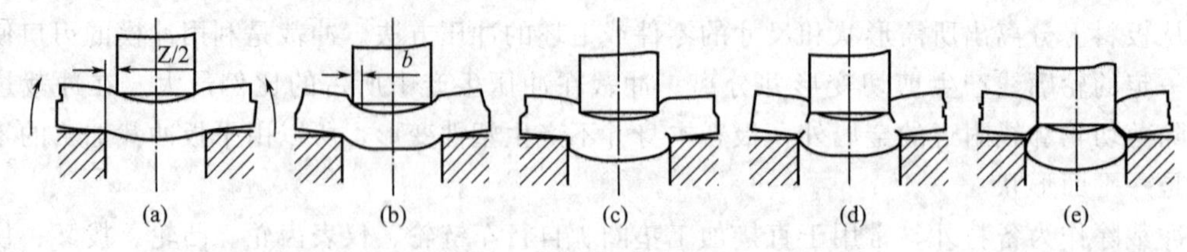

图 5-3-2　冲裁变形过程

3）断裂分离阶段　随着施加于材料力的不断增大，凹模刃口附近材料所受应力首先达到最大值，因而出现裂纹，但这时凸模刃边处的材料还处于塑性状态，因此，凸模继续挤入材料。如图 5-3-2（c）所示，当此处材料所受力也达到材料的抗剪强度时，也会产生裂纹。如果间隙适当时，上下裂纹扩展并重合，直到材料分离，从而获得制件，如图 5-3-2（d）所示。最后，凸模继续下行，将制件推下。如图 5-3-2（e）所示。

从上述过程可以看出，任何一种材料的冲裁，都要经过弹性变形、塑性变形、断裂分离三个阶段，只是由于冲裁条件的不同，三种变形所占的时间比例各不相同。

冲裁过程的材料变形是很复杂的，由图 5-3-2 可以看出，冲裁除剪切变形外，还有拉伸、弯曲、横向挤压等变形。由于它的复杂应力与应变，而造成了冲裁件断面的变化。一般来说，冲裁断面可划分为四个区域：塌角、光面、毛面、毛刺。下面以普通冲裁时的落料件为例说明各区的分布情况，如图 5-3-3 所示。

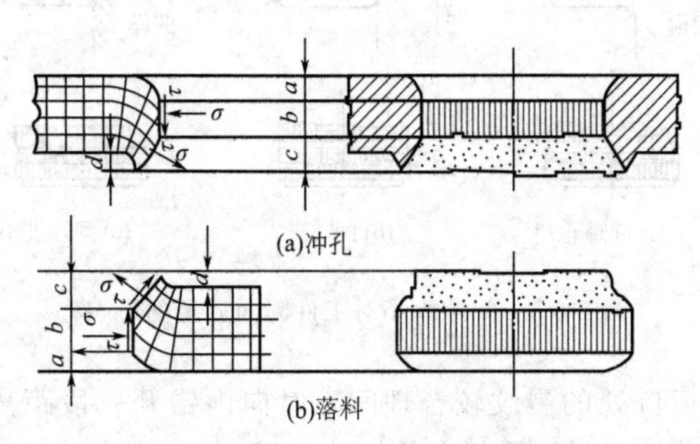

图 5-3-3　冲裁区应力、变形情况及冲裁断面状况

a—塌角；b—光面；c—毛面；d—毛刺；σ—正应力；τ—剪切应力

1）塌角　由于模具间隙的存在，冲压时，材料进入凹模时产生弯曲力矩，从而在制件上产生弯曲圆角区。

2）光面　由于冲裁时存在塑性变形，凸模挤压切入材料，在制件断面形成表面光洁平整的光面。光面是制件质量最好的部分，是制件测量的基准。

3）毛面　由于裂纹扩展而使材料撕裂产生分离，从而形成表面粗糙并带有一定锥度的断裂区。

4）毛刺　在凸模与凹模刃口处首先产生的微裂纹随着凸模的下降而形成毛刺，凸模继续下降，毛刺拉长，最后残留在制件上。一般毛刺的高度应控制在料厚的 10%以下为合适，精度要求高的制件应控制在 5%以下。落料时各区域的位置与冲孔正好相反。

冲裁断面的四个区域在断面上所占的比例不是一成不变的，随着材料性质、厚度、模具结构及使用情况的不同而变化。

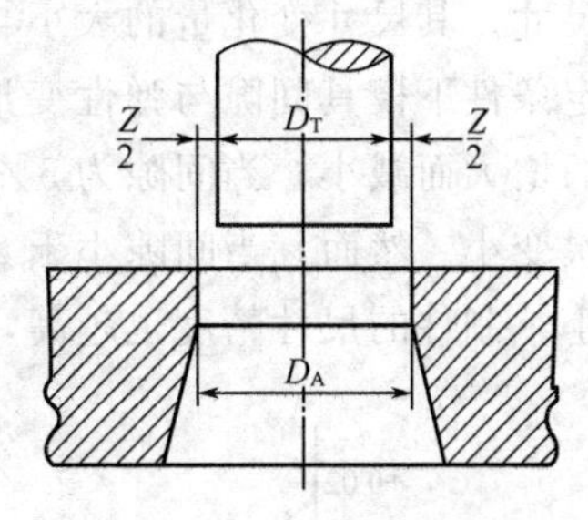

图 5-3-4　冲裁模间隙

如图 5-3-4 所示，凸模与凹模工作部分的尺寸之差称为间隙。冲裁模间隙都是指的双面间隙。间隙值用字母 Z 表示。

$$Z=D_A-D_T \tag{5-3-1}$$

式中，Z 为冲裁间隙，mm；D_A 为凹模尺寸，mm；D_T 为凸模尺寸，mm。

冲裁件质量包括断面质量、尺寸精度、表面平直度等。影响质量的因素有很多，如材料的性能、模具制造的精度、冲裁间隙、冲裁条件等。本部分主要讨论冲裁间隙对冲裁件质量的影响。

1）间隙对断面质量的影响　由冲裁变形过程的分析可知，冲裁时上下裂纹不一定从两刃口同时发生。冲裁间隙值的大小对冲裁时上下裂纹的重合与否有直接的影响。

模具间隙合理时，凸模与凹模处的裂纹（上下裂纹）在冲压过程中相遇并重合，此时断面如图 5-3-5（a）所示，其塌角较小，光面所占比例较宽，对于软钢板及黄铜约占板厚的三分之一左右，毛刺较小，容易去除。断面质量较好。

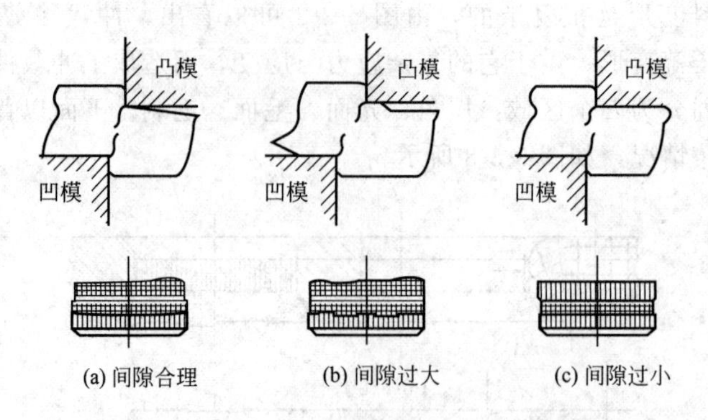

图 5-3-5 间隙大小对工件断面质量的影响

间隙过大时，凸模刃口处的裂纹较合理间隙时向内错开一段距离，如图 5-3-5（b）所示，上下裂纹未重合部分的材料将受很大的拉伸作用而产生撕裂，使塌角增大，毛面增宽，光面减少，毛刺肥而长，难以去除，断面质量较差。

间隙过小时，凸模与凹模刃口处的裂纹较合理间隙时向外错开一段距离，如图 5-3-5（c）所示，上下裂纹中间的一部分材料，随着冲裁的进行将进行 2 次剪切，从而使断面上产生 2 个光面，并且，由于间隙的减小而使材料受挤压的成分增大，毛面及塌角都减少，毛刺变少，断面质量最好。因此，对于普通冲裁来说，确定正确的冲裁间隙是控制断面质量的一个关键。

2）冲裁间隙对尺寸精度的影响　冲裁加工时，由于冲压力的影响，凹模刃口部分不可能严格维持无载荷的形状和尺寸。同时，从前述的分析也知，材料在冲裁过程中会产生各种变形，从而在冲裁结束后，会产生回弹，使制件的尺寸不同于凹模和凸模刃口尺寸。其结果，有的使制件尺寸变大，有的则减小。其一般规律是：间隙小时，落料件尺寸大于凹模尺寸，冲出的孔径小于凸模尺寸；间隙大时，落料件尺寸小于凹模尺寸，冲出的孔径大于凸模尺寸。其尺寸变化量的大小与材料性质、料厚及轧制方向等因素有关。图 5-3-6 显示了在一定条件下模具间隙与弹性变形的关系：在图（a）中，当间隙小于 5%时，制件尺寸随间隙的增大而减小；当间隙为 5%～25%时，则其尺寸变化不大；当间隙大于 25%时，其尺寸再次变小。然而，当间隙小于 2%时，制件尺寸比凹模刃口大。同时，在一般情况下，间隙越小，制件的尺寸精度也越高，如图 5-3-7 所示。

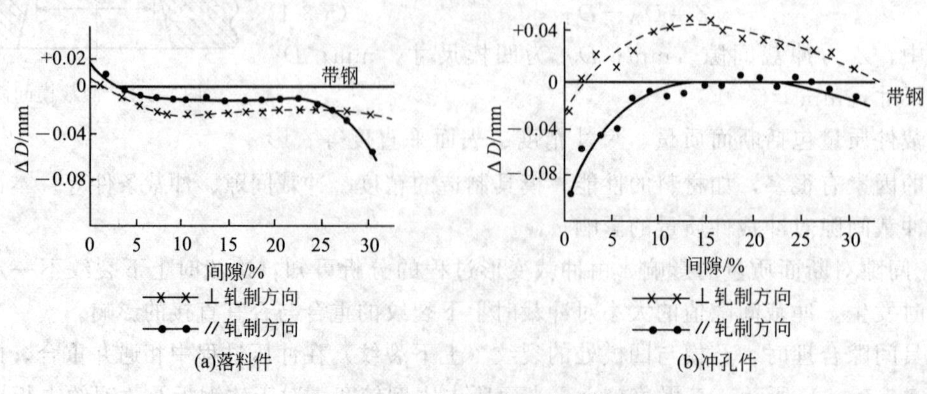

图 5-3-6 间隙与弹性变形的关系

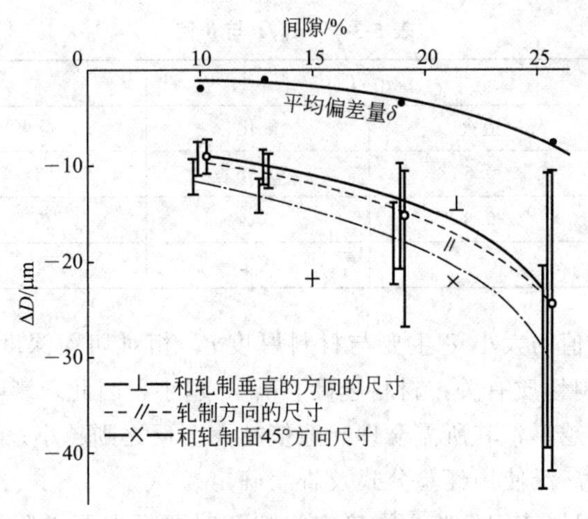

图 5-3-7　间隙与冲裁件精度的关系

冲裁力随着间隙的增大虽然有一定程度的降低，但当单边间隙在5%～10%料厚时，冲裁力降低并不明显，因此，一般来说，在正常冲裁情况下，间隙对冲裁力的影响并不大，但间隙对卸料力、推件力的影响却较大。间隙较大时，卸料及推料时所需要克服的摩擦阻力小，从凸模上卸料或从凹模内推料都较为容易，当单边间隙大到15%～20%料厚时，卸料力几乎等于零。

间隙是影响模具寿命的主要因素，由于冲裁时，凸模与凹模之间，材料与模具之间都存在摩擦。而间隙的大小则直接影响到摩擦的大小。间隙越小，摩擦造成的磨损越严重，模具寿命就越短，而较大的间隙，可使摩擦造成的磨损减少，从而提高了模具的寿命。

综上所述，冲裁间隙较小，冲裁件质量较高，但模具寿命短，冲压力有所增大；而冲裁间隙较大，冲裁件质量较差，但模具寿命长，冲压力有所减少。因此，选择合理的间隙值的总的原则是：在满足冲裁件质量的前提下，间隙值一般取偏大值，这样可以降低冲裁力和提高模具寿命。

间隙对冲裁件质量、冲裁力、模具寿命都有影响。因此，在设计和制造模具时，一定要选择一个合理间隙值。考虑到模具制造的精度及使用过程中的磨损，生产中通常是选择一个适当的范围作为合理间隙。这个范围的最小值称最小合理间隙，最大值称为最大合理间隙。只要在这个范围内的间隙，都能冲出合格的制件。由于模具在使用中的磨损使间隙增大，故设计与制造时要采用最小合理间隙值。确定合理间隙值的方法有理论计算法、经验确定法二种。

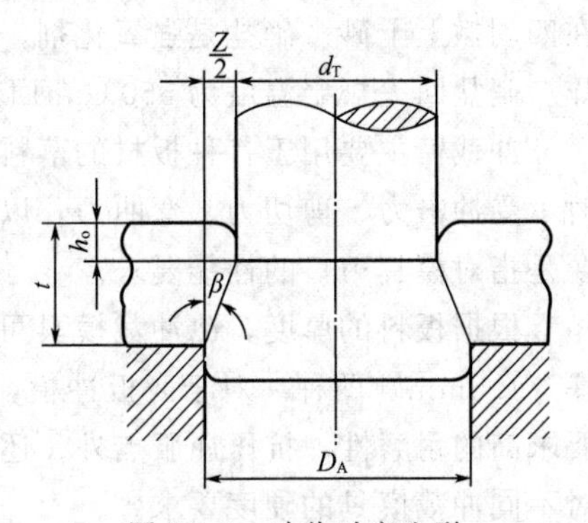

图 5-3-8　冲裁时产生裂纹的瞬时状态

1）理论计算法　该方法的理论依据是保证上下裂纹重合，以获得良好的断面质量。根据图 5-3-8 的几何关系可得：

$$Z=2(t-h_0)\tan\beta=2t\left(1-\frac{h_0}{t}\right)\tan\beta \qquad (5\text{-}3\text{-}2)$$

式中，t 为料厚，mm；h_0 为产生裂纹时凸模挤入的深度，mm；h_0/t 为产生裂纹时凸模挤入的相对深度，查表 5-3-1；β 为最大剪应力方向与垂线间的夹角，查表 5-3-1。

表 5-3-1　h_0/t 与 β 值

材　料	h_0/t		β	
	退火	硬化	退火	硬化
软钢、紫铜、软黄铜	0.5	0.35	6°	5°
中硬钢、硬黄铜	0.3	0.2	5°	4°
硬钢、硬黄铜	0.2	0.1	4°	4°

由上式可知：间隙值的大小 Z 主要与材料厚度 t、相对切入深度 h_0/t 及裂纹方向 β 有关。而 h_0 和 β 又与材料性质有关，材料越硬，h_0/t 越小，因此，影响间隙值的主要因素是材质与料厚。材料越硬越厚，其所需合理间隙值越大。反之则越小。由于理论计算法在生产中使用不方便，故目前广泛使用经验公式及查表确定。

2）经验确定法　根据使用经验，在确定间隙值时要根据要求分类使用。如电子电器行业，对制件的质量要求较高，因此，其合理间隙值取得偏小；而对于汽车拖拉机行业来说，对制件的质量相对来说要求不是很高，这时，应以降低冲裁力、提高模具寿命为主，其合理间隙值取得偏大一些。采用大间隙时应注意：为了保证制件平整，一定要有压料与顶件装置；为了防止凸模夹带废料，最好在凸模上开通气孔或装弹性顶件钉。

根据实际情况，合理间隙可查冲压设计资料。

5.3.2.2　冲裁成型设备

冲裁模是冲压生产中不可缺少的工艺装备，良好的模具结构是实现工艺方案的可靠保证。冲压零件的质量好坏和精度高低，主要取决于冲裁模的质量和精度。冲裁模结构是否合理、先进，直接影响到生产效率及冲裁模本身的使用寿命和操作的安全、方便性等。由于冲裁件形状、尺寸、精度和生产批量及生产条件不同，冲裁模的结构类型也不同。

冲裁模的热处理回火工艺中，选择回火介质时要注意安全，热油回火温度不应超过250℃。为防止发生火灾，应备有密合的盖子和干砂，万一热油烧着，应立即用盖子盖严并在四周撒上干砂。硝盐是强氧化剂，如遇还原性物质或发生漏盐遇明火，则会引起燃烧或爆炸。硝盐回火规定温度为550℃，回火时避免超过此温度。

冲裁模主要用于各种板材的落料与冲孔，模具的工作部位是凸、凹模的刃口，刃口工作时承受冲击力、剪切力、弯曲力，以及剪切材料的强烈摩擦力，因而对冲裁模的性能要求主要是指对模具刃口的性能要求。

根据板料的厚度，冷冲裁模具可分为薄板冲裁模（板厚≤1.5mm）和厚板冲裁模（板厚＞1.5mm）两种。对于薄板冲模，要求模具用钢具有高的耐磨性；对于厚板冲裁模，除要求高的耐磨性、抗压屈服点外，还应具有高的强韧性，以防止模具崩刃断裂。表 5-3-2 是对不同冲裁模具的硬度要求。

表 5-3-2　不同冲裁模具的硬度要求

名称		单式、复式硅钢片冲裁模	级进式硅钢片冲裁模	薄钢板冲模	厚钢板冲模	修边模	剪刀	ϕ5mm 以下小凸模
硬度 HRC	凸模	58～62	56～60	56～60	56～58	50～55	52～56	54～58
	凹模	58～62	57～61	56～60	56～58	50～55	—	—

在选择冲裁模具所用材料时，若工件生产批量大，则应考虑高寿命的模具材料；其次，每种冲压件的材质不同，应该根据各种材质的特性选择符合要求的模具材料；另外，对于冲裁模具而言，影响其寿命最重要的因素是耐磨性，常用冲压模具钢材耐磨性的优劣依次为：硬质合金—钢结硬质合金—高速钢—高碳高铬钢—基体钢—合金工具钢—碳素工具钢；此外，影响模具材料的因素还要考虑工件的厚度、尺寸、形状、精度等要求。常用的传统模具用钢有 T10A、CrWWn、9Mn2V、Cr12 和 Cr12MoV 等，而传统模具钢在硬度、耐磨性等方面存在不足，因此国内开发和引进了一些性能较好的新型模具钢，例如 D2 钢、Cr6WV 钢、Cr4W2MoV 钢等。

冲裁件的尺寸精度主要是由冲模的制造精度决定的。即取决于凸模与凹模的刃口尺寸。因此，正确确定凸模和凹模的刃口尺寸和公差，是冲裁模设计的一项重要工作。

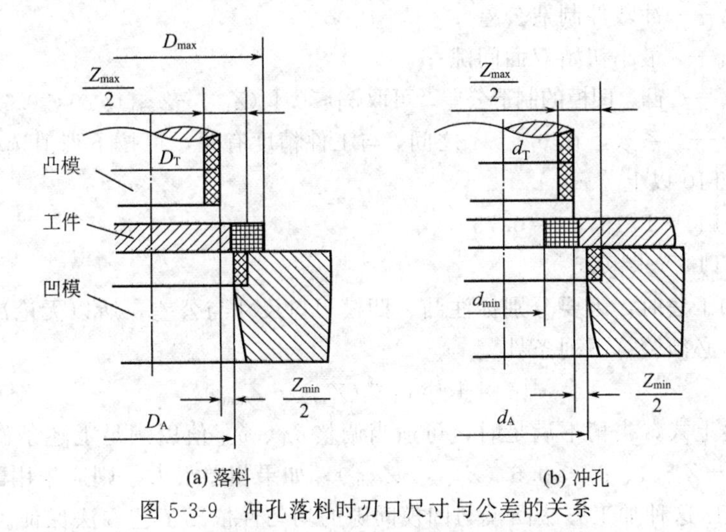

图 5-3-9　冲孔落料时刃口尺寸与公差的关系

冲裁件的断面有圆角、光面、毛面和毛刺四个部分。而在冲裁件的测量与使用中，都是以光面的尺寸为基准的。根据观察与分析，落料件的尺寸接近于凹模尺寸，而冲孔件的尺寸接近于凸模尺寸。故计算凸模与凹模刃口尺寸时，应按落料与冲孔两种情况分别进行。其计算原则如下。

① 落料时以凹模尺寸为基准，即先确定凹模尺寸。考虑到凹模尺寸在使用过程中因磨损而增大，故落料件的基本尺寸应取工件尺寸公差范围内的较小尺寸，而落料凸模的基本尺寸，则按凹模基本尺寸减最小初始间隙。

② 冲孔时以凸模尺寸为基准，即先确定凸模尺寸。考虑到凸模尺寸在使用过程中因磨损而减小，故冲孔件的基本尺寸应取工件尺寸公差范围内的较大尺寸，而冲孔凹模的基本尺寸，则按凸模基本尺寸加最小初始间隙。

③ 凸模与凹模刃口的制造公差，根据工件的精度要求而定。一般取比工件精度高二到三级的精度。考虑到凹模比凸模加工稍难，凹模比凸模低一级。如图 5-3-9 所示。

凸模与凹模刃口尺寸的计算，与加工方法有关。加工方法可分为分开加工和配合加工。

1）分开加工 这种加工方法凸模与凹模间隙的均匀性纯靠加工精度保证，目前多用于圆形或简单规则形状的工件。冲模刃口与工件尺寸及公差分布如图 5-3-9 所示。其计算公式如下，根据计算原则可以导出以下公式。

落料时

$$D_A=(D_{max}-x\Delta)^{+\delta_A}_{0} \tag{5-3-3}$$

$$D_T=(D_A-Z_{min})^{0}_{-\delta_T}=(D_{max}-x\Delta-Z_{min})^{0}_{-\delta_T} \tag{5-3-4}$$

冲孔时

$$d_T=(d_{min}+x\Delta)^{0}_{-\delta_T} \tag{5-3-5}$$

$$d_A=(d_T+Z_{min})^{+\delta_A}_{0}=(d_{min}+x\Delta+Z_{min})^{+\delta_A}_{0} \tag{5-3-6}$$

式中　D_A、D_T——落料凹模尺寸；

d_T、d_A——冲孔凸、凹模尺寸；

D_{max}——落料件的最大极限尺寸；

d_{min}——冲孔件的最小极限尺寸；

Δ——冲裁件制造公差；

Z_{min}——最小初始双面间隙；

δ_T、δ_A——凸、凹模的制造公差，可取$\delta_T \leqslant 0.4(Z_{max}-Z_{min})$、$\delta_A \leqslant 0.6(Z_{max}-Z_{min})$；

x——系数，在0.5～1之间，与工件精度有关，可按下列值选取

工件精度IT10以上　$x=1$

工件精度IT11～IT13　$x=0.75$

工件精度IT14　$x=0.5$

采用分开加工法时，因要分别标注凸、凹模刃口尺寸与公差，所以无论冲孔或落料，为了保证间隙值，必须验算下列条件

$$|\delta_T|+|\delta_A| \leqslant (Z_{max}-Z_{min}) \tag{5-3-7}$$

如果不满足上式，当稍不满足时，可适当调整δ_T、δ_A值以满足上述条件，这时，可取$\delta_T \leqslant 0.4(Z_{max}-Z_{min})$、$\delta_A \leqslant 0.6(Z_{max}-Z_{min})$，如果相差很大，则应采用配合加工法。

2）配合加工 这种加工方法凸模与凹模间隙的均匀性依靠工艺方法保证。配合加工又可分为先加工凸模配作凹模与先加工凹模配作凸模两种。

其方法是先按设计尺寸制造一个基准件（凸模或凹模），然后根据基准件制造出的实际尺寸按所需的间隙配作另一件，这样在图中的尺寸就可以简化，只要先标基准件尺寸及公差，而另一件只注明按基准件配作加工，并给出间隙值即可以了。这种方法不仅容易保证间隙，而且制造加工也较容易，广泛运用于目前工厂的实际制作。它特别适合于各种复杂几何形状的凸、凹模刃口尺寸的计算。

配合加工的计算以图5-3-10（a）的工件为例，方法如下。

因该零件为落料件，故以凹模为基准件来配作凸模。图5-3-10（b）为冲裁该工件所用落料凹模的刃口的轮廓图，图中虚线表示凹模刃口磨损后尺寸的变化情况。从图中可以看出，凹模磨损后刃口尺寸有变大、变小和不变三种情况，所以凹模刃口尺寸也分三种情况来进行计算。

① 凹模磨损后尺寸变大的：A_1、A_2、A_3

按一般落料凹模计算公式　$A_A=(A_{max}-x\Delta)^{+\delta_A}_{0}$　(5-3-8)

② 凹模磨损后尺寸变小的：B_1、B_2、B_3

按一般冲孔凸模计算公式

$$B_A=(B_{min}+x\Delta)^{0}_{-\delta_A} \tag{5-3-9}$$

③ 凹模磨损后尺寸不变的：C_1、C_2

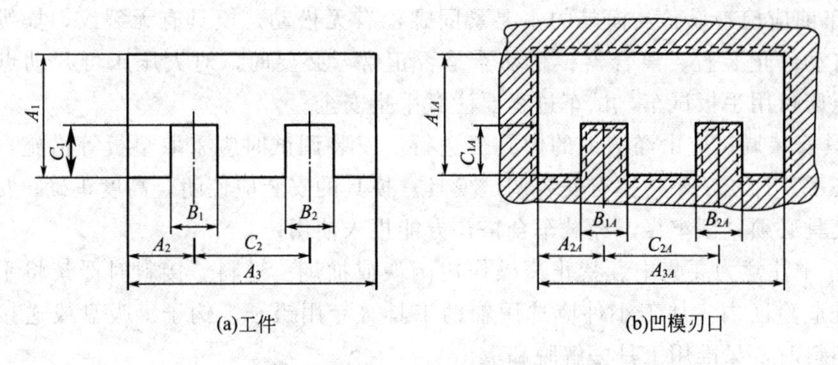

图 5-3-10 配合加工法

其基本公式为 $$C_A=(C_{min}+0.5\Delta)\pm 0.5\delta_A$$

式中，A_A、B_A、C_A 为相应的凹模刃口尺寸；A_{max} 为工件的最大极限尺寸；B_{min} 为工件的最小极限尺寸；C 为工件的基本尺寸；Δ 为工件的公差；δ_A 为凹模的制造公差，通常取 $\delta_A=\Delta/4$。

计算出的落料凹模尺寸及公差标注在凹模图纸上，而落料凸模尺寸不需计算，只要在凸模图纸上标上基本尺寸并注明“凸模刃口尺寸按凹模实际尺寸配作，保证双面最小间隙 Z_{min}”即可。

5.3.2.3 冲裁成型的工艺过程

冲裁工艺的种类很多，常用的有切断、落料、冲孔、切边、切口、剖切等，其中落料和冲孔应用最多。落料是沿工件外形封闭轮廓线冲切，冲下部分为工件。冲孔是沿工件的内形封闭轮廓线冲切，冲下部分为废料。图 5-3-11 所示的垫圈即由落料和冲孔两道工序完成，图（a）所示为落料，图（b）所示为冲孔，图（c）所示为最后完成的垫圈成品。

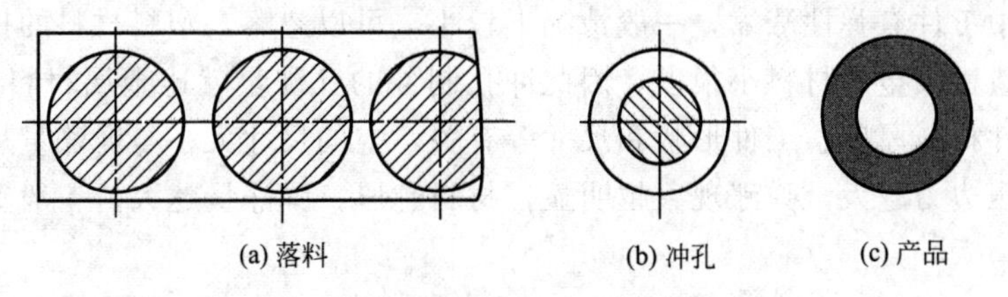

图 5-3-11 垫圈的落料与冲孔

落料与冲孔的变形性完全相同，但在进行模具设计时，模具尺寸的确定方法不同，因此，工艺上必须作为两个工序加以区分。冲裁工艺是冲压生产的主要方法之一，主要有以下用途：

① 直接冲出成品零件；

② 弯曲、拉深、成型等其他工序备料；

③ 对已成型的工件进行再加工（如切边，切舌，拉深件、弯曲件上的冲孔等）。

5.3.2.4 冲裁成型的操作规程

1）采用机械压力机作冲裁、成型时，应遵守本规程；进行锻造或切边时，还应遵守锻工有关规程。

2）暴露在外的传动部件，必须安装防护罩。禁止在卸下防护罩的情况下开车或试车。

3）开车前应检查设备及模具的主要紧固螺栓有无松动，模具有无裂纹，操纵机构、急停机构或自动停止装置、离合器、制动器是否正常。必要时，对大压床可开动点动开关试车，对小压床可用手扳试车，试车过程要注意手指安全。

4）模具安装调试应由经培训的模具工进行。安装调试时应采取垫板等措施，防止上模零件坠落伤手。冲压工不得擅自安装调试模具。模具的安装应使闭合高度正确；尽量避免偏心载荷；模具必须紧固牢靠，经试车合格，方能投入使用。

5）工作中注意力要集中。禁止边操作边闲谈或抽烟。送料、接料时严禁将手或身体其他部分伸进危险区内。加工小件应选用辅助工具（专用镊子、钩子、吸盘或送接料机构）。模具卡住坯料时，只准用工具去解脱和取出。

6）两人以上操作时，应定人开车，统一指挥，注意协调配合好。

7）发现冲压床运转异常或有异常声响，如敲键声、爆裂声，应停机查明原因。传动部件或紧固件松动、操纵装置失灵发生连冲、模具裂损应立即停车修理。

8）在排除故障或修理时，必须切断电源、气源，待机床完全停止运动后方可进行。

9）每冲完1个工件，手或脚必须离开按钮或踏板，以防止误操作。严禁用压住按钮或脚踏板的办法，使电路常开，进行连车操作。连车操作应经批准或根据工艺文件。

10）操作中应站稳或坐好。他人联系工作应先停车，再接待。无关人员不许靠近冲床或操作者。

11）配合行车作业时，应遵守挂钩工安全操作规程。

12）生产中坯料及工件堆放要稳妥、整齐、不超高；冲压床工作台上禁止堆放坯料或其他物件；废料应及时清理。

13）工作完毕，应将模具落靠，切断电源、气源，并认真收拾所用工具和清理现场。

5.3.2.5 塑料制件冲裁与金属冲裁的关系

金属冲裁中工件有弹性涨缩，一般情况下较小，可以忽略。塑料材料的抗拉强度、抗压强度及弹性模量皆较金属材料小很多，因此冲孔制件的弹涨量就比金属材料冲孔制件要大。弹涨现象与工件材料厚度、工件形状和尺寸等有关，空的尺寸大小与弹涨量呈一定的线性关系。成型孔的压边力越大，弹涨现象越明显，材料越厚，弹涨量越大。一般塑料制件冲孔凸模设计尺寸应为

$$D=(A+X\Delta+u)-T_{凸} \tag{5-3-10}$$

式中，A 为制件基本尺寸；Δ 为制件公差；X 为磨损系数；$T_{凸}$ 为制造公差；u 为弹涨量。

图5-3-12为圆孔弹涨量与直径的关系，图5-3-13为方孔弹涨量与边长的关系。

5.3.3 任务实施

（1）PVC垫片冲裁成型工艺条件的初步制定

1）PVC成型性能

① 无定形料，吸湿小，流动性差。为了提高流动性，防止发生气泡，塑料可预先干燥。模具浇注系统宜粗短，浇口截面宜大，不得有死角。模具需冷却，表面镀铬。

② 由于其腐蚀性和流动性特点，最好采用专用设备和模具。所有产品须根据需要加入不同种类和数量的助剂。

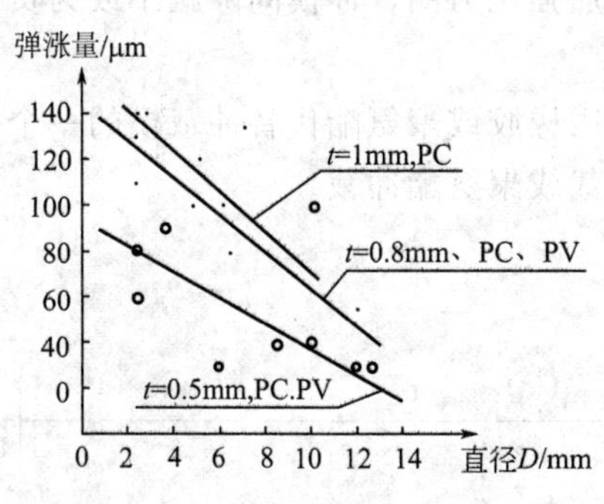

图 5-3-12　圆孔弹涨量与直径的关系

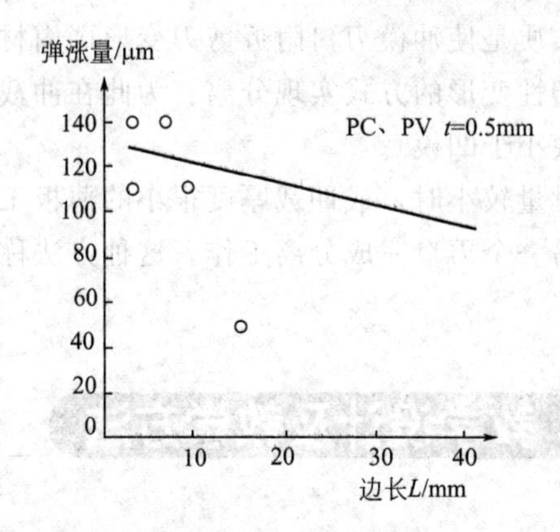

图 5-3-13　方孔弹涨量与边长的关系

③ 极易分解，在200℃温度下与钢、铜接触更易分解，分解时逸出腐蚀，刺激性气体，成型温度范围小。

④ 采用螺杆式注射机喷嘴时，孔径宜大，以防死角滞料。最好不带镶件，如有镶件应预热。

2）PVC垫片冲裁成型工艺条件的初步确定　如图5-3-14所示，此工件有冲孔、落料两个工序。材料为聚氯乙烯，具有良好的冲压性能，适合冲裁。工件结构相对简单，有1个ϕ10mm和1个ϕ5mm的孔；孔与孔、孔与边缘之间的距离也满足要求，最小壁厚为5mm（两同心圆之间的壁厚）。工件的尺寸全部为自由公差，可看作IT14级，尺寸精度较低，普通冲裁完全能满足要求。

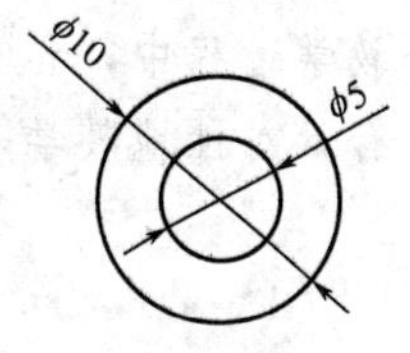

图 5-3-14　PVC垫片

该工件包括冲槽冲孔落料、三个基本工序，可有以下三种工艺方案。

方案一，先落料，后冲孔。采用单工序模生产。

方案二，落料-冲孔复合冲压。采用复合模生产。

方案三，冲孔-落料级进冲压。采用级进模生产。

方案一模具结构简单，但需三道工序三副模具，成本高而生产效率低，难以满足中批量生产要求。方案二只需一副模具，工件的精度及生产效率都较高，但模具制造难度大，并且冲压后成品件留在模具上，在清理模具上的物料时会影响冲压速度，操作不方便。方案三也只需一副模具，生产效率高，操作方便，工件精度也能满足要求。通过对上述三种方案的分析比较，该件的冲压生产采用方案三为佳。

（2）观察与调整

对成型出的垫片需进行测量对比，优化工艺路线。

5.3.4　知识拓展

精密冲裁属于无屑加工技术，是在普通冲压技术基础上发展起来的一种精密冲压方法，简称精冲。它能在一次冲压行程中获得比普通冲裁零件尺寸精度高、冲裁面光洁、翘曲小且互换性好的优质冲压零件，并以较低的成本达到产品质量的改善。

采用精密冲裁方法可以提高冲裁切口表面的质量，得到全部光洁和垂直的剪切面。精密冲裁的实质是使冲模刃口附近剪刀变形区内材料处于三向压应力状态，抑制断裂的发生，使材料以塑性变形的方式实现分离。为此在冲裁的外周增加强压力圈，冲模间隙减小或为负间隙（凸模小于凹模）。

在批量较小时，或冲裁厚度很小的薄板工件时，常用橡胶或聚氨酯代替冲裁模的一个刃口，用另一个刃口完成分离工作。这种方法称为橡胶冲裁或聚氨酯冲裁。

教学设计及教学方法

本模块所包含的三个任务相对于前面模块的较为简单，每个任务的实施仍是先通过教师演示或播放录像，让学生对整个过程有一个了解，同时学生需要认真观察整个操作过程，记录设置了哪些工艺参数、怎样设置的，思考参数设置的依据；然后由教师讲述整个过程所涉及的设备、原料、成型机理，使学生明确设备操作需要设置的参数与设置依据；最后教师带领学生进行生产操作，并对产品质量进行分析，对出现的缺陷提出改进措施。

在整个模块的教学过程中所涉及的教学方法有：讲授法、问题法、项目教学法、任务驱动教学法等。在整个教学过程中，各种方法相互穿插，教师通过讲授法给学生提供一个理论框架，同时教师能够有针对性地教学，有利于帮助学生全面、深刻、准确地掌握教材内容。

参考文献

[1] 黄锐.塑料成型工艺学.第2版.北京:中国轻工业出版社,2003
[2] 蓝立文.高分子物理.西安:西北工业大学出版社,1993
[3] 何曼君.高分子物理.上海:复旦大学出版社,2008
[4] 王槐三.高分子化学教程.北京:科学出版社,2007
[5] 华幼卿.高分子物理.第4版.北京:化学工业出版社,2013
[6] 赵振河.高分子化学和物理.北京:中国纺织出版社,2003
[7] 张克惠.塑料材料学.西安:西北工业大学出版社,2000
[8] 许健南.塑料材料.北京:中国轻工业出版社,1999
[9] 张明善.塑料成型工艺及设备.北京:中国轻工业出版社,1998
[10] 邱明恒.塑料成型工艺.西安:西北工业大学出版社,1994
[11] 张玉龙.塑料挤出成型350问.北京:中国纺织出版社出版,2008
[12] 张玉龙.塑料模压成型300问.北京:中国纺织出版社出版,2008
[13] 张治国.塑料注射成型技术问答.北京:印刷工业出版社,2012
[14] 张京珍.塑料成型工艺.北京:中国轻工业出版社,2010
[15] 张微合.塑料成型工艺与模具设计.北京:化学工业出版社,2014
[16] 徐淑波.塑料成型工艺学.北京:化学工业出版社,2014
[17] 王平安.职业教育实践教学概论.南京:南京大学出版社,2009
[18] 邢玉清.热塑性塑料及其复合材料.哈尔滨:哈尔滨工业大学出版社,1990